East Asia Intercultural Studies
Interkulturelle Ostasienstudien

Edited by / Herausgegeben von
Konrad Meisig

9

2013
Harrassowitz Verlag · Wiesbaden

Techno-Ethics

Humanities and Technology

Papers of an International and Interdisciplinary Symposium in Mainz and Hanoi

An Asian Impact Activity
In Memoriam of Momoyo Okura

Edited by
Konrad Meisig

2013

Harrassowitz Verlag · Wiesbaden

Bibliografische Information der Deutschen Nationalbibliothek
Die Deutsche Nationalbibliothek verzeichnet diese Publikation in der Deutschen Nationalbibliografie; detaillierte bibliografische Daten sind im Internet über http://dnb.dnb.de abrufbar.

Bibliographic information published by the Deutsche Nationalbibliothek
The Deutsche Nationalbibliothek lists this publication in the Deutsche Nationalbibliografie; detailed bibliographic data are available in the internet at http://dnb.dnb.de.

For further information about our publishing program consult our website http://www.harrassowitz-verlag.de

Printed on permanent/durable paper.
Printing and binding: Hubert & Co., Göttingen
Printed in Germany

ISSN 1861-101X
ISBN 978-3-447-06974-8

Contents

Section Two
Techno-Ethics: Historical Aspects

Section Three
Techno-Ethics and the Media

Editor's Preface

These are the papers read during a two-part symposium on *Techno-Ethics: Humanities and Technology*, organised by the ASIATICUM – Society for the Promotion of Studies East and West (ASIATICUM – Gesellschaft zur Förderung west-östlicher Forschungen e.V.) in collaboration with the Vietnam National University, University of Social Sciences and Humanities, Hanoi, and the Institute of Indology, Johannes Gutenberg University, Mainz (Germany). The first part of this symposium took place on September 2, 2012, in Mainz, and the second leg was held on March 28-29, 2013, in Hanoi, directed by the University of Social Sciences and Humanities, and presided over by its Vice Rector, Assoc. Prof. Dr. Pham Quang Minh.

Both congresses were the fourth and fifth, respectively, in a series of symposia and workshops *in memoriam* of the Japanese entrepreneur Momoyo Okura, a committed sponsor of cultural events in humanities, who died in 2008; the part in Mainz was co-sponsored by Gutenberg Buchhandlung Dr. Kohl. For particulars of the previous symposia *in memoriam* of Momoyo Okura, I refer to our website (www.indologie.uni-mainz.de).

The papers of this international, intercultural and interdisciplinary symposium on Techno-Ethics were presented by scholars from Japan, Vietnam, India, and Germany. They combine disciplines as different as Japanology, Japanese and Vietnamese Historical Studies, Indology, Indian Anthropology, History of Religions, Buddhology, Sociology of Vietnam and India, Film Studies, Modern South Asian and Mauritian Literature, Sinhalese Studies, South East Asian Arts, Management and Media Studies.

My thanks are due to the sponsors whose support made this two-part congress possible. I am most grateful to our host in Vietnam, the Vice Rector, Assoc. Prof. Dr. Pham Quang Minh, for his generous hospitality and his welcome address. I also wish to express my special thanks to all who contributed to this volume, and to the lively and fruitful discussions during the sessions of our congress.

Mainz, May 1, 2013 *Konrad Meisig*

Welcome Address
For the International Symposium on Techno-Ethics

Assoc. Prof. Dr. Pham Quang Minh
Vice Rector of Vietnam National University
University of Social Sciences and Humanities

Hanoi, March 28-29, 2013

Good Morning,
Dear Professor Meisig,
Dear colleagues, friends and students,

First of all, on behalf of professors and students of the VNU University of Social Sciences and Humanities, I would like to welcome all of you to our university, the most well-known university of Vietnam. Our mission is to be a leader in creative training and research to serve the national industrialization and modernization. Our symposium "Techno-Ethics" today once again is clear evidence of our endeavor.

Using this opportunity, I would like to express my special thanks to Professor Konrad Meisig, Director of the Institute of Indian Studies, Johannes Gutenberg University, for his excellent idea to bring the Asiaticum and professors from Germany, India and Japan to Vietnam. This is a really great chance for all of us to learn from each other, to share our points of view and knowledge on this field. My next thanks go to the sponsor, Mrs. Yoko Okura-Mieli, of this *Asian Impact Activity in memoriam of Momoyo Okura,* and the co-sponsor *Gutenberg Buchhandlung Dr. Kohl,* without whose support we would not be able to conduct the symposium.

Ladies and gentlemen, all of us today understand that techno-ethics is an interdisciplinary field concerned not only with all the ethical aspects of technology, but also with the human practices related to technology. The field examines and covers all of the social and ethical aspects of the design, development, utilization, management, and evaluation of science and technology in society. Techno-ethics is also very close to the practice. We all know, for example, the story of "Heinz

Steals the Drug in Europe" in Kohlberg, whereby a man was in a dilemma to help his wife from a fatal situation. It is still under debate whether Heinz should break into the laboratory to steal the drug for his wife? Why or why not?

Ladies and gentlemen, from a university perspective, I would like to emphasize that techno-ethics is an important and necessary aspect of education. As a developing country, Vietnam is facing a challenge between growth and social responsibility. How can a university contribute to the development of the country through its education? How can a university train the graduated with a high quality of knowledge as well as high social responsibility? How can a university fulfill its tasks as they are very diverse and the world is changing dramatically? I do hope our symposium will be a first step in our long-term cooperation among scholars from different societies and cultures. I think we share the same problems of technology and ethics in a globalized world.

In closing, I would like to wish all of you good health, good luck and good discussion. Enjoy your time in Hanoi! Thank you.

Section One
Technology: Myths and Magic

"Man is No Machine."
Three Levels of Techno-Ethics

Konrad Meisig

> The Master said: "The Noble Man is no machine."
> (Confucius, *Analects*, 2.12)[1]

The Fukushima catastrophe has posed the question of the fundamental relation between ethics and technology anew. How do humanities and technology interact? Who controls technological progress? Which Asian impacts are suited to avert further anthropogenic collapses?

Ethics, as related to technology, can be discussed at three different levels, which I should like to term substratum, mainstream and superstratum.

At the level of the *substratum*, the handling of technology is dominated by magic: Here the law of *opus operatum* (of "work that has worked") reigns. An unrulable automatism is inherent to technics. Microcosmic causes have macrocosmic consequences. Technics is being stage-managed and experienced as sorcery, and is admired and feared as such. Our mythotechnical example will be the vision of nuclear fusion, the attempt to fetch the energy of the sun onto the earth. The sun and the nuclear meltdown reactor correspond magically to each other, in the same way as do the sun and the interior of the human heart according to the ancient Indian doctrine of the Circuit of Fire: The sun – representing the macrocosm – is actually a cavity in the iron firmament, a hole through which the heat of the otherworldly Heaven of Fire, transported by the rays of the sun and via the ramifications of the human veins, gets into the interior of the human heart – representing the microcosm – where it functions as the supporter of life, namely body heat.

Magical formulas are supposed to conjure infinite energy, wealth and power. Technical wizards attempt to transform quicksilver into gold; they try to transmogrify human beings by decoding the human DNA; they dream of commanding the cosmos by means of the world formula.

1 子曰。君子不器。*zǐ yuē. jūnzǐ bù qì.*

The *mainstream*, on the other hand, is dominated by an unreflected belief in technology, by centralization, growth, consumption, and the belief in ascendency. What applies here is: Quantity above quality. Naive natural sciences mushroom without ethical control by humanities. The following are only a few examples of the consequences of such an uncritical approach to technology: Fukushima, Facebook communication, the advertising industry, apparatus medicine, chemical pharmacy, traffic collapse, and the modern oil wars. – "The Master said: 'Too far is like too short.'"[2]

The *superstratum*, the meta-level, in conclusion, is determined by reflection about techno-ethics. Now it is quality above quantity, harmful ascendency changes into creative decadence. Ethical and philosophical considerations aim at decentralization and growth control. The consumer becomes prosumer, the customer recoverer. In the long run, the control of technology leads to an evolution leap: "The Master said: 'One rarely fails by self-restraint.'"[3]

The Buddha, too, meditated on the mutuality of ethics and technics, or ethics and reason, respectively. To quote the Chinese "Collection of Long sermons" (Dīrghāgama 96b16-20): "Where there is ethics, there is reason; where there is reason, there is ethics. Ethics is able to purify reason, and reason purifies ethics. It is similar to a man who washes his hands: The left hand and the right hand must rely on each other. The left hand is able to purify the right hand, and the right hand is able to purify the left hand. Here, it is exactly the same: Where there is ethics, there is reason; where there is reason, there is ethics. Ethics is able to purify reason, and reason purifies ethics."[4]

The relation between the technologist and the ethicist is delineated nicely in a concluding quote from the Analects of Confucius:

"If you learn without thinking (like the technologist), you lose orientation."

"If you think without learning (like the ethicist), it's getting dangerous."[5]

Bibliographical notes

A Concordance to Lwŭn Yü (Harvard-Yenching Institute Sinological Index Series, Supplement no. 16). Reprint Taipei 1966, pp. 1-42. The English renderings are mine.

Dīrghāgama = *The Taishō Shinshū Daizōkyō* 大正新修大藏經 (The Tripiṭaka in Chinese) Ed. by J. Takakusu & K. Watanabe. Tōkyō (1924[1]), reprinted 1962, Vol. 1, pp. 1-149.

2 子曰。過猶不及。*zǐ yuē. guò yóu bù jí.* (Analects 11.16).

3 子曰。以約失之者。鮮矣。*zǐ yuē. yǐ yuē shī zhī zhě. xiǎn yǐ.* (Analects 4.23).

4 有戒則有慧，有慧則有戒；戒能淨慧，慧能淨戒。... 如人洗手，左右相須，左能淨右，右能淨左。此亦如是，有慧則有戒，有戒則有慧，戒能淨慧，慧能淨戒。Cf. K. Meisig: *Klang der Stille*, [1]1995, p. 76.

5 子曰。學而不思則罔。思而不學則殆。*zǐ yuē. xué ér bù sī zé wǎng. sī ér bù xué zé dài.* (Analects 2.15)

Meisig, K.: *Klang der Stille. Der Buddhismus* (Kleine Bibliothek der Religionen, ed. Adel Theodor Khoury, Vol. 1). Herder: Freiburg, Basel, Wien, [1]1995, p. 76.

Meisig, K. (ed.): *Die Zukunft des Wissens*. Ein deutsch-asiatisches Symposion in memoriam Momoyo Okura. Vorträge zum Asian Impact (East Asia Intercultural Studies – Interkulturelle Ostasienstudien, 5). Harrassowitz: Wiesbaden 2011 (preliminary edition Mainz 2010).

Meisig, K. (ed.): *Utopias from Asia*. An International and Interdisciplinary Symposium in Santiniketan. On the Occasion of the 150th Birthday Anniversary of Rabindranath Tagore. An Asian Impact Activity in memoriam of Momoyo Okura (East Asia Intercultural Studies – Interkulturelle Ostasienstudien, 8). Harrassowitz: Wiesbaden 2012.

Mythos oder mythische Denktradition in der Zeit der Groß-Technologie

Masako Sato

1. Einleitung

„Der Atommythos"; unter diesem Begriff wurde in Japan das Image der sicheren Atomenergie verbreitet, die perfekte modernste Technologie unterstützt. Er half zumindest zu vermeiden, dass die Menschen in ihrem emsigen Alltag mit dem unmessbaren Risiko konfrontiert wurden. Der Mythos wurde von den Spitzengruppen der Gesellschaft bewahrt; als „das Atomdorf" wurde und wird in Japan eine abgeschottete Elite bezeichnet, die sich rund um den Nuklearkomplex gebildet hat. Zu den „Bewohnern" gehören die Atomabteilungen der Betreiber, z.B. Tepco, ebenso wie die zuständigen Bereiche des Wirtschafts- und Industrieministeriums. Aber es gehören auch Forscher, Politiker und Journalisten zu den Mitgliedern im exklusiven Atomclub, weshalb man heute die Struktur „Pentagon Connection" nennt.[1]

Das ganze Volk wurde inzwischen wachgerüttelt; vor seinen eigenen Augen ereignete sich die Havarie des Atomreaktors in Fukushima. Da verwirklichte sich, was der Soziologe Ulrich Beck im Jahr der Nuklearkatastrophe von Tschernobyl in seinem Buch „Risikogesellschaft" gemahnte; wir sind Zeugen eines Bruches innerhalb der Moderne, die sich aus den Konturen der klassischen Industriegesellschaft herauslöst und eine neue Gestalt, die so genannte industriegesellschaftliche Risikogesellschaft ausprägt. „Ähnlich wie im 19. Jahrhundert die Modernisierung die ständisch verknöcherte Agrargesellschaft aufgelöst und sich das Strukturbild einer Industriegesellschaft herausgeschält hat, löst die Modernisierung heute die Konturen der Industriegesellschaft auf, und in der Kontinuität der Moderne entsteht eine andere gesellschaftliche Gestalt".[2]

1 Uchihashi 2011a (zuerst 1986): 1-15, Yoshioka 2011: 131-148, Takagi 2000: 14-15.

2 Beck 1986: 1-15 (Zitat 14). Um die zweite von der ersten, industriegesellschaftlichen Moderne abzugrenzen, unterscheidet Beck vor allem zwischen der „Logik der Reichtumsproduktion" und der sich immer mehr durchsetzenden „Logik der Risikoproduktion". „In der fortgeschrittenen Moderne geht die gesellschaftliche Produktion von Reichtum systematisch einher mit der gesellschaftlichen Produktion von Risiken. Entspre-

Die Einführung der Atomenergie zu Friedenszwecken seit der Mitte der 1950er Jahre, das sog. „Atom for peace“,[3] gestaltete sich in Japan sehr schwierig; die Atombombenabwürfe auf Hiroshima und Nagasaki waren noch nicht lange her, zudem nahm die Anti-Atomtendenz wegen der Schäden bei der Fischerei durch den H-Bomben-Test im Südpazifik 1954 zu. Auch führende Atomphysiker protestierten stark dagegen. Trotz aller Proteste wurde die Atomenergie eingeführt und die Geschwindigkeit der Förderung wuchs vor allem nach dem Ölschock, der Japan aus der Perspektive einer aufstrebenden Industrienation aufschreckte. Die Regierung erklärte damals den Aufbau einer mächtigen Nuklearindustrie zur nationalen Aufgabe; seither haben Politiker den Aufstieg und den Wohlstand Japans untrennbar mit der Atomenergie verknüpft.[4]

Einige Experten aber mahnten ständig die unmessbar hohen Risiken dieser Atompolitik an und fassten die als absolute Wahrheit wiederholten Argumente zu ihren Gunsten,[5] die ihre Wahrnehmung formen sollten, in den folgenden acht Punkten zusammen; die unendliche Energiequelle, die Überwindung der Ölkrise, friedliche Nutzung der Atomenergie, nukleare Sicherheit, billige Lieferung der Kernenergie, saubere Kernenergie, Recycling des Kernbrennstoffs und Beitrag zur regionalen Entwicklung. Diese positiven Charakteristika, die von offizieller Seite vertreten, von den Kritikern hingegen als unrealistisch oder schlicht falsch angeprangert wurden,[6] setzten sich jedoch in der breiten Bevölkerung durch, und die Atomtechnologie wurde im Alltag mit Aufstieg und Wohlstand verknüpft und die Risiken vergessen, es wandelte sich sogar langsam in den „Atommythos“ oder „Sicherheitsmythos des Atoms“.[7]

Die hier angenommene unendliche Energiequelle, das sog. Plutonium-Recycling, das als absoluter Vorteil im Vergleich mit anderen Energiequellen angesehen wird, wird zum Kernpunkt des Atommythos; während sich die meisten Atomstaaten der Welt von dieser riskanten und teuren Option verabschiedeten, weihte Japan seinen Brutreaktor ein und legte 1993 den Grundstein zu einer Wiederaufbereitungsanlage an der Nordspitze von Japans Hauptinsel. Die Anlage hat bislang über 14 Milliarden Euro gekostet und ist damit eine der teuersten Industrieanlagen der Welt. Regulär gearbeitet hat die Anlage noch nie. Motiviert

chend werden die Verteilungsprobleme und -konflikte der Mangelgesellschaft überlagert durch die Probleme und Konflikte, die aus der Produktion, Definition und Verteilung wissenschaftlich-technisch produzierter Risiken entstehen.“ Es kommt zu einem „[...] Wechsel von der Logik der Reichtumsverteilung [...] („Kapitel I. Zur Logik der Risikoverteilung“ 1986: 25).

3 Uchihashi 2011a (erst. 1986): 61-63, 69-79, Takagi 2000: 36-41.

4 Uchihashi 2011a. 80-90, Yoshioka 2011: 131-148, Takagi 2000: 36-39.

5 Takagi 2000: 14-25.

6 Uchihashi 2011a: 28-32.

7 Uchihashi 2011a: 1-15, 191-208, 2011b: 10-14, Takagi 2000: 124-142.

von der Aussicht auf weitgehende Unabhängigkeit von Energierohstoffimporten, entschied sich die japanische Politik sogar für den Einstieg in die Plutoniumwirtschaft, der die Schnellen Brüter, die mehr Brennstoff erzeugen, als sie verbrauchen, offenbar zu verführerisch schienen.[8]

Im Bereich der Atomenergie sind sowohl die Industrie als auch die Behörden eng mit der Politik verwoben: das Management der Betreiber gehört zu den wichtigsten Parteispendern der konservativen Liberaldemokratischen Partei (LDP). Die Gewerkschaft der Beschäftigten in der Stromindustrie wiederum unterstützt die Demokratische Partei (DPJ), die zur Abfassungszeit dieses Artikels regiert. Eine atomkritische Haltung war bislang bei keiner der beiden Parteien zu verzeichnen.[9]

Durch diese Verbindung zieht der Einfluss der Atomlobby weite Kreise: Jede Kritik an der Atomenergie kann in Japan Karrieren von Wissenschaftlern, Journalisten und Politikern beenden. Auch bis in die Labore der Forscher reicht der Einfluss des Konzerns. Viele Wissenschaftler, vor allem an den Eliteuniversitäten, sind der Industrie zugetan. Denn das Unternehmen fördert sie mit Millionenbeträgen und alimentiert eine Vielzahl von Verbänden, Think-Tanks und Kommissionen. Bisher bewährt sich diese Form der Kontaktpflege: Noch ist kein einziger Naturwissenschaftler oder Ingenieur einer der Universitäten durch kritische Äußerungen zu diesem Konzern aufgefallen.[10]

Neben diesen „handfesten" Instrumenten der Durchsetzung eigener Interessen wurde zur Akzeptanz und Implementierung der Atomidee in die Gesellschaft – wie bereits eingangs erwähnt – der sog. Atommythos genutzt. Ein solcher politischer Mythos ist eine intellektuelle und emotionale Erzählung über einen politischen Sachverhalt oder ein politisches Ereignis mit einem kollektiven sinn- und identitätsstiftenden Wirkungspotential. Sein integratives Potential entfaltet dieser Mythos dabei über soziale und kulturelle Gräben hinweg, wobei er eine selbstverständlich fraglose Geltung erlangt. Seine Wirkung ist komplexitätsreduzierend; unüberschaubare Zusammenhänge werden mit Hilfe einfacher Wahrnehmungsschemata in geordnete Strukturen gebracht.[11] Genau in dieser Bedeutung wirkt(e) der Atommythos in der japanischen Gesellschaft als Motor der Industriepolitik.[12]

Bei dieser Gelegenheit, unter dem Oberthema „Techno-Ethik: Geisteswissenschaften und Technologie", möchte ich diese Funktion in der modernen Gesellschaft aus dem Gesichtspunkt japanischer Ideengeschichte analysieren; die my-

8 Uchihashi 2011a: 104-115, Kamisawa 2011: 69-85, Ino 2011: 87-100.
9 Uchihashi 2011a: 80-103, 2011b: 11-14.
10 Uchihashi 2011a: 3-11, Takagi 2000:18-24, 26-40.
11 Beck 1986: 280-288.
12 Uchihashi 2011a: 191-198, Yoshioka2011: 131-148.

thische Tradition in der Gesellschaft fließt tief und beständig wie ein Geistesstrom.

2. *Warum taucht der Mythos auf: Konfrontation oder Zwang des Wandels?*

Es stellt sich die Frage, warum in Japan die nukleare Industriepolitik als ideologische Grundlage ihrer modernen Technologie ein mythisches Instrumentarium brauchte, das sie nutzte, indem sie bestimmte technische Beweisquellen irreal hoch erhob, obwohl sie doch das ernste Ziel hatte, einen modernsten Technologiekomplex unter Einbezug der zu dem Zeitpunkt aktuellsten wissenschaftlichen Erkenntnisse und Technologien zu etablieren.

Wenn ein Mythos eine imaginäre Wunschvorstellung ist, die sich dadurch auszeichnet, dass sie zwar denkbar, aber nicht oder nicht mehr realisierbar ist, wenn sie eine Figur oder Dinge beschreibt, an der derartige Vorstellungen verwirklicht scheinen, und wenn sie im allgemeinen Sprachgebrauch als Synonym benutzt wird für ein Konzept oder eine Vision, die in der herrschenden Gesellschaft als unumsetzbar gilt,[13] dann war (ist) der „Atommythos“ oder das idealisierte Motto oder die Sicherheitsparole für die Industriepolitik ein politischer Mythos. Hierfür findet sich ein ähnliches Beispiel in der japanischen Geistesströmung vor etwa 150 Jahren: die Funktion des Mythos als ein Instrumentarium zur Kontrolle der Reaktion auf überwältigende technische Änderungen.[14]

Zum Verständnis dieser scheinbaren Diskrepanz zwischen Neu und Alt, sollen im Folgenden einige Ideen aus der Zeit der akuten Konfrontation mit der westlichen Zivilisation seit der Mitte des 19. Jh. als ein Vergleichsfall vorgestellt werden. In dieser Zeitspanne traten Japan fünf westliche Großmächte gegenüber; der Staat griff auf historische Beweisquellen zurück und erhob diese über 1200 Jahre alten mythologischen Schriften zu seiner ideologischen Grundlage, obwohl er doch das Ziel hatte, eine moderne Staatsform nach westlichem Vorbild unter Einbezug der zu dem Zeitpunkt aktuellsten wissenschaftlichen Erkenntnisse und Technologien zu etablieren.[15] Hier findet man eine Art der Gegenreaktion auf die Angst vor dem Unbekannten oder unsichtbare sowie auch unfassbare Giganten. Bei der Analyse dieser Erscheinung als einem früheren Beispiel vor mehr als einhundert Jahren findet man eine strukturell ähnliche Situation und kann so dem Verständnis der neuesten Phänomene nahe kommen.

13 Barthes 1964: 85-88.
14 Sato 2011: 341-342.
15 Sato 2011: 358-363.

Nach dem 250jährigen Frieden unter der Militärherrschaft in isolierter Lage stieß die japanische Gesellschaft auf eine neue Weltordnung, die zur Verwestlichung und Modernisierung führen sollte. Es ist kaum vorstellbar, dass es in Japan die revolutionären Reformen zwischen 1860 und 1870 ohne Zusammenstoß mit dem Westen gegeben hätte. In den Jahren mag Japan sich an einige der für den Aufbau der modernen Gesellschaft notwendigen Voraussetzungen herangetastet haben, doch fehlte der unerlässliche Antrieb, die isolierte Lage zu durchbrechen.[16]

Die moderne Gesellschaftsform, die ein historisches Resultat der Entwicklung der westlichen Gesellschaft ist, geht auf Veränderungen zurück, die sich in Europa im achtzehnten Jahrhundert abzuzeichnen begonnen haben. Die neuen europäischen Gesellschaften waren vor allem das Produkt der Konsolidierungskriege im achtzehnten Jahrhundert, die eine neue Form des „Nationalstaats" entstehen ließen; sie waren das Produkt sozialer Revolution, durch die, unterstützt von den Grundsätzen des Repräsentativsystems in der Regierung, der Bildung der Allgemeinheit und der allgemeinen Wehrpflicht, der Einzelne intensiver am nationalen Leben teilnehmen konnte; sie waren das Produkt geistiger Revolutionen, zu denen es im Gefolge der Reformation und der Ausbreitung des rationalistischen, wissenschaftlichen Denkens kam, und sie waren schließlich das Produkt einer wirtschaftlichen Revolution, die durch die Entwicklung von Wissenschaft und Industrie gekennzeichnet wurde.[17]

Als im Jahr 1789 die Französische Revolution ausbrach, waren die Völker Europas im Begriff, expansionsartig in einer neuen Welle der Expansion und Kolonisation in die Welt vorzustoßen. Nach 1800 drangen zuerst Kaufleute, dann Diplomaten und Soldaten, hierauf Missionare, Erzieher und Gelehrte in alle Teile der Erde vor, so dass sie der gesamten Welt ihren Stempel aufdrückten.[18] Dies war der Zusammenstoß mit dem Westen der Neuzeit, den Japan in der Mitte des 19. Jh. auf so dramatische Weise erfuhr. Japan hatte bis dahin lange Zeit unter dem Einfluss der chinesischen Lebensweise gestanden, und das gesamte politische System, die Verwaltung der Regierung, wurden in einer langen zeitlichen Spanne auf chinesischer Grundlage in eigene Formen adaptiert.[19]

Im neunzehnten Jahrhundert erlebte Japan erstmals, wie man in der Krise angesichts des westlichen Drucks irgendwie den Willen aufbringen musste zu überleben und wieder ein definierbares nationales Gebilde zu werden sowie Eigenständigkeit zu zeigen. Die anfänglichen Krisen der Eigenständigkeit und

16 Gordon 2009: 72-75.

17 Hobsbawm 2004: 79-110 (Kapitel 3, Das Imperiale Zeitalter).

18 Hobsbawm 2004: 80-81.

19 Gordon 2009:47-51.

der Existenzsicherung waren nicht leicht zu überwinden, und um die Leitung neuer Regierungen zu übernehmen, die die Macht besaßen, vormals zersplitterte Gruppen und Hilfsquellen zusammenzufassen, entstanden neue Staatsgebilde, die in der Lage waren, mit der modernen Welt in Wettbewerb zu treten.[20]

Neue Führungskräfte erschienen jedoch erst auf der politischen Bühne, nachdem das alte Regierungssystem abgeschafft und seit langem festgefügte, althergebrachte Machtpositionen geschwächt worden waren. In Japan war die Modernisierung somit eng mit einer politischen Auflehnung gegen das alte Regime verbunden. Der neue Staat sieht sich weiteren Problemen der modernen Entwicklung gegenübergestellt. Wenn der Staat wirtschaftlich überleben wollte, waren ein technischer Aufschwung und ein Anwachsen der Industrie unerlässlich. Eine ständige Evolution des Regierungssystems war notwendig, dazu der Aufbau der Infrastruktur des modernen Staats und die Erneuerung der Produktionssysteme sowie auch des Militärsystems – alles nach westlichem Modell – waren erforderlich.[21]

3. Mythos in der historischen japanischen Gesellschaft

Für den Wandel der inneren Staatsform zum Kaiserstaat aus dem alten Militärregime, und um die Bevölkerung unter dem neuen System zu ordnen, griff der Staat auf historische Beweisquellen zurück; die ideologische Grundlage der Souveränität wurde in den im 8. Jahrhundert zusammengefassten alten mythologischen Schriften gesucht, damit die Regierung das Ziel, eine moderne Staatsform nach westlichem Vorbild, durchsetzen konnte. Hier findet man die Verbindung, dass der große Ruck, der durch den neuen unsichtbaren Außendruck verursacht wurde, durch vermehrte Legitimität kompensiert wurde; die Logik der neuen Hegemonie steht auf der uralten göttlichen Wirksamkeit. Unter solchen Umständen wurde die Identität des Nationalvolks gestiftet.[22]

Wie erschien diese Beweisquelle in der akuten Situation auf der politischen Bühne, und wie ließ die Bevölkerung sich davon in das neue einheitlich organisierte Nationalvolk in neuer Form wandeln? Der Zusammenhang findet sich

20 Gordon 2009: 70-72.

21 Gordon 2009: 70-75. In dieser Zwickmühle wurde die Integration des Volks, sich in der modernen Staatsform zu wandeln, auf einer einheitlichen Richtlinie mit dem vom außen erzwungenem Zweck eingeführt; für das Volk bedeutete dies zusätzlich einen kulturellen Schock, der nach der Restauration unter der neuen Regierung durch den Einfluss einer grundverschiedenen fremden Kultur mehr oder weniger aufgezwungen wurde. In dieser Situation konnte man aber diesen Anlass dazu nutzen, den Wiederaufbau der traditionellen Ordnung der kaiserlichen Macht vorzubereiten (Sato 2011: 360-363).

22 Sato 2011: 352-363.

im historischen Hintergrund, in den Mythenschriften oder der Mythologie des alten Staates und ihrer Überlieferung, insbesondere in den Stadien der Ermöglichung der alten Schriftlesung, d. h. eine Entstehungs- und Entwicklungsgeschichte der japanischen Philologie seit dem 17. Jh. und ihre Verbreitung und die Ergebnisse durch den Buchdruck im 19. Jh.[23]

3.1. Die Entstehung und Überlieferung der japanischen Mythologie

Der seit dem 7. Jahrhundert entstehende Staat nach chinesischem Vorbild brauchte für das Staatssystem die Geschichtsschreibung und Schriftkultur unter dem Gesetzsystem. Sie diente dazu, Herrschaft und Kult zu organisieren und die Festlegung eines bestimmten Weltmodells durch die Geister-Hierarchie. Die alten Mythen, die für das japanische Gesellschaftssystem als das Weltmodell auf allen Ebenen der Gemeinschaft durch rituelle und kultische Handlungen im Bewusstsein der Menschen lebendig gehalten wurden, wurden in der Zeit der Einführung der chinesischen Schrift verschriftlicht.[24]

Diese Art der Staats- und Herrschaftslegitimierung erhält durch die Einführung eines Schriftsystems entweder durch Übersetzung aus dem Chinesischen oder durch die Verwendung chinesischer Schriftzeichen für die japanische Sprache eine neue Dimension. Die Fixierung und erste Rezeption der Mythen war in Japan eine Sache der Staats-Elite; dies zeigt, als wie wichtig es erachtet wurde, das neue Staatssystem auf den alten Überlieferungen fußen zu lassen und so nicht nur eine Legitimation für die gegenwärtige Herrschaft, sondern auch eine Verknüpfung mit der Vergangenheit, mit dem Gedanken der Herrschaftskontinuität und einer gemeinsamen Identität zu schaffen. Vor allem auch durch die mythologische Erklärung der gesellschaftlichen Hierarchie kann zwischen verschiedenen Schichten trotz offensichtlicher (alltäglicher) Unterschiede in der Lebensweise eine Gesamtstruktur geschaffen werden, in der jeder seinen Platz einnimmt und in der diese Positionen für die Mehrheit der Gruppenmitglieder glaubwürdig erklärt werden. Diese Sinnstiftung, oder auch „Semiotisierung der Geschichte“,[25] ist ein wichtiger Teil in der kulturellen Entwicklung hin zu einer nationalen Identität.[26]

Parallel zur neuen Art der Einigung des Landes auf machtpolitischer und administrativer Ebene wurde also ein Staats-(gründungs)-Mythos konstruiert: Die mündliche Überlieferung wurde auf Anstoß der zentralistischen Herrschaft gesammelt und niedergeschrieben und so aus Mythos und Staatsmodell eine

23 Sato 2011: 357-358.
24 Sato 2011: 343-348, 348-351.
25 Assmann 2002: 77.
26 Sato 2011: 348-351.

Gesamtstruktur für Japan geschaffen. Der Mythos ist mit dem „Staat" verbunden, wurde also als ein weiteres Instrument zur Einigung des Landes und zur Schaffung einer Nation eingesetzt. Damit ist der Mythos, so wie er im Folgenden rezipiert wurde und die Entwicklung des Landes mitprägte, „ein Produkt der Schrift".[27]

Der verschriftlichte Mythos, der inhaltlich die Ideen der zentralisierten Staatsform zum Ausdruck brachte und formal an die kodifizierten Dichtungen anknüpfte, wurde bei regelmäßigen öffentlichen Anlässen am Hof bis zur Mitte des 10. Jh. gefestigt und kanonisiert. In dieser Periode wurde einmal während der Regierungszeit eines jeden Kaisers am Hof eine Lesung und Erklärung des *Nihonshoki*, der Chronik Japans, durch dafür berufene Professoren durchgeführt, wobei alle höheren Beamten, von den Ministern bis zu den Beamten des 6. Grades herab, anwesend waren. Nach dem Ende der Erläuterungen fand ein Bankett statt, wobei jeder Anwesende einen Kaiser oder eine andere im *Nihonshoki* erwähnte hervorragende Persönlichkeit zum Gegenstand eines Gedichtes wählte.[28]

Diese Gedichte, die man „Gedichte bei Beschließung des Banketts" (*nihongi-kyôen-waka*) nannte, wurden gesammelt und die Sammlung, manchmal noch mit einer chinesischen Vorrede versehen, dem betreffenden Kaiser überreicht. Das kanonisierte Geschichtsbild wurde nicht nur auf diese Weise direkt tradiert, sondern seine Strukturen und Motive hielten auch in anderen Medien Einzug. So kann man dieselbe Botschaft auch in Romanen aus späterer Zeit verfolgen, sowie in späteren Erzählungsvariationen in Bildrollen, wobei alle mythischen und magischen Elemente unter der metaphorischen Ebene verborgen sind. Weiter wurde die Botschaft als Strukturmuster beispielsweise in Theaterszenen rezipiert.[29]

Dabei zeigt sich deutlich das Weltbild und die Werteordnung der alten Geschichtsquellen in der einheitlichen Herkunft der kaiserlichen Dynastie und in ihrer Legitimation. Der Aufbau und die Aufrechterhaltung von Kultur vollzieht sich in der Zirkulation von gemeinsamem Wissen, gemeinsamen Werten und dem, was man „symbolische Sinnwelt" respektive eben „Weltbild" einer Gesellschaft nennen kann. Durch diese Zirkulation und Interaktion entsteht und vertieft sich der „Gemeinsinn".[30] Diese unbewusste Konstruktion des Mythos wirkte, gemeinsam mit der Konstruktion eines poetischen Universums auch seit der Zeit der Etablierung der Hofgesellschaft, im Unterbewusstsein der Menschen fort, durch die folgenden Epochen hindurch, bis in die Militär-

27 Assmann 2002: 75-78, 294-296.

28 Sato 2011: 349, 2003: 465-467.

29 Sato 2012: 164-167, 2011: 349-351, 2003: 465-467.

30 Assmann 2002: 140.

herrschaft hinein, obwohl der Kaiserhof und die Aristokratie keinen wirklichen Einfluss mehr hatten. Vor diesem tradierten Hintergrund wurde der Mythos oder die Mythologie in den philologischen Studien des Altertums in der folgenden Zeit wiederbelebt und zur wichtigen Geistesströmung in der neuen Dimension.[31]

3.2. Die philologische Forschung und Geistesbewegung des Nationalismus

Unter dem Tokugawa-Shogunat seit 1600 wurden die Samurai-Krieger in eine Klasse von gebildeten Bürokraten in dem wiederhergestellten Frieden nach mehreren Kriegszeiten umgewandelt. Mit der Bildung der führenden Schichten stieg auch das allgemeine Bildungsniveau an. Im Weiteren war aus der Sicht der neuen Machthaber das Studium der Geschichte und Historiographie erforderlich.[32]

In diesem Zusammenhang ging die Tendenz aber nicht nur dahin, Studien der chinesischen Klassik als ideologische Basis zu betreiben, sondern auch das Feld der japanischen Klassik zu bearbeiten; dabei wuchs weiterhin in den neuen gebildeten Schichten langsam das philologische Interesse. Nach etwa einem Jahrhundert beschränkte sich dieses Interesse nicht nur auf klassische Dichtkunst oder die erzählerische Welt durch den Roman in der Hofgesellschaft, sondern bezog auch die Welt der Schriften des Altertums ein.[33]

Das Lernethos verbreitete sich in weitere Bevölkerungschichten und in die breite Literatur. Die Schriften der alten Staatsmythen wurden zum Endziel, wurden aufgrund ihrer alten Schriftart im Laufe der Jahrhunderte immer schwerer zu begreifen und entwickelten sich zu einer Art unzugänglichem Geheimwissen. Das Ergebnis langer philologischer Arbeit eines Arztes brachte die älteste Mythenschrift den Lesern zurück; durch die entwickelte Drucktechnik wurde das Forschungsergebnis im gesamten Land zugänglich und breit angenommen (Publikation in der Jahrhundertwende des 19. Jh.). In dieser Erscheinung wurde der alte Staatmythos wieder lebendig; die alte Eigenschaft des Staatmythos wirkte zur Identitätstiftung unter der starken Unterdrückung durch die westlichen Großmächte.[34]

Der alte Staatmythos wurde die Schriftquelle für die kaiserliche Herkunft und der Beweis der Legitimität. Dadurch wurde die uralte Religion, der Shintoismus, in die Ideologie des Staates und der Herrschaft gewandelt; im Jahre 1868 nach dem Sturz des Shogunats kam es zur Wiederherstellung der Kai-

31 Sato 2011: 356-358.
32 Sato 2011: 352-356.
33 Sato 2011: 352-356.
34 Sato 2011: 356-358.

sermacht. Dieser Wandel war sowohl ein Wandel der Wertordnung sowie auch der Weltanschauung; aber hier fehlte der Wille zu einer objektiven, der philologischen Wahrheit verpflichteten Haltung bei der Betrachtung der klassischen Texte. Der neue Staat zielte mit diesem ideologischen Instrumentarium auf aktuellste wissenschaftliche Erkenntnisse, die Etablierung moderner Technologie auf dieser Basis, den Umschwung und ein Anwachsen der Industrie auf dem Weg zu einem starken wettbewerbsfähigen Staat, und dies führte in der letzten Konsequenz zur Kapitulation am Ende des 2. Weltkriegs.[35]

4. Fazit: Die Position des Mythos in der modernen Gesellschaft

Die historische Erfahrung des akuten Wandels zur modernen Staatsform im 19. Jh. und der Wiederaufstieg nach der den Atombombenabwürfen folgenden Kapitulation hat Japan in jeweils sehr kurzer Zeit umgemodelt, aber, wie wir gesehen haben, hat der Mythos als Motor in beiden Regimen gewirkt.

Die Mobilisierung des uralten Mythos unterstützte die Risikopolitik im Wandel des gesamten Systems im 19. Jh. Die rasche Integration wurde mit diesem Instrumentarium ermöglicht, begleitet von Gefühlen der Zusammengehörigkeit, eine orientierende Kraft, wie Jan Assmann sie als Mythomotorik bezeichnet. Einen Mythos besitzt eine Gesellschaft in einer bestimmten Situation, denn „die Charakterisierung fundierend und kontrapräsentisch kommt daher nicht dem Mythos als solchem zu, sondern vielmehr der selbstformenden und handlungsleitenden Bedeutung, die er für eine Gegenwart hat.“[36]

Wie dieses Instrumentarium tatsächlich wirkt, erarbeitete ich an einem Beispiel in meiner Arbeit „Mythos der Erdspinne“; das symbolische Zeichen der Erdspinne als Schatten der Schöpfungsmythen seit dem Altertum wurde immer wieder in die reale Figur des Feindes in verschiedenen Perioden oder unter verschiedenen Regimen immer weiter integriert, und das alte Sinnbild wurde um das neue Feindbild erweitert.[37] Schließlich wurde dieses Symbol in seiner abschreckenden Dimension mit der Auslandsgefahr amalgamiert und unterstützte strukturell die gewünschte Sicht – das Ausland als Feind, das japanische Volk als homogene Nation – mit den polaren Gegensätzen „the pure self“ und „the demonic other“ im Imperialismuskrieg.[38] Hier sieht man die strukturelle Funktion des Mythos als Bestandteil moderner Ideologien.

Assmann sieht, wie weiter oben schon zitiert, beim Mythos allgemein zwei Hauptfunktionen, die fundierende und die kontrapräsentische. Die fundierende

35 Sato 2012:167-169.
36 Assmann 2002: 79.
37 Sato 2012:168-169.
38 Dauer 1986: 252-259.

Funktion stellt „Gegenwärtiges in das Licht einer Geschichte, die es sinnvoll, gottgewollt, notwendig und unabänderlich erscheinen lässt. Die kontrapräsentische Funktion hingegen soll die Differenz zwischen ‚früher' und ‚heute' verdeutlichen: „Hier wird die Gegenwart weniger fundiert als vielmehr im Gegenteil aus den Angeln gehoben oder zumindest gegenüber einer größeren und schöneren Vergangenheit relativiert."[39]

Diese Funktion findet Anwendung in Zeiten des gesellschaftlichen Umbruchs, wo Schichten und Machtsysteme verändert werden, und die Vergangenheit ist nicht etwas Heroisches, aber Unwiederbringliches, sondern „politische und soziale Utopie, auf die es hinzuleben und hinzuarbeiten gilt. Erinnerung schlägt um in Erwartung, die mythomotorisch geformte Zeit nimmt einen anderen Charakter an. Aus der Kreisläufigkeit der ewigen Wiederkehr wird die Gerade, die auf ein fernes Ziel hinführt."[40] Deshalb zeigt sich eine gegliederte zeitliche Perspektive bei einem Volk, in dem bereits Zentralisierungsprozesse der politischen Macht eingesetzt haben, wie es in der Zeit des 2. Weltkrieges in Japan auf einem Höhepunkt war, und zwar als der Mythos des Nationalismus.[41]

Diese Funktionalität der orientierenden Kraft des Mythos lebt als Denktradition in breiten Kreisen des Volks weiter und bleibt immer und wird mobilisiert im Fall der Krise, bzw. kann mobilisiert werden; diese Gefühlsbereitschaft wird durch emotionale Erzählungen leicht zum politischen Mythos organisiert, wenn ein politischer Sachverhalt oder ein politisches Ereignis zutrifft. Das integrative Potential entfaltet dieser Mythos über soziale und kulturelle Kanäle hinweg, wobei der Mythos eine selbstverständliche und fraglose Geltung erlangt und nicht gemäß den empirisch überprüfbaren Tatsachen interpretiert wird, sondern auf eine erzählerisch selektive und stereotypisierte Weise; so sind Mythen leicht zu begründen, als soziale Norm in der Ordnung, Selbstverständnis und Selbstverständlichkeit einer Gesellschaft;[42] wie wir am Anfang im Fall des Atommythos als das neueste Beispiel gesehen haben. Die Menschen werden zweifellos in einem mythomotorischen Gemeinsamgefühl leicht in die gleiche Richtung geführt,[43] falls es keinen Raum gibt, den eigenen Zustand zu objektivieren. Dieser Funktionsmechanismus wirkt effektiv, egal ob es um neue Wissenschaft oder Technologie geht.

39 Assmann 2002: 79.

40 Assmann 2002: 80, Sato 2011: 360.

41 Maruyama 1964: 42-43, 69-70,124-128, Furuya 1976: 88-93, Asukai 1994: 246-251, Shimazono 2010: 138-181.

42 Cassirer 1946: 23-25.

43 Assmann 2002: 79-80.

In dieser Wirkung befindet sich die mythische Eigenschaft im Denksystem. Ernst Cassirer setzte sich in seinen Buch „Philosophie der symbolischen Form“, das erstmals 1925 unter dem Titel „Das mythische Denken“ publiziert wurde,[44] genauer mit der Frage nach der „objektiven Wahrheit“ des Mythos auseinander. Das mythische Denken und Wahrnehmen ist für Cassirer die grundlegende symbolische Form, aus welcher alle anderen erst hervorgehen. Die mythische Weltwahrnehmung ist vor allem durch Affekte und Emotionen gefärbt, deshalb nimmt der Mythos in erster Linie nicht Objekte wahr, sondern Dinge, denen „ein physiognomischer Charakter innewohnt“.[45] Die Objekte in der Welt haben einen (Gesichts-)Ausdruck, die Geschehnisse sprechen den Menschen unmittelbar an. Cassirer‘s Mythostheorie zufolge stünden sich Mythos, den er als eine „symbolische Form“ auffasste, und Vernunft (Logos) nicht antagonistisch gegenüber; nach ihm gäbe es vielmehr eine wechselseitige Durchdringung. Diese Wahrheit des Mythos läge nicht in einem Vergangenheitsbezug, sondern in einer sich ereignenden Gegenwart, die die kollektive Geschichte real konstituiert.[46] Die gefährliche Eigenschaft des Mythos wurde von Cassirer in seinem letzten in Amerika 1945 in Englisch geschriebenen Werk wie folgt erwähnt:

> ….A myth is in a sense invulnerable. It is impervious to rational arguments; it cannot be refuted by syllogisms. But philosophy can do us another important service. It can make us understand the adversary. In order to fight an enemy you must know him. That is the first principle of a sound strategy. To know him means not only to know his defects and weaknesses; it means to know his strength. When we first heard of the political myths we found them so absurd and incongruous, so fantastic and ludicrous that we could hardly be prevailed upon to take them seriously. By now it has become clear to all of us that this was a great mistake. We should not commit the same error a second time. We should carefully study the origin, the structure, the methods, and the technique of the political myths. We should see the adversary face to face in order to know how to combat him.[47]

Literatur

Assmann, Jan 2002. *Das kulturelle Gedächtnis. Schrift, Erinnerung und politische Identität in frühen Hochkulturen.* München: C. H. Beck.

Asukai, Masamichi 1994. „Kindai tennōzō no tenkai“. In: *Iwanami kōza nihon-tsūshi*, Bd.17 (Kindai 2). Tōkyō: Iwanami Shoten (225-252).

Barthes, Roland 1964. „Der Mythos ist eine Aussage“; „Der Mythos als semiologisches System“. In: *Mythen des Alltags*. Frankfurt am Main: Suhrkamp Verlag. (Fr. 1957) 85-96.

44 Krois 1995: XI.
45 Cassirer 1995: 12.
46 Cassirer 1995: 1-21 (Das Symbolproblem und seine Stellung im System der Philosophie).
47 Cassirer 1946: 296.

Beck, Ulrich 1986. *Risikogesellschaft. Auf dem Weg in eine andere Moderne*. Frankfurt am Main: Suhrkamp Verlag.

Cassirer, Ernst 1946. *The Myth of the State*. New Haven and London: Yale University Press.

Cassirer, Ernst 1995. *Symbol, Technik, Sprache*. Hamburg: Felix Meiner.

Dauer, John 1986. *War without Mercy. Race and Power in the Pacific War*. New York: Pantheon Books.

Furuya, Tetsushi 1976. Nihon fashizumu-ron. In: *Iwanami kōza nihon-rekishi* Bd. 20 (*Kindai 7*). Tōkyō: Iwanami Shoten (79-126).

Gordon, Andrew 2009. *The Modern History of Japan. From Tokugawa Times to the Present*. New York: Oxford University Press (1st ed. 2002).

Hobsbawm, Erich J. 2004. *Das imperiale Zeitalter 1875-1914*. Frankfurt am Main: Fischer Taschenbuch Verlag (en. 1987).

Ino, Hiromitsu 2011. Gen'patsu wa saki no mienai gijutsu. In: *Gen'patsu wo owaraseru*, Ishibashi Katsuhiko (ed.). Tōkyō: Iwanami Shoten (87-100).

Kamisawa, Chihiro 2011. Gen'patsu wa fukanzen na gijutsu. In: *Gen'patsu wo owaraseru*, Ishibashi Katsuhiko (ed.). Tōkyō: Iwanami Shoten (69-85).

Krois, John Michael 1995. „Einleitung“. In: *Symbol, Technik, Sprache*. Cassirer, Ernst. Hamburg: Felix Meiner Verlag (XI-XXXII).

Maruyama, Masao 1964. „Gendai nihon-seiji no seishin jōkyō”. In: *Gendai shisō no shisō to kōdō*. Tōkyō: Miraisha (9-199).

Sato, Masako 2003. „Der Palasat des Meergottes. Rezeption und Wandel des Motivs in der japanischen Literatur“. In: *Asiatische Studien (= Études Asiatiques)* 57(3). Bern/Berlin: Peter Lang (457-469).

Sato, Masako 2011. „Das Altertum als Utopie – Von den Quellen der Dichtung zur Ideologie der Restauration“. In: *Asiatische Studien (= Études Asiatiques)* 65(2). Bern/Berlin: Peter Lang (341-370).

Sato, Masako 2012. „Traditioning of a Spider-Symbol in the Japanese Written Culture: Appearance and Reception of a Myth-Motif“. In: K. Meisig (ed.): *Utopias from Asia*. An International and Interdisciplinary Symposium in Santiniketan. On the Occasion of the 150th Birthday Anniversary of Rabindranath Tagore. An Asian Impact Activity in memoriam of Momoyo Okura (East Asia Intercultural Studies – Interkulturelle Ostasienstudien, 8). Harrassowitz: Wiesbaden 2012, pp. 159-173.

Shimazono, Susumu 2010. *Kokka shintō to nihonjin*. Tōkyō: Iwanami Shoten.

Takagi, Jin'zaburō 2000. *Genpatsu jiko wa naze kurikaesunoka?* Tōkyō: Iwanami Shoten.

Uchihashi, Katsuto 2011a. *Nihon no gen'patsu, doko de machigaetanoka*. Tōkyō: Asahi shinbun shuppan (first 1986).

Uchihashi, Katsuto2011b: *Daishinsai no naka de – Watashitachi wa nani wo subekika*. Tōkyō: Iwanami Shoten.

Yoshioka, Hitoshi 2011. Genshiryoku anzen – kisei wo mahi saseta anzen-shinwa. In: *Gen' patsu wo owaraseru*, Ishibashi Katsuhiko (ed.). Tōkyō: Iwanami Shoten (131-148).

The Technology of Magic and the Magic of Technology
Prolegomena to a Theory of Ritual and Magic with Reference to Modern Technology

Hans Ruelius

I started with a sceptical mind about the use of the term 'magic' in cultural anthropology because of its often deprecatory use. The terms 'magic' and 'religion' are ill-defined and of doubtful use for the categorization of observed cultural phenomena. We should, therefore, trace the distinct cultural systems in each culture separately before we impose modern western terms on it. James Frazer's colonial view on the difference between religion and magic and Karl Heinz Ratschow's theological view, which proposes a principal distinction between Christian experience of the 'Holy' and other forms of beliefs, are criticised under the focus of Wittgenstein's *Remarks on Frazer's Golden Bough* and his work *On Certainty*. Wittgenstein's remark: "A whole mythology is deposited in our language" leads towards his conception of the world-picture "in which we live and think and act". Some anthropologists' view, that magic is utilitarian and religion is not, led to the proposal of a new theory of magic as *Prescientific Science*. As such, magic is tied to religion by its central idea of causation by gods or other intelligent beings. The idea of the cause as will survived even in modern philosophy and might be responsible for modern esoteric beliefs.

In the following, I show that magical practice can be principally described as having a ritual form following strict rules. The observer must distinguish between two attitudes: that of the professional and that of his client. The client's attitude might be fairly emotionally driven. I submit a proposal for a ritual theory to back my theses. My method of the structural analysis of rituals follows the *Essai sur la nature et la fonction du sacrifice* by H. Hubert and M. Mauss, and continues with a more finely graduated analysis according to the *Laws of Form* by George Spencer-Brown. Rituals are resolved as a structured arrangement of elementary cognitive acts which results in a world-making procedure. A ritual can be observed as a closed system within its references to subjects in its environment. The discussion of the dialectic and the function of the ritual reveals its outcome as *Habitus*, the mediator between official doctrine and individual practice.

The magic of technology is the magical fascination of the unknown. The growing complexity of technical equipment creates a risk of technology becoming ungovernable. Due to the limited capacity of the human mind and the fallibility of human organisations, there is always a surplus of complexity. The individual is confronted with a mysterious world which can only be grasped in the form of a virtual reality.

Introduction: On the Tip between Science and Humanities

Let me start with an autobiographical remark: The study I am presenting in this paper is based mostly on unpublished results of observations made in one year of field work in Sri Lanka in 1975/76. The subjects of my studies were the rituals of the Sinhalese Buddhists in the southern coastal area of Sri Lanka, the 'Devil Dances' (Yak tovil), various forms of rites to fight sorcery, the Hūniyama or Hūniyam Śāntiya, and the great rituals of the astrological cosmodicy, and the 'Bali' rituals. I stopped this work two years later and started a new career in information technology. After working for more than 36 years in this field, I recently came back to my prior work in the anthropology of religion. Due to a lack of published material from my field work, I must confine myself to some theoretical ideas as a framework for future work. I believe that I can bring into my anthropological work some experience of systems theory and cybernetics. During my professional career, I experienced the rapid development of information technology and its growing impact on modern life. I learned that these changes are not the outcome of somebody's plan or somebody's will; they are the result of an evolutionary process, which can be described as a coevolution of science, technology, economics, and society as a whole. I did not maintain the illusion that the same should have been happened in anthropology. New ideas and new inventions are always the response to needs. Is there a need for new anthropological ideas?

The offending object: 'Magic in the Monastery'

I had just completed a paper[1] in which I argued that the Paritta ceremony, the most important ritual of the Theravāda Buddhists,[2] is not a 'protective charm' or

1 Ruelius (2012).

2 For descriptions of the ritual, see: Waldschmidt (1934), de Silva (1981), Schalk (1972).

a case of 'magic'.[3] It is a ritual confession of faith, the protective power of which arises from the strengthening of the community and the binding of the individual to it. Just at this moment, I came across a paper by Anne M. Blackburn entitled *Magic in the Monastery: Textual Practice and Monastic Identity in Sri Lanka.*[4] This is a very useful article with a useless title. The article throws some light on the origin and reformation of the Paritta book of the Sinhalese Buddhists. This book is a collection of Theravāda Buddhist canonical texts which are recited in the course of the Paritta ceremony. This collection of texts has in its history been subject to several changes by reformist movements. One reason, therefore, is the competition of Buddhism with the Sinhalese 'Devil Dances' and magical interpretations of the Paritta ceremony. The Paritta is not magic, but a means to fight magic.

The Birth of a Myth

The Paritta is a solemn confession of faith which is performed by taking a vow in a ritual form, something like the 'Rütli Vow' of the Swiss. The 'protective power' of the ritual lies in the community in which the individual can take refuge. This is expressed by the recitation of a formula called *Saraṇaṃgamana* at the beginning of the ritual: "I am taking refuge in the Buddha, I am taking refuge in the *Dhamma*, I am taking refuge in the *Saṃgha*."[5] The *Dhamma* is not only the teaching of the Buddha; it is understood as a doctrine governing the cosmic order. *Saṃgha* means primarily the Buddhist order, but also the Buddhist community as a whole. The ritual consists mainly of recitations of Buddhist canonical texts by Buddhist monks. However, it is a proper ritual with consecration rites at the beginning and a marked end. The monks reciting the texts sit in a small pavilion surrounded by the lay community. The monks, the lay people and some objects inside the pavilion, such as a central post, a palm-leaf manuscript of the Paritta book,[6] a relic of the Buddha, some big jars of water, and also some small bottles containing medicine are connected by a thread (Sinhal.: *Pirit huya*). By this symbolic form, people and objects are included in the ritual and take part in its protective effect. After completion of the ceremony, pieces of the thread are distributed to the lay people who tie them around their wrists. There are usually some

3 Waldschmidt (1935). Waldschmidt, an excellent philologist, has given a very precise description of the ritual, but his interpretation is in the style of his time: Frazerian 'Magic'. Bechert (1976), p. 628, just echoed Waldschmidt.

4 Blackburn (1999).

5 In Pāli: *Buddhaṃ saraṇaṃ gacchāmi, Dhammaṃ saraṇaṃ gacchāmi, Saṃghaṃ saraṇaṃ gacchāmi.* Cf. Medhānanda (1963), p. 1. There are many editions of this book, both printed and on the Internet. For an English translation, see Piyadassi (1975).

6 Piruvāṇāpot vahansē.

big jars of holy water as an outcome of the ritual. This water is liberally distributed amongst the lay people. Individuals or objects moistened with the Paritta water are *ex post* participating in taking the oath. The water is also used, for example, to sprinkle on the ashes of a deceased person to avoid their misuse for charms. Such symbolic acts are found in nearly every religion.

Ernst Waldschmidt, who observed some Paritta ceremonies in 1933, gives detailed descriptions of these rituals in a paper written in German published in 1934.[7] In his time, the term 'magic' seems to have become such a commonplace word that Waldschmidt frankly called the relic, the Paritta book and the reciting Buddhist monks magical donors of power (*Kraftspender*) which are connected with the lay people and their medicine bottles by the thread as if by a power supply line. Describing a scene where at the beginning of the ritual the Buddhist monks grasp the end of the thread in the inside of the pavilion, he determines: "The magical circle has been closed."[8] In this way, the Paritta became 'magical'.

Rituals are very often labelled as irrational by anthropologists because they do not take into account that rituals are commonly approached from two sides: One side is the approach of the ritual experts, who act regarding the official doctrine. They are often professionals and act rationally. Their clients, however, from the other side, are mostly acting driven by their emotions, because they are suffering from some evil-like diseases, fear, grief, hopelessness, or other things. They might even expect a miracle as a solution to their problem. Their attitude towards the ritual may be irrational.

What is Magic?

There are many ways to misunderstand religion. One of them is the concept of magic. Magic has become commonplace in anthropology. Sometimes rituals and beliefs are called magic without any evidence of a theoretical conception.

When I started to write this paper, I maintained an overdrawn scepticism: despite the theories of magic put forward by a considerable number of anthropologists,[9] it was my opinion that the term 'magic' is causing some confusion because of its application to heterogeneous forms of human culture. I had to change my mind after studying the history of the term 'magic'.

7 Cf. Waldschmidt (1934).

8 *Der magische Kreis ist geschlossen*. Waldschmidt (1934), Reprint p. 467.

9 Marcel Mauss (1902-1903), Bronislaw Malinowski, (1954), E. E. Evans-Pritchard (1976), Michael Ames, (1964), Stanley J. Tambiah, (1985 and 1990), Bruce Kapferer (2006b).

The history of the term 'magic'

As we can read from any dictionary, the word was first used by the ancient Greeks and meant the practices of the Persian priests in antiquity. Magic has something to do with power. Jan M. Bremmer in his paper entitled *The Birth of the Term 'Magic'*,[10] traces the meaning of the term 'magic' from literary sources in Greek antiquity until the arrival of Alexander the Great. His result is the following:

> … in tragedy, rhetorics and earlier philosophy, *magos* is a term of abuse, whereas historians and Aristotelian philosophers tend to take the Magi seriously.[11]

From the late fourth century BC, we find the contrast between superstitious and 'authentic' religious practice, which lasted until the time of Frazer.[12] The term 'magic' denotes the entire field of exorcism, healing and protection rituals against demons, divination, augury, prediction of the future, specifically through physiognomy, zodiology and brontology, and astrology.

Diogenes Laërtius, a Greek historian of philosophy of the third century AD, relates from one of his sources,

> … that the Magi occupy themselves about the service to be paid to the gods, and about sacrifices and prayers, as if they were the only people to whom the deities listen.

Bremmer, in the paper mentioned already, cites Edward Tylor (1832–1917), one of the founding fathers of social anthropology and the history of religion, and Marcel Mauss (1872–1950), who observed that many cultures called their neighbours 'magicians'.

Tylor also observed that these neighbours are usually of a lesser development.[13] Besides the pejorative use of the word, there are philosophers who called themselves with some pride 'magicians': philosophers of the Renaissance such as Giordano Bruno and others. To make a distinction between magic and religion and to use both terms for a categorisation of phenomena observed is still problematic, because both categories are ill-defined and, therefore, of doubtful use. When Bremmer states that:

> In fact, religion was not yet conceptualized as a separate sphere of life in the Greco-Roman period and the term 'religion' only received its modern meaning in the immediate post-Reformation era, when the first contours of a separate religious sphere started to become visible.[14]

10 Bremmer (1999).
11 Ibid. p. 6.
12 Ibid. p. 11.
13 Ibid. p. 6.
14 Ibid p. 10.

then we should trace the distinction between cultural systems in each culture separately before we impose modern western terms on it.

In the following, I want to discuss some theories of religion and magic and a possible difference between them both in order to find my own standpoint from which I can propose a theory of magic as a cultural phenomenon in its own right.

James Frazer and the Colonialist View of Magic and Religion

Shortly before James Frazer wrote his magnum opus *The Golden Bough*, the term 'magic' experienced a renaissance in modern European literature. It came into use as a notation for a system of beliefs and ritual practices in opposition to religion. Since those days, about 1900, up to the present, the term 'magic' has been more or less uncritically used by many authors, even in anthropology. Magic has become commonplace and did its work by seduction of thought through language.

It is usually neglected that the moment of birth of the opposite to magic – religion – is only recent and can be established fairly exactly. Indeed, James George Frazer himself, who did most to popularize the opposition, tells us in the preface to the second edition of his work (1900), which had been published with the new subtitle *A Study in Magic and Religion*, that he had derived the opposition from Sir Alfred Lyall (1858–1936) and Frank Jevons (1835–1911), the first an able colonial administrator in India and the second an average classicist and historian of religion in Durham. Lyall had opposed native Indian witchcraft with the "religion of civilization", and Jevons had contrasted the race "less civilized" with magic to the race "more civilized" with religion.[15] Frazer's descriptions of 'primitive' beliefs and rites are written in the spirit of such a way of thinking.

Karl Heinz Ratschow and the Protestant Theological View

We find another reason to make a distinction between religion and magic in the book *Magie und Religion* by Carl Heinz Ratschow, a German Protestant theologian. In the foreword of his book he says:

> One of the most dangerous crises the Christian Theology was involved in since the wake of the Enlightenment, was the fight against comparison by the new science of History of Religion.[16]

The problem was solved, according to Ratschow, by the introduction of the notion of the 'holy'. It is the experience of the 'holy'[17] which is present in all reli-

15 Bremmer (1999: 11).

16 Ratschow (1955: 10): "Eine der gefährlichsten Krisen, in welche die christliche Theologie im Gefolge der Aufklärung gebracht wurde, war ihr Kampf gegen die einbrechende religionsgeschichtliche Vergleichung."

gions of the world. The notion of magic he uses for the rites and beliefs of the "prehistoric and extra-historic" man, who knows causality, but ignores it.[18] His attitude towards life which is borne by the "*Unio magica*" as an all-comprising order including ancestors, gods, stars, animals, plants, and so on. For him, "the world looks different than for us".[19] This attitude towards life collapses when he awakens to historical awareness (*Bewußtheit*).

Ratschow's distinction between religion and magic seems to be a method to save his own religion from falling into bad company. His theory is metaphysical, not anthropological.

A Change in Anthropological Thinking: Wittgenstein's Remarks on Frazer's Golden Bough

Finally, the colonialist and romanticist theological picture of man has been overcome by the critical thinking in the philosophy of the twentieth century. Is the twenty-first century a post-philosophical age?

> To notice Wittgenstein on Frazer is to reinforce an important claim. For a reflexive anthropology in a post-Philosophical age, the ideas of our philosophers are not extradisciplinary; they are anthropological theory.[20]

Wittgenstein's *Remarks on Frazer's* "Golden Bough" are frequently discussed by philosophers because they might throw some light on Wittgenstein's philosophy of religion. However, the importance of this short work goes beyond specialised philosophical studies.

At first glance, we notice an excoriating critique of Frazer's work:

> Frazer's account of the magical and religious notions of men is unsatisfactory: it makes these notions appear as *mistakes*.[21]

In many anthropological publications even today, magic is described as irrational and as wrong beliefs about the real world, and not as a symbolic representation of the world. This is due to a naïve realism of the observer. Wittgenstein criticises Frazer's method of presenting magic as "wrong science"[22] and states that "a religious symbol does not rest on any *opinion* and error belongs only with opinion".[23] It is a common phenomenon that anthropologists get

17 Cf. Otto (1917) passim.
18 Ibid. p. 80.
19 Ibid. p. 68.
20 De Zengotita (1989: 391).
21 Wittgenstein (2010: 1e).
22 Ibid. p. 4e.
23 Ibid. p. 3e.

wrong answers when they ask a person about his/her religious beliefs or about the meaning of some religious rite. People are frequently unable to express a correct explanation of their religious beliefs in everyday language. A well-known case of misunderstanding magic rites is the following charm carried out by somebody who wishes his enemy to be killed:

> The same savage who, apparently in order to kill his enemy, sticks his knife through a picture of him, really does build his hut of wood and cuts his arrow with skill and not in effigy.[24]

It is, meanwhile, a common understanding that witchcraft and sorcery are not done to affect a person directly. It is done to ask an evil spirit to harm a person.

> The description *[Darstellung]* of a wish is, *eo ipso,* the description of its fulfilment. And magic does give representation *[Darstellung]* to a wish; it expresses a wish.[25]

One of the most puzzling remarks is the following, which will be discussed in the following section:

> A whole mythology is deposited in our language.[26]

Wittgenstein's Mythology

What does 'mythology' mean in this proposition? This sentence gives a hint to the late work of Wittgenstein, in which he used a part of the *Remarks*: his last work *On Certainty*.[27] Wittgenstein calls the description of the world-picture [Weltbild] a "kind of mythology".

> The propositions describing this world-picture might be part of a kind of mythology. And their role is like that of rules of a game; and the game can be learned purely practically, without learning any explicit rules. (95)[28]

The world-picture is constructed out of practical experience without knowing the rules, and it forms "a system, a structure" (102).

This system is "the element in which arguments have their life". It consists of rules, convictions, propositions, objects, and empirical judgments. The practice of making empirical judgments is not learned by learning rules, "we are

24 Ibid. p. 4e.
25 Ibid. p. 4e.
26 Ibid. p. 10e.
27 Wittgenstein (1969). In this book, Wittgenstein discusses two papers of G. E. Moore: *A Defence of Common Sense* (1925) and *Proof of an External World* (1959). This discussion is not the explicit subject of this paper.
28 Wittgenstein (1969). In the following, the text is cited by paragraph number in brackets following the citation.

taught judgments and their connexion with other judgments. A totality of judgments is made plausible to us." (140).

> When we first begin to believe anything, what we believe is not a single proposition, it is a whole system of propositions. (Light dawns gradually over the whole.) (141)

We can understand Wittgenstein's remarks on Frazer in such a way: It does not make sense to judge single propositions of the form 'They believe this and that…' if we do not have a description of the whole system of beliefs of the people in question.

> All testing, all confirmation and disconfirmation of a hypothesis takes place already within a system … (105)

When testing of hypotheses takes place within the system and if a hypothesis proves to be false, this has consequences for the whole system. When an anthropologist enters into field work in a foreign culture, he/she will make many empirical judgments here and there. These may be basic judgments common to human life in general, but there might be other ideas, ideas about religion, which are quite different from his/her world-picture. From the Frazerian point of view, one would say: 'There are wrong judgments in the world-picture of that culture.' A modern anthropologist would say: 'I must throw my own world-picture onto the scale pan to come to a more comprehensive world-picture.'

Anthropological Theories on Magic

I have already mentioned some of the reasonable number of theories on magic. I cannot discuss all of them in detail in this paper. Therefore, I am limiting myself to the most relevant contributions for the goal of my paper.

First of all, the voluminous work of Lynn Thorndyke[29] must be mentioned. This book treats the history of magic and experimental science and their relations to Christian thought during the first thirteen centuries of our era. It is an indispensable source for the study of magic. Thorndyke, however, understands magic "in the broadest sense of the word, as including all occult arts and sciences, superstitions, and folk-lore".[30] The author, who has studied a vast amount of text material, starts with an interesting idea:

> My idea is that magic and experimental science have been connected in their development; that magicians were perhaps the first to experiment; and that the history of both magic and experimental science can be better understood by studying them together.

29 Cf. Thorndyke (1923).
30 Ibid. p. 2.

Marcel Mauss, amongst others, characterizes magic in these two clear sentences:

> Magic has no genuine kinship with anything apart from religion on the one hand and science and technology on the other.
>
> We have said that magic tends to resemble technology, as it becomes more individualistic and specialized in the pursuit of its varied aims.[31]

A kind of science and therapeutic techniques are the basis of the rituals of the Sinhalese Buddhists. Michael Ames refers to the Sinhalese ritual specialists (Yak Ädurās) who call their knowledge *bhūta vidyāva*, which means 'knowledge about (superhuman) beings':

> It is a science entirely concerned with misfortunes and untoward events in this life itself; whereas Buddhism, they say, is mostly concerned with future lives and individual destiny.[32]

This also applies to the 'Devil Dances' and, even more, to the 'Bali' ceremonies[33] which are closely connected with astrology. There cannot be any doubt about the religion of the *Ädurās*: they are Buddhists. Is the rest magic?

Bronislaw Malinowski's attempt to differentiate between magic and religion is one of the best known theories on magic. Malinowski claims that magic is practical and utilitarian and religion is not. He provides "an interesting and crucial test" of his theory by describing the ways of fishing in the Trobriand Islands:

> It is most significant that in the lagoon fishing, where man can rely completely upon his knowledge and skill, magic does not exist, while in the open-sea fishing, full of danger and uncertainty, there is extensive magical ritual to secure safety and good results.[34]

Fishing and also warfare are indications for practicing magic. However, the difference between magic and religion is not clear in Malinowski's observations. Fear and uncertainty play a role when magic is practiced or just the state of health of a person, as Malinowski observed:

> A fairly sick person will diagnose sorcery in his own case, while all the others might speak of too much betel nut or overeating or some other indulgence.[35]

Such cases, which can be frequently observed among the Sinhalese Buddhists too, lead to the question of the attribution of the causation of misfortune.

31 Mauss (2001: 174).

32 Ames (1964: 77).

33 Described in Wirz (1954: 105).

34 Malinowski (1954: 31)

35 Malinowski (1954: 31).

Stanley J. Tambiah in his book *Magic, science, religion, and the scope of rationality* gives a valuable hint to “The challenge to orthodox historiography: the Renaissance philosophers and magi”.[36]

Some methodical approaches to magic cannot be discussed here because of the limited scope of this paper: Susan Greenwood’s method of a “practitioner” of magic,[37] which should be subject to an in-depth criticism, and *A Cognitive Theory of Magic* presented by Jesper Sørensen,[38] which needs a closer study and critical evaluation. There is no doubt that methods of cognitive science, backed by critical philosophy and accurate observation, become an important tool in anthropology.

A Proposal for a New Theory of Magic

I am selecting two cases here which can serve as models for the construction of a theory of magic: The first is religion and magic in the countries of Theravāda Buddhism, i.e. Sri Lanka and the Southeast Asian countries. There, we can assume Buddhism as the religion and the various local cults of gods and demons as magic. The second is Europe and the Mediterranean area in the Middle Ages, where three monotheistic religions, Christianity, Judaism and Islam were dominant and a common magic tradition had developed since antiquity and flourished in the Renaissance.

I propose a first definition of magic: Magic is pre-scientific science, but it is based on ideas which it has in common with religion. The main idea is the causation of changes in nature by a hierarchy of intelligent supernatural beings. The world of magic is determined by the highest (deterministic) principle and by the (non-deterministic) will of the supernatural beings inferior to it (contingency formulas).[39]

A new type of magician appeared at the end of the Middle Ages. The new age began in philosophy with Nicolaus Cusanus (1401–1464). Many great names of Renaissance philosophy followed: Giovanni Pico della Mirandola (1463–1494), Heinrich Cornelius Agrippa von Nettesheim (1486–1535), Giordano Bruno (1548–1600), and Tommaso Campanella (1568–1639). Their ‘philosophy of nature’ or ‘magic art’ can be called a ‘pre-scientific science’, mostly based on Neoplatonist philosophy. Neoplatonism is a theistic-monistic philosophy which also includes polytheistic ideas. There is the ‘One’ as the primordial substance and cause of all things. In the Christian form of Neopla-

36 Tambiah (1990: 24).

37 Cf. Greenwood (2009).

38 Cf. Sørensen (2007).

39 For the “contingency formula God” see Luhmann (2013: 105).

tonism, as we find it in the philosophy of Dionysius Pseudo-Areopagita,[40] God is the 'One' and the 'Infinite'. God is the cause of all things. Causation is a hierarchical process in which the higher always influences the lower by principle and form. This is the prerequisite for the causation of an entity. Giordano Bruno in his *Theses de Magia* describes the form of this hierarchy:

> The principle of Magic is to consider the order of the influx or a hierarchy of beings, by which God (has influx) into the Gods, the Gods into the stars, the stars into the demons, the demons into the elements, the elements into the mixed (entities) by inserting something (into them) as we have discovered, etc.[41]

What is the problem solved by such a theory? Giordano Bruno describes a hierarchy of causes in the form of intelligent beings. The structure of this hierarchy is fanned out to a granularity which makes it possible to explain even the smallest events in nature by the principle of causation. A purely monotheistic system, such as that of Spinoza, for example, could not serve as a 'philosophy of nature'. Magic, therefore, always has a polytheistic world view. In Christianity, Judaism and Islam, angels, devils and spirits occupy the place of a plurality of gods. If we want to distinguish religion from magic, whenever it seems to be necessary, we must refer to the problems to be solved. Is it the fate of the personal being dependent on the laws of a supernatural world, if so, we can call it 'religion'. If the system meets worldly needs, we can call it 'magic'. Some anthropologists maintain the view that magic is prior to religion in the history of mankind. Statements about the origin of cultural systems in early history are almost hypothetical. I suppose we will face the 'chicken or the egg causality dilemma' if we ask such questions. Nevertheless, it seems reasonable that the need for an art of healing and medical care stood at the beginning of the history of magic.

The Myth of Causality

It is the notion of cause and effect which keeps magic as a science close to religion: The doctrine that God is the first cause and the cause of everything. Only with the rise of modern science, was the doctrine partly, but never completely, abandoned. *Galileo Galilei* was the first who claimed a fixed and constant connection ("*ferma e costante connessione*")[42] between cause and effect,

40 Cf. Perl (2007).

41 Engl. By H.R. Latin text: Principium magiae est considerare ordinem influxus seu scalam entium, qua Deum in Deos, Deos in astra, astra in daemonas, daemones in elementa, elementa in mixta aliquid immittere comperimus etc. Bruno, G. ([1590]: 457).

42 See Historisches Wörterbuch der Philosophie (HWPh): Ursache/Wirkung, p. 45655 (cf. HWPh Vol. 11, p. 389).

which must be demonstrated by mathematics. Christian philosophers, however, such as George Berkeley and Thomas Reid, maintained the metaphysical view of causality:

> First, it is clear that philosophers give themselves needless trouble when they enquire for any natural cause other than a mind or spirit.[43]

Reid's notion of a natural cause is a good example of a basic conviction in a world-picture as described by Wittgenstein. Hume and Kant have finally freed the notion of cause and effect from metaphysics. In Hume's *Treatise of Human Nature*, we find a list of "Rules by which to judge of causes and effects":[44]

> 1. The cause and effect must be contiguous in space and time.
> 2. The cause must be prior to the effect.
> 3. There must be a constant union betwixt the cause and effect. 'Tis chiefly this quality, that constitutes the relation.
> 4. The same cause always produces the same effect, and the same effect never arises but from the same cause. This principle we derive from experience, and is the source of most of our philosophical reasonings…

However, we cannot infer from experience that there is a necessary connection between cause and effect. We are accustomed to seeing one object connected to another. There is a "natural transition, which precedes reflection, and which cannot be prevented by it".[45] Again, we meet an example of Wittgenstein's mythology in *On Certainty*.

In Kant's *Critique of Pure Reason*, cause and effect are pure notions of understanding and, therefore, the "condition of the mind's receptivity, under which alone it can obtain representations of objects".[46] (The difference between Kant's and Hume's concept of causality cannot be discussed here in detail.)

Ernst Mach, the famous Austrian physicist and philosopher, frames the modern idea of cause and effect and frees physics from metaphysical theories of causation. According to his theory, scientific explanations are of a specific economic character. They have to replace and to spare experiences by models or emulations framed into language.[47] Such models are easier to handle and save time and energy. The connection between cause and effect exists only in

43 Berkeley, G.: Princ. of human knowledge 105, 107 (1710). The works, ed. A.A. Luce/ T.E. Jessop (Edinburgh/London 1948–57, ND 1979) 2, 87f. Citation taken from: Historisches Wörterbuch der Philosophie: Ursache/Wirkung, p. 45677 (cf. HWPh, Vol. 11, p. 397).

44 Hume (1896: 94 = I, III, XV).

45 Ibid. p. 81 = I, III, XII.

46 Kant (2010: 80) = Transcendental Analytic, Book I, Section III.

47 Mach (1897: 471).

the abstraction we use to model observed facts in our mind. Cause and effect are "things of thought" (*Gedankendinge*) of an economic function. Mach supposes that these notions are not learned by the individual, but are inherited.[48] Getting back to our study of Wittgenstein's *Remarks*, we can say: They belong to the basic assets of our world-picture, Wittgenstein's "mythology". For that reason, the notion of cause and effect might have been burdened with metaphysical ideas for such a long time until even today. The idea of causality as the will of an intelligent being, does not only fulfil the wish for an explanation of an event or a change in nature. It answers the question: 'Why?' This is a question of personal concern and the answer given by religion or magic is an answer which uses the categories of personal concern. The person who is affected by an incident: a loss, an accident, a disease, understands this message as being personally meant. This is a matter of information theory. The structure of the situation provides the syntax which links to a semantic content and requires a pragmatic completion: There must be somebody who means what is meant.

The principle of personal causation in magic is linked to religion by the principle of *Cosmodicy* or *Theodicy*. The highest deity always resides on the top of the hierarchy of causing intelligent beings. From this deity, they all get the permission to act in the world. In Judaism, Christianity and Islam, the myth of Job stands for this principle. In Buddhism, the four God-kings (Pāli: *Cātummahārājikā*, Sinh.: *Hatara varaṃ dēviyō*) give permission to the demons to harm human beings. They are worshippers of the Buddha. We find this idea expressed in the Buddhist texts recited in the Paritta ceremony. In the 'Devil Dances' of the Sinhalese Buddhists, recitations at the beginning refer to the 'Wonder of Vaiśālī', where the Buddha endowed the world with the Paritta ceremony and gave permission to the *Yakas* (demons) to molest people and release them when they give oblations to them.[49]

Studying Magic

The World and the Observer

The study of Wittgenstein's *Remarks on Frazer's* 'Golden Bough' has shown us that it is important to find an applicable standpoint for an observer in the science of religion. Wittgenstein's proposition "A religious symbol does not rest on any *opinion*",[50] gives us a hint: People act on the basis of their *world picture*. Mistakes and misunderstandings belong to opinions. Observing reli-

48 Ibid. p. 474 ff.

49 See Ruelius (2012: 153).

gion means to observe living beings acting in their own world. Not without reason does this sounds a little bit biological. There are two main sources of modern theories of the human world: a biological and a philosophical one.

In philosophy, an important starting point is the work of the German-Swiss philosopher Richard Avenarius (1843-1896), *Der menschliche Weltbegriff* (*The Human Concept of the World),* which appeared in 1891 but has still not been translated into English. The philosophical discussion has been conducted through the history of philosophy since Avanarius: by Husserl, Heidegger, Cassirer, Nelson Goodman, and others.

Martin Heidegger showed the way to answer the question: "What is world?" like this:

> We pointed out that there are various paths we can take in unfolding this question: [l] the historical examination of the history of the concept of world [2.] The unfolding of the concept of world on the basis of our everyday understanding of world. And as a third way we have chosen the path of a comparative examination. The main points of our approach are encapsulated in three theses: [1.] The stone is worldless: [2.] The animal is poor in world: [3.] Man is world-forming.[51]

The biological discussion began with the work of Jacob von Uexküll who coined the German word *Umwelt* (environment): *Umwelt und Innenwelt der Tiere.*[52] It culminates in Humberto R. Maturana's famous theses:

> (1) Anything said is said by an observer. In his discourse the observer speaks to another observer, who could be himself; whatever applies to the one applies to the other as well. The observer is a human being, that is, a living system, and whatever applies to living systems applies also to him.[53]

Maturana's observer "beholds simultaneously the entity that he considers… and the universe in which it lies…" This is the important point. This means for the anthropologist of religion that he observes individuals as living systems. They are practicing religion by interacting within their relations in their own constructed environment. Gods and demons are within this environment. The observer can observe the living systems as entities and the entities in their environment independently. The same applies to the living beings observed; they are also observers. Maturana:

> (3) It is an attribute of the observer to be able to interact independently with the observed entity and with its relations; for him both are units of interaction (entities).[54]

50 Wittgenstein (2010: 3e).
51 Heidegger (1995: 187).
52 Von Uexküll (1921 and 1926).
53 Maturana (1970: 4).
54 Ibid.

Observers can only communicate if they have a world in common. This three-way relation among two speakers and a common world is called 'triangulation' by Donald Davidson.[55]

> …triangulation is not a matter of one person grasping a meaning already there, but a performance that (when fully fleshed out) bestows a content on language.[56]

We are still on the path we took by reading Wittgenstein. In his work *Ontology of Observing*,[57] Maturana turns towards language.

> An observer is, in general, any being operating in language, ...

And further:

> …whatever takes place in the praxis of living of the observer takes place as distinctions in language through languaging, …

However, this does not mean that he abandons his teaching that cognition is a biological phenomenon. Maturana's dialectic in this essay, which is subtitled *The Biological Foundations of Self Consciousness and the Physical Domain of Existence*, is difficult and equally fascinating.

Long Nights with a Sorcerer

But let us come to practical experiences in field work: What does a sorcerer look like? How does he behave? Are sorcerers exotic people with exotic beliefs?

Among the sorcerers I met during my stay in Sri Lanka, there was one with whom I spent several nights of discussions about his professional work. I met him in Matara in the south of Sri Lanka. He was a friendly old man. His conduct was calm and conservative and he appeared sober-minded and realistic: Hard to imagine that such a man could do terribly irrational things. But he was a sorcerer (Sinhalese: *Kaṭṭāḍiyā*). He was staying in the town because he had a job to do there. A rich man wanted to buy an estate and the sorcerer was asked to cast a spell (*vina*) on the owner of the estate which should force him to sell his estate to that rich man. He was staying in the town for a couple of days and he used to spend the night in the Buddhist monastery, where he slept on the floor of the terrace in front of the main entrance of the building where the monks lived. I took the chance to ask him some questions about his activities and so we had some very interesting conversations. He had a red notebook with all his mantras and yantras written down – partially encrypted according

55 Davidson (2001: XV & 119 f).

56 Ibid. p. XV.

57 Maturana (1988).

to his own encryption algorithm. He showed me the mantras and told me for which purpose they served. Finally, he told me that he wanted to retire from this dangerous job and sold me the book. However, I did not allow him to leave without having explained everything and I made my notes on the mantras. Unfortunately, he did not tell me much about the rituals to be performed; but it was clear so far, that his charms and spells were offerings to demons which sometimes contained a hair, a chip of a fingernail or a drop of blood of the person to be involved in the charm.

Some time later I witnessed an animated discussion between two ritual specialists who performed a complicated sacrificial rite called *Bhairava pūjā*[58] which is supposed to be very dangerous. This rite was performed for a newly built house. According to the belief of the Sinhalese Buddhists, it must always be carried out when somebody is digging a hole in the ground – as in this case – to build a house or to search for gems. "When we stop it now," said one of the specialists a little bit excited, "it is a *koḍivina*." His partner agreed. (A *koḍivina* is a bad charm.) At this moment, the ritual had reached a state where the demons had been invited to accept the sacrificial offering but it had not yet been completed. It is believed that the demons are still present in this stage of the ritual and it is dangerous and harmful to touch it or handle it in a way not in accordance with the ritual concept. Therefore, the remainder of a ritual is always deposited at a crossroads or parting of two ways. In the case that by mistake one or more demons are still present in any object used in the ritual, it should be made difficult for them to find the way back. It is also dangerous to touch any object left from the ritual.

The Ritual Form of Sorcery

There is nothing irrational and there is nothing exotic in the sorcery of the Sinhalese Buddhists. A sorcerer is mostly a simple craftsman who is just doing his job. His job is to actualise and to put into practice a symbolic expression which helps his client to overcome an emotionally difficult situation. It is important that a sorcerer follows the rules of the ritual strictly. There are ritual precautions that assure that the private person of the sorcerer and his role in the society are completely separated from his ritual practices. Therefore, special care has to be taken concerning the rites which mark the exit from the ritual. In sorcery, like in all other ritual practices, we must distinguish the attitude of the

58 The eight *Bhairavas* are demonic gods and guardians of the earth. Everybody who is digging in the ground, e.g. when building a house, must perform a sacrifice for the *Bhairavas*. See Bechert (1976: 559).

professional from that of the client. The first is the intellectual, the latter the emotional and less rational.

Nearly all of the phenomena observed by anthropologists and deemed to be magic have a ritual form. Rituals, however, can be analysed and show a demonstrable structure. To follow the rules of a ritual process is not irrational at all. If we go beyond the symbolic level to a logical analysis, we can see that a ritual process produces knowledge about the world in question. The aim of rituals is to solve problems, to answer questions, to gain or regain orientation, or to eliminate conflicts by reconstitution of order. Rituals are "Ways of Worldmaking" (Nelson Goodman).[59] There might be different objectives among the people involved in a ritual: There is the ritual expert, the priest or the specialist for 'devil dances', and there is his client: The world of the client is out of order; the ritual expert tries to explain and to defend the socially constructed and accepted world. The ritual is performed betwixt and between two systems: the social system and an individual personal system.

What happens in an act of sorcery? The client satisfies his/her strong emotions and the sorcerer does a professional job and helps him/her to cope with them. The rest is the part of the demon. A charm is not a mechanism. It is the decision of the demon whether he/she will harm the target subject or not. The sorcerer's client has expressed his/her wishes in a drastic form. The gods decide according to a supernatural justice whether he/she is right or wrong. The belief in the effectiveness of charms seems to be connected with the idea of justice in fate. In ancient India, we very frequently find the god Bhaga – his name means 'part' – involved in rituals of sorcery. Bhaga is the god who supervises the correct distribution of parts of worldly goods to people. In the *Atharvaveda* we find formulas such as: "I take your part away from you."

The number of bad charms, I suppose, is much smaller than the number of cases where a person only supposes that somebody has directed a bad charm against him/her and asks a sorcerer to perform a charm against that in turn.

The Rationalist's Imputations

In 1968, when I was as a student in Sri Lanka, I visited Professor A. T. Kovoor, the president of the Ceylon Rationalist Association. Professor Kovoor showed me a large heap of copper foils on which yantras and mantras were engraved and told me that these were charms sent to him by sorcerers. He kept them there to demonstrate that these charms did not harm him. Sometime later, I read in a Sri Lankan newspaper that he had let some drunken people with bot-

59 Goodman (1978).

tles of arrack in their hands and even a dog run over a fire to prove that 'fire walking' was not a matter of supernatural power.

It is not a question for an anthropologist whether 'fire-walkers' burn their feet or not; anthropology is interested in the symbolic form of their doing. They demonstrate, for themselves and others, that the god they worship by means of this ritual can make the impossible possible. Thereby, they know that their fate is not unchangeable and they are not condemned to be poor, to be sick or to be the underdogs. It is their god's will.

Ritual Theory

The Structure of the Ritual

Henri Hubert and Marcel Mauss in their study *Essai sur la nature et la fonction du sacrifice*[60] are analysing the sacrifice in ancient India, ancient Greece, ancient Rome, and ancient Judaism. Their precise analysis reveals a common structure in the sacrificial rites of these cultures – and perhaps many others. It can be read as "a study of the structure, or one might almost say the grammar, of the sacrificial rite", as E. E. Evans-Pritchard remarks in his foreword to the English translation.[61] Furthermore, their structural analysis is not only valid for the sacrifice in ancient cultures, but it can also be read as a grammar of the ritual per se. In the following, I want to show this by using examples from rituals of the Sinhalese Buddhists, partly taken from the literature, partly taken from my own observations.[62]

The most important observation is the following: There is a clear and radical distinction between the ritual and the rest of the world. Every person, every animal and every object or instrument must undergo a consecration rite to enter the ritual. People assume a role, animals become victims and objects are usually furnished with a new name. That means the entrance into the ritual controls the meaning, usage and role of objects, animals and people. Hubert and Mauss explain it like this:

> Sacrifice is a religious act that can only be carried out in a religious atmosphere and by means of essentially religious agents. But, in general, before the ceremony neither sacrifier[63] nor sacrificer,[64] nor place, instruments, nor victim, possess this characteristic to a suit-

60 Hubert, H. &. Mauss, M. (1899 [French], Hubert, H. & Mauss, M. (1964) [Engl.].

61 Hubert & Mauss (1964: VIII).

62 See the Introduction above.

63 The sacrifier "is the subject to whom the benefits of sacrifice thus accrue" (cf. Hubert, H. &. M. Mauss (1964: 10 & 20).

64 "An intermediary, or at the very least a guide, is necessary. This is the priest." (Hubert, H. & Mauss, M. (1964: 23).

> able degree. The first phase of the sacrifice is intended to impart it to them. They are profane; their condition must be changed. To do this, rites are necessary to introduce them into the sacred world and involve them in it, more or less profoundly, according to the importance of the part they have subsequently to play. It is this which constitutes… *the entry into the sacrifice.*[65]

Before a ritual begins, there is nobody who has undergone a specific consecration rite for it. Therefore, there must be an official or a priest, who belongs to a certain class, caste or lineage and has undergone an initiation ritual, like the Indian Brahmins. In the rituals of the Sinhalese Buddhists, the chief priest (*Ädurā*) starts with a meditation before he consecrates the place where the ritual is to take place, and the constructions and instruments are prepared for the ritual. The most important consecration rite in the Sinhalese *yak tovil* is that of the patient for whom the ritual is performed. It is a proper rite of passage (*rite de passage*)[66] which is characterized by a liminal period in which the patient is "structurally, if not physically, invisible" as Victor Turner puts it.[67] It is that period betwixt and between the ordinary life of the patient and his/her participation in the ritual. He/she is separated from the ritual place by a white cloth which is spanned before him/her and suddenly withdrawn in the moment when an oblation to the gods as the initial rite of the ritual is completed. The completion of the oblation is, as usual, an act called *kīla gahanavā*, whereby the priest (*Ädurā*) throws a handful of resin powder through the flames of a torch so that an optically very effective but harmless explosion takes place. Consecration rites have the same function as rites of passage or initiation rituals. They accomplish the transformation of the ritual state of a person or object.

There is always an exact counterpart to the consecration rite which marks the exit from a ritual.[68] I call it the desecration rite. Consecration rites and desecration rites vary according to the importance of the person or object to be consecrated or desecrated, and also according to the aim of the ritual as a whole.[69] Desecration rites are in many cases connected with some precautions to avoid the consequences of possible errors in the ritual. In some cases, there must be a very strict separation from the rest of the world. This is the case in the *Netrapratiṣṭhāpana*, a consecration ritual for images of gods and the Buddha in Sinhalese Buddhism.[70] In other rituals, for example, when a vow was taken, the person who has taken the vow binds a thread (*äpa nūla*) as a pledge around his/her wrist or waist. This is similar to the *pirit nūla* in the Paritta ceremony. In the Paritta and the Bali ceremonies of the Sinhalese Buddhists, the participants take Holy Water with them as a result, which connects them further on with the ritual as a pledge or an act of faith to gain religious merit. In

65 Hubert & Mauss (1964: 13).

the case of rites of passage, the exit from the ritual is a permanent change of social status and is an upbeat for further celebrations.

In complex rituals of the Sinhalese Buddhists, such as the 'Devil Dances',[71] dramatic dance rituals with offerings to demons and sometimes exorcist rites, or the *Hūniyam śāntiya*, a ritual to make peace with the god of sorcery,[72] to gain protection from sorcery, we find many rites of transition, because these rituals consist of many parts which must be distinct and separated from each other. These rites mark changes of the ritual state of people or objects, or transitions from one rite to another in various ways. In addition some other marks are set for showing the state of an object. The Sinhalese 'Devil Dancers', for example, put oil lamps or small torches on the offerings to show that they are currently active, i.e. addressed by the recitations of the priest. One can see from the form of the light whether the offering is for a god or a demon. The form of the oblations characterizes the receiver in a very subtle way. The drumming also marks important moments and underlines the flow of actions in the ritual. In this way, rituals can adopt a very complex structure and dramaturgy.

The Semantics of the Ritual

Do rituals have a meaning? Meaning is always meaning for somebody. There are two directions from which the participants approach a ritual. For the *virtuosi*, ritual action is just a matter of following rules. They are acting rationally what the rules concern, but they do not necessarily reflect upon a wider meaning of their actions. For them what Frits Staal says might be valid:

> To performing ritualists, rituals are like dance, of which Isadora Duncan said: "If I could tell you what it meant there would be no point in dancing it."[73]

A ritual follows a clear target and is performed in a peculiar and distinctive style which keeps it bound to its native culture. Ritual design is rational, methodic and poetic at the same time.

66 Cf. Van Gennep (1908).
67 Turner (1964: 6).
68 Hubert & Mauss (1964: 45 ff).
69 Hubert & Mauss (1964: 50).
70 Cf. Ruelius (1978).
71 See Wirz, P. (1941) and Kapferer, B. (1991 and 1979), Ruelius H. (2006) for descriptions and interpretations.
72 See Wirz, P. (1941) and Kapferer, B. (1997), Ruelius H. (2006) for descriptions and interpretations.
73 Staal (1990: 116).

The clients, who get a ritual performed to gain the benefit of it, or are often suffering from a disease or some other disadvantages, might access a ritual more emotionally and take it for a miracle. The anthropologist has to perform both tasks: He/she has to analyse the logical structure of the ritual to describe a semantic framework of symbols and symbolic actions and their reference to the outer world, and he/she has to describe the attitude of the participants towards the ritual actions.

Hubert and Mauss stress the fact that consecration rites are necessary to establish a "religious frame of mind" to take part successfully in a ritual.

> In short, a religious act must be accomplished in a religious frame of mind: the inward attitude must correspond to the external one. We see how, from the very outset, sacrifice demanded a credo (*shraddha* is the equivalent of credo, even philologically), and how the act carried faith with it.[74]

What is this "religious frame of mind"? I think it is more than just having an opinion, it is a disposition, a habit (see below, "The Dialectic of the Ritual").

If we do not take it psychologically but logically, and take into account that the participants entering a ritual consciously experience a new system of entities which is entirely different from that of their everyday life, and that they must accept a reality with new things with new names, new notions and new properties, then we can understand the religious frame of mind as a *linguistic framework.* I am following Rudolf Carnap in his paper *Empiricism, Semantics, and Ontology*[75] because it reflects the situation of the ritual closure and its contents which cannot be deliberately spoken about from outside by ignoring its internal structure.[76]

If an observer observes someone who introduces such a kind of new entities – new for the observer – and introduces a linguistic framework to speak about the new entities, the observer may accept this linguistic framework without delivering a judgment about the reality of the entities in question.

Wilfried Sellars in his paper *Acquaintance and Description Again* makes it clear:

> Semantic *designation* reconstructs neither 'phenomenal givenness' nor 'behavioral response to an environmental stimulus.' In so far as semantic designation is a reconstruction of an aspect of man's adjustment to his environment by means of sign-behavior, it concerns rather the relation of sign habits to features of the environment *in abstraction from particular*

74 Hubert & Mauss (1964: 28).
75 Carnap (1950).
76 Ibid., p. 206.

> *acts of experiencing these features*. It is the *pragmatic* concept of *verification* which reconstructs the *meeting of language and world* in a cognitive situation.[77]

If we accept the way of speaking about a class of entities as it appears in a religious system, we only accept rules for forming statements on entities in a religious world and for testing, accepting or rejecting them inside the religious discourse. We can reconstruct the semantics of a ritual or a myth without referring to a given reality. There is no 'religious experience'. That means we can study a religious system without asking the question whether gods, demons, angels, and other supernatural beings exist. But if we do as some 'rationalists' are doing, and claim that gods, demons, etc., do not exist, we give an answer to an *external question*. Carnap calls such statements pseudo-statements, and he adds: "(It is obvious that the apparent negation of a pseudo-statement must also be a pseudo-statement)".[78] Therefore, we can discuss the 'rationalist' claims from a meta-point of view. They originate from category errors.[79] Finally, it is important for us to note that the decision to accept a linguistic framework is not a matter of theory, but rather a practical decision which does not need a theoretical justification.

Ritual Theory and the Laws of Form

A ritual begins with drawing a distinction: a distinction between the ritual and the rest of the world. George Spencer-Brown begins the construction of his calculus in his famous *Laws of Form* with the instruction: "Draw a distinction!"[80] The idea of a distinction derives from the fact that we cannot make an indication without drawing a distinction. Spencer-Brown's definition of the distinction:

> Distinction is perfect continence. That is to say, a distinction is drawn by arranging a boundary with separate sides so that a point on one side cannot reach the other side without crossing the boundary. For example, in a plane space a circle draws a distinction.[81]

Let us call the difference between the religious ritual and its surroundings not a difference between the religious and the profane, but simply a difference between inside and outside the ritual. All people, animals, and objects appearing in a ritual must be indicated, addressed, referred to, named, etc. *This requires a distinction.* The basic cognitive operation of any ritual action is the distinction. A distinction in a ritual is usually a rite of consecration or an act that marks a

77 Sellars (1949: 502).
78 Carnap (1959: 215).
79 See Ryle (1949), passim.
80 Spencer-Brown (1979: 3).
81 Ibid., p. 1.

person, an object, a moment, an action, or a boundary in space with a mark or a sign.

The observer observing a ritual can draw distinctions by him/herself and isolate marks or signs. By identifying the indications, references or connections to the people, objects, moments, and spaces marked and by naming the actions directed towards them, he/she can describe the structure of the ritual. I do not want to apply Spencer-Brown's calculus to analyse a ritual and I cannot discuss its mathematical-logical background. I just try to use it as a guide of practice for the analysis of rituals. In the following, I am demonstrating an informal method to apply Spencer-Brown's ideas.

An observer who writes a record of a ritual procedure can mark the spaces, states or contents that are separated by a distinction and can, therefore, indicate them and name them. The use of marked contents or states is called intent. The Sinhalese Buddhists always mark their offerings by setting a light on it. This is a small oil lamp (Sinh. *Pahana*) for the Buddha or a god, and a small torch (Sinhala: *vilakkuva* [from Tamil]) if it is for a demon. The observer can expect that the object marked will become subject to a further procedure.

If a state of a person or an object in the ritual is marked by a name, the observer should use the name. If there is a person or an object marked, there must be an intention to act towards this person or object. Therefore, the observer must find out the name of the action or usage in which the person or object is involved.

There are many ways to characterize gods and demons by the form of the offerings presented to them. Food is only offered to the Buddha, for example, before noon because the Buddha follows the rules of the order and does not eat after noon. In the afternoon, only water and flowers are offered to the Buddha.

It is important for the observer to follow the ritual procedure in such a way that he/she can grasp all the boundary crossings; otherwise the state of a person or an object is not clear. If the state of a person or an object is not clear because of a mistake made by the priest, this is supposed to be dangerous. Drawing a distinction is always the first and elementary step in cogitation. It can be recursive, i.e. there can be distinctions within a distinct space. A sequence of distinctions where the distinct spaces are indicated, named, referred to, as it appears in a ritual, can lead to complex structures. This is the way that worlds are constructed. In *A Note on the Mathematical Approach*, in the beginning of his book Spencer-Brown says:

> The theme of this book is that a universe comes into being when a space is severed or taken apart. The skin of a living organism cuts off an outside from an inside. So does the circumference of a circle in a plane. By tracing the way we represent such a severance, we can begin to reconstruct, with an accuracy and coverage that appear almost uncanny, the basic forms underlying linguistic, mathematical, physical, and biological science, and can begin

> to see how the familiar laws of our own experience follow inexorably from the original act of severance.[82]

Not only does the construction of our common world by the natural sciences follow the laws of form, but religious worlds as built in the ritual are also based on the same principle. There are many worlds owned by various cultures, religions or social groups. They might be considerably different, but one thing is common to all of these worlds: the laws of form. That is what a comparative science of religion can learn from Spencer-Brown's logic: If we go down to the bottom with our analysis, we can show how they emerged from a common ground, formed by coevolution of man and his surroundings – phylogenetic and ontogenetic. Spencer-Brown expresses his fascination emanating from this idea:

> Although all forms, and thus all universes, are possible, and any particular form is mutable, it becomes evident that the laws relating such forms are the same in any universe. It is this sameness, the idea that we can find a reality which is independent of how the universe actually appears, that lends such fascination to the study of mathematics.[83]

The Ritual as a Closed System

We learn from the analysis of Hubert and Mauss, and George Spencer-Brown's *Laws of form*: A ritual is a perfect closure. We can understand rituals as partially closed systems: Open for matter and energy, but closed for meaning. No person and no object can enter into the ritual or leave the ritual unless its meaning is controlled by the ritual. To enter a ritual means to cross a boundary. To exit a ritual means to cross a boundary again. According to Axiom 2 of Spencer-Brown's 'logic', the state after the crossing again is the state before the crossing. Objects once consecrated and not desecrated when the ritual is completed, remain in the state of consecration; they remain sacred and are holy objects. If this happens by mistake, they are dangerous. Consecrated temples, images of gods, etc., remain in a state which is supposed to be a holy state. The same applies to people who are initiated. Initiation and consecration rituals are rites of passage.[84] This is also the case with the thread Theravāda Buddhists bind around their wrist after having taken part in a Paritta ceremony. It must not be cut or removed. It is left in its place until it gets lost in a natural way. The same happens with the Paritta water, the 'sacred water' lay people can take away from the ritual: It is kept or used until it has dried out.

82 Ibid., p. XXIX.
83 Ibid.
84 Cf. Van Gennep (1908).

To understand how the participants of a ritual – not the performing professionals or priests, but their clients – apply the ideas they keep in their minds after having experienced the world of the ritual is difficult. Their situation might be comparable with that of somebody leaving a theatre or a cinema being impressed by a play or a film. It is the situation of emerging from a virtual world.

The Dialectic of the Ritual

The world constructed in the ritual is a virtual world, a world of metaphysical, i.e. transcendental, ideas. This world is limited in circumference and perspective. How can objects, notions and ideas of this closed world be made applicable for the practice in the world of senses? Kant discusses the problem in the form of a *logic of illusion* under the name of *transcendental dialectic.* We can, therefore, call the methods to save our problem the *dialectic of the ritual.*

Kant offers a pragmatic solution: In respect of the transcendental ideas, he frequently takes up the standpoint of the *as-if consideration*, which he called the "highest transcendental standpoint". The transcendental ideas are not acquired from our experience, they are notions of pure reason, but they are of practical use if we act *as if* they were related to a real object.

The German philosopher Hans Vaihinger built a complete philosophical system out of *Kant's* "as-if formula" and calls it "fictionalism". There, we can find all the relevant text passages from Kant's work cited.[85]

In Kant's work *Religion within the Limits of Mere Reason* (*Die Religion innerhalb der Grenzen der blossen Vernunft*), we find the following passage which is – as *Vaihinger* states – "Kant's celebrated and as yet so little understood definition of religion":

> All religion consists in the fact that in respect of all our duties we regard God (a mere idea), as the law-giver to be universally reverenced (p. 122). The stress is on 'regard'; we regard the matter as if a God existed and as if this God had prescribed our moral code; in this double fiction lies the essence of the religious manner of approach.[86]

Regarding transcendental ideas, Kant says:

> The transcendental ideas guide us to behave in such a way, as if their subjects (God and Immortality)… were given.[87]

Kant calls the ideas "regulative principles". They are the guidelines for our behaviour. We can call these guidelines a disposition or mental habit. The art his-

85 Vaihinger (1935).

86 Ibid., p. 300.

87 Citation from Eisler (1964: 7).

torian Erwin Panowski, while studying the analogy of the development in arts, philosophy and religion in the Gothic period of European culture,[88] introduces the concept of a mental habit and quotes from Thomas Aquinus' *Summa Theologiae* to give it a precise meaning: It is the "principle that regulates the act".[89]

When asking in what manner the mental habit induced by early and high scholasticism may have affected the formation of early and high Gothic architecture, we would do well to disregard the notional content of the doctrine and to concentrate, to borrow a term from the scholars themselves, upon its *modus operandi.*[90]

The *modus operandi* finally results from the *modus essendi.* It is again the world-picture which is the ground on which human action rests. The concept of the habitus has become a very important component in the sociological thinking of Pierre Bourdieu. A closer study of it would reach beyond the scope of this paper.

We can conclude: What the participants of rituals are carrying away as their own acquisition out of the ritual process is an impression in their mind which leads to a disposition to act, the *Habitus*. By means of the *Habitus*, the participants of a ritual are able to transfer the structure of the virtual world, which they have experienced in the ritual, to their actual world. The as-if standpoint is closely related to the idea of a socially constructed *virtual reality* as it has been discussed in philosophy, psychology and theology, and on internet sites[91] since the 1990s, and recently in cultural anthropology by Bruce Kapferer.[92] The specialised virtual world of the ritual is transferred to the actual world, as a habitual structure. It becomes an 'augmented reality'.[93] The blending of two distinct world-pictures as the world of the ritual and that of the daily life can be studied by means of the *Conceptual Blending Theory* in cognitive science.[94] This, however, requires a comprehensive and precisely formulated theory of the ritual, which we do not have yet.

88 Panowski (1957).

89 Ibid., p. 21.

90 Ibid., p. 27.

91 Cf. Wessely, Larcher (2000), Heim, M. (1998), Gergen K. (1997 and 1994), Ryan, M.L. (2001).

92 Kapferer (2004 and 2006a).

93 'Augmented reality' is a technique which augments the actual, physical reality by means of computer-generated data. A user of such technical equipment, for example, can see his/her surroundings through a transparent screen and, at the same time, read additional information about these surroundings on the screen. One example is the Wikitude World Browser on the operating system for smart phones iOS (http://en.wikipedia.org/wiki/Wikitude).

94 Cf. Sørensen (2007: 63 ff.), Turner & Fauconnier (1995) and Fauconnier (2001).

The Function of the Ritual

We discussed above the alleged irrationality of magic rituals. I argued that there are two different approaches to them: The approach of the ritual experts who act in accordance with the official doctrine, and the approach of the laymen, for whom magic is something miraculous and unearthly. Rituals have the function of establishing order in a disturbed world or teaching the ignorant and unsettled. The function of the rituals is that of a mediating mechanism, which is necessary to manage a structural coupling of psychic systems with a belief system, where the bodily presence of the person concerned is necessary. Therefore, we can call rituals *symbiotic mechanisms* in the sense of Luhmann's systems theory. The way communication takes the physical existence of the participants into account, we can call symbiosis. The media of expression used for this purpose, we can call symbiotic symbols.[95]

The Magic of Technology

The magic of technology is the magic of the unknown. It is the fascination of knowledge controlling hidden powers: the familiarity with the mystery.

The Evolution of Modern Technology

Technology is the embodiment of human thinking. Technology originates from the scientific experiment. The experimental set-up is the implementation of a hypothesis. The success of an experiment, which should test a theory, depends on its accuracy. Accuracy depends on the quality of the measurement devices. Efficient measurement devices can only be constructed on the basis of knowledge of the physical laws. This seems to be a vicious circle, but it is indeed a feed-back loop which constitutes the evolution of human knowledge.[96] The movement of this loop accelerates with the ever growing speed and capacity of computers, and constructs a world of increasing complexity: A world which we can only manage with the help of – computers.

The recent technological revolution began with a 'simple' computer. Since it proved to be a very useful machine, it attracted the interest of industrial managers. We have been learning that computers are very efficient for the design and construction of bigger computers. This is the way we can understand the evolution of modern technology, which is following the direction of every kind of evolution: the direction to always higher complexity. In the meantime, we rarely find a large machine which is not controlled by a computer or even a

95 Cf. Luhmann (1997: 378 ff.), Luhmann (1981: 228-244).

96 The philosophical implications are discussed in Wind, E. (1927 and 2001).

network of computers. Computers have one very unpleasant feature: Contrary to "trivial" machines (Heinz von Foerster), they cannot be controlled by humans if they do not allow it. The same applies to large computer-controlled machines or industrial equipment, such as power plants or chemical plants. They are far too complex to allow simple manual interventions. Designers of computer-controlled machines or large technical equipment must construct security mechanisms which automatically control the machines and apply correction procedures or procedures to shut down the machine in case of failure – provided they know all the weak spots. The management of highly complex technical equipment always follows the principle of incomplete knowledge. This is due to the limited capacity of the human mind – and also of human organisations. The risk is an intrinsic property of complex technology. The probability of small failures is comparatively high and that of heavy failures or disasters comparatively low or even going towards zero. Since the costs for security measures are low for small failures and can be very high in the case of heavy failures or disasters, this may lead to the illusion that going towards zero means equal to zero: with the known results.

Virtual Machines

The way how people handle computers or smartphones, or some other complex technical equipment is not much different from the way people approach religious rituals or religious symbols: They are acting in a virtual world. Users of computers act towards their machine as if the computer works in such a manner as they think that it should work. The computer becomes a virtual machine. Since it is a non-trivial machine, the user's knowledge of its functioning is always incomplete and can change. The result is that users develop contingency formulas. The computer adopts the character of a personality. The user's or observer's ideas of complex industrial equipment can grow to complex mythological systems. Since markets are of equal complexity, it is no wonder that managers are feeling the need to consult astrologers. Technology becomes part of our mythology or world-picture – just in the sense of Wittgenstein's mythology in *On Certainty* (see above).

References

Ames, Michael (1964): Buddha and the Dancing Goblins: A Theory of Magic and Religion. American Anthropologist, New Series, Vol. 66, No. 1 (Feb., 1964), pp. 75-82.

Avenarius, Richard (1905): Der menschliche Weltbegriff. 2nd Ed., Leipzig: O. R. Reisland.

Bechert, H. (1976): Mythologie der singhalesischen Volksreligion. In: H. W. Haussig (Ed..): Wörterbuch der Mythologie, I. Abteilung Die alten Kulturvölker, S. 511-656. Stuttgart: Ernst Klett Verlag.

Blackburn, A. M. (1999): Magic in the Monastery: Textual Practice and Monastic Identity in Sri Lanka. History of Religions, Vol. 38, No. 4 (May, 1999), pp. 354-372.

Bremmer, J. N. (1999): The Birth of the Term 'Magic'. Zeitschrift für Papyrologie und Epigraphik 126 (1999) 1-12.

Bruno, G. [1590]: De Magia, et Theses de Magia. In Bruno (1841), p. 455-491.

Bruno, G. (1841): Opera Latine Conscripta, ed. F. Tocco & H. Vitelli. Florentiae: Typis Successorum le Monnier.

Carnap, R. (1950): "Empiricism, Semantics, and Ontology". Revue Internationale de Philosophie 4 (1950), p. 20-40. Reprinted in the Supplement to Meaning and Necessity: A Study in Semantics and Modal Logic, enlarged edition (University of Chicago Press, 1956).

Carnap, R. (1988): Meaning and Necessity. A Study in Semantics and Modal Logic. Chicago and London: The University of Chicago Press. 2. Ed., (Midway Reprint edition).

Davidson, D. (2001): Subjective, Intersubjective, Objective. Oxford: Clarendon Press.

Diogenes Laërtius (1853): The Lives and Opinions of Eminent Philosophers. London: Henry G. Bohn.

Eisler, R. (1964): Kant-Lexikon. Hildesheim: Georg Olms Verlagsbuchhandlung. (reprinted from the original: Berlin 1930). Online Edition: http://www.textlog.de/kant-lexikon.html.

Evans-Pritchard, E. E. (1976): Witchcraft, Oracles, and Magic among the Azande. Oxford; Clarendon Press.

Fauconnier, G. (2001): Conceptual Blending. Entry for The Encyclopedia of the Social and Behavioral Sciences.

Van Gennep, Arnold (1908) The Rites of Passage, English transl. 1960 by M.B. Vizedom and G.L. Caffee, London, Routledge & Kegan Paul.

Gergen, K. J (1997): The Place of the Psyche in a Constructed World. In: *Theory & Psychology*, Volume 7, issue 6 (December 1997), p. 723-746.

Gergen, K. J (1994): Realities and Relationships. Soundings in Social Construction. Cambridge M.A.: Harvard University Press.

Glasersfeld, E. von (1974): "Because" and the Concepts of Causation. Semiotica, 12 (2), 129-144.

Goodman, N. (1978): Ways of Worldmaking. Indianapolis: Hackett.

Greenwood, S. (2009): The Anthropology of Magic. Oxford & New York: Berg.

Heidegger, M. (1995): The Fundamental Concepts of Metaphysics: World, Finitude, Solitude. Translated by William McNeill and Nicholas Walker. Bloomington and Indianapolis: Indiana University Press. German Original: Heidegger, M. (2004): Die Grundbegriffe der Metaphysik. Welt – Endlichkeit – Einsamkeit. Frankfurt am Main: Vittorio Klostermann.

Hubert, H. &. Mauss, M. (1964): Sacrifice: its Nature and Function. Chicago: The University of Chicago Press. The French original: Hubert, H. &. Mauss, M. (1899): Essai sur la nature et la fonction du sacrifice. Année sociologique, Vol. 2, 1899, pp. 29-138.

Hume, David (1896): A Treatise of Human Nature. Oxford: Clarendon Press.

Kant, Immanuel (2010): The Critique of Pure Reason. Translated by J. M. D. Meiklejohn. Hazleton, PA, USA: The Pennsylvania State University.

Kapferer, B. (1991): A Celebration of Demons. Exorcism and the Aesthetics of Healing in Sri Lanka. 2nd ed. Providence and Washington DC: Berg and Smithonian Institution Press.

Kapferer, B. (1979): Entertaining Demons: Comedy, Interaction, and Meaning in a Sinhalese Healing Ritual. Social Analysis No. 1, (February 1979), pp. 108-152.

Kapferer, B. (1997): The Feast of the Sorcerer. Practices of Conciousness and Power. Chicago & London: The University of Chicago Press.
Kapferer, B. (2004): Ritual Dynamics and Virtual Practice: Beyond Representation and Meaning. In: Social Analysis, Volume 48, Number 2, Summer 2004 , pp. 33-54.
Kapferer, B. (2006a): Virtuality. In: Jens Kreinath, Jan Snoek and Michael Stausberg (eds) Theorizing Rituals, Volume 1: Issues, Topics, Approaches, Concepts. Leiden and Boston: Brill, pp. 671-684.
Kapferer, Bruce [ed.] (2006b): Beyond Rationalism. Rethinking Magic, Witchcraft, and Sorcery. New York, Oxford: Berghahn Books.
Lee, D. (2000): The Society of Society: The Grand Finale of Niklas Luhmann. In: Sociological Theory 18:2 July 2000.
Luhmann, N. (1981): Soziologische Aufklärung Vol. 3. Opladen: Westdeutscher Verlag.
Luhmann, N. (2013): A systems theory of religion. Stanford, Ca.: Stanford University Press. *German Original:* Luhmann, N. (2002): Die Religion der Gesellschaft. Frankfurt am Main: Suhrkamp.
Luhmann, Niklas (1997): Die Gesellschaft der Gesellschaft. Vol. 1-2.. Frankfurt am Main: Suhrkamp. For an English introduction to this work see: Lee, D. (2000).
Mach, Ernst (1897): Die Mechanik in ihrer Entwicklung historisch-kritisch dargestellt. 3rd ed. Leipzig: F. A. Brockhaus.
Malinowski, Bronislaw (1954): Magic, Science and Religion: And Other Essays. Garden City, NY; Doubleday Anchor Books.
Maturana, H.R. (1970): Biology of Cognition. Biological Computer Laboratory Research Report BCL 9.0., Urbana IL: University of Illinois, 1970. Reprinted in: Maturana, H.R. and F.J. Varela: (1980), pp. 5-58.
Maturana, H. R. (1988): Ontology of Observing: The Biological Foundations of Self Consciousness and the Physical Domain of existence. In: Donaldson, R. (ed.), Texts in Cybernetic Theory: An In- Depth Exploration of the Thought of Humberto Maturana, W. T. Powers, and E. von Glasersfeld, Felton CA: American Society for Cybernetics [conference workbook], 1988.
Maturana, H. R. and F. J. Varela (1980): Autopoiesis and Cognition. The Realization of the Living. Dordrecht: Holland / Boston : U.S.A. / London: England: D. Reidel Publishing Company.
Mauss, M. (2001): A General Theory of Magic. London and New York: Routledge Classics. *Original Version:* Mauss, M. (1902-1903): Esquisse d'une théorie générale de la magie. l'Année Sociologique, Paris 1902-1903,
Medhānanda, V. (1963): Piruvānāpot vahansē. Catubhāṇavāra pāli. Colombo: N.J. Kurē.
Moore, G.E. (1925): A Defence of Common Sense. In J. H. Muirhead (ed.): Contemporary British Philosophy (2nd series), Allen and Unwin, London: 1925, 193-223. Reprinted in G.E. Moore Philosophical Papers. London: George, Allen and Unwin, 1959, and in: G.E. Moore: Selected Writings, ed. by T. Baldwin, London: Routledge 1993, pp. 106-33.
Moore, G.E. (1959): Proof of an External World. In: G.E. Moore: Philosophical Papers. London: George, Allen and Unwin, pp. 126-148.
Otto, R. (1923): The Idea of the Holy. London: Oxford University Press. First German edition: Das Heilige. Breslau: Trewendt & Granier 1917.
Panofsky, E. (1957): Gothic Architecture and Scholaticism. An inquiry into the analogy of the arts, philosophy, and religion in the Middle Ages. New York: World Publishing.
Perl, E.D. (2007): Theophany. The Neoplatonic Philosophy of Dionysius the Areopagite. Albany, NY: State University of New York Press.

Piyadassi Thera [transl.] (1975): The Book of Protection. Kandy, Sri Lanka: Buddhist Publication Society.
Ratschow, C.H. (1955): Magie und Religion. Gütersloh: C. Bertelsmann.
Ruelius, H. (2012): Licchavikathā: The Myths of the origin of the Yakṣas in the Sinhalese Yak Tovil ('Devil Dances'). In: Utopias from Asia, edited by Konrad Meisig. Wiesbaden: Harrassowitz Verlag 2012, pp. 147-158.
Ruelius, H. (2006): Kōla sanniya – Ödipus und Hiob in Sri Lanka. In: Hüsken, U., Kiefer-Pülz, P. and Peters, A. [Eds.]: Jaina-Itihāsa-Ratna, Festschrift für Gustav Roth zum 90. Geburtstag, Marburg: Indica et Tibetica Verlag.
Ruelius, H. (1978): Netrapratisthāpana – eine singhalesische Zeremonie zur Weihe von Kultbildern. In: Heinz Bechert (ed.): Buddhism in Ceylon and Studies on Religious Syncretism in Buddhist Countries. Abhandlungen der Akademie der Wissenschaften in Göttingen Philologisch-Historische Klasse, Dritte Folge, No. 108. Göttingen: Vandenhoek & Ruprecht 1978, pp. 304-334.
Ryan, M.-L. (2001): Narrative as Virtual Reality. Immersion and Interactivity in Literature and Electronic Media. Baltimore and London: The John Hopkins University Press.
Ryle, G. (1949): The Concept of Mind. London: Hutchinson's University Library.
Schalk, P. (1972): Der Paritta-Dienst in Ceylon. Dissertation, Univ. Lund.
Sellars, Wilfried (1949): Acquaintance and Description Again. *The Journal of Philosophy* 46, pp. 496-504.
Silva, L. de (1981): Paritta. A Historical and Religious Study of the Buddhist Ceremony for Peace and Prosperity in Sri Lanka. Colombo: The National Museums of Sri Lanka.
Skilling, P. (1997): Mahāsūtras: Great Discourses of the Buddha, Volume II, Parts I & II, Oxford: Pali Text Society.
Sørensen, J. (2007): A Cognitive Theory of Magic. Plymouth, UK: AltaMira Press.
Spencer-Brown, G. (1979): Laws of Form. Paperback edition, New York: E.P. Dutton,
Staal, F. (1990): Rules without Meaning. Ritual, Mantras and the Human Sciences. New York etc.: Peter Lang.
Tambiah, S.J. (1985): Culture, Thought, and Social Action. Cambridge, MA: Harvard University Press).
Tambiah, S.J. (1990): Magic, Science, Religion, and the Scope of Rationality. Cambridge, New York, et al.: Cambridge University Press.
Thieme, P. (1952): Bráhman. Zeitschrift der Deutschen Morgenländischen Gesellschaft, Vol. 102, 1952, p. 91-129.
Thorndike, Lynn (1923): A History of Magic and Experimental Science during the First Thirteen Centuries of our Era. Vol. 1-2. New York and London: Columbia University Press.
Turner, M. and Fauconnier, G. (1995): Conceptual Integration and Formal Expression. Metaphor and Symbolic Activity, Vol. 10, no. 3 (1995), pages 183-203.
Turner, V.W. (1964): Betwixt and Between: The Liminal Period in Rites de passage, in: Helm, J. (ed.): Symposium on New Approaches to the Study of Religion, Proceedings of the 1964 Annual Spring Meeting of the American Ethnological Society, Seattle 1964, pp. 4-20.
von Uexküll, J. J. (1921): Umwelt und Innenwelt der Tiere. 2nd ed. Berlin: Verlag von Julius Springer.
von Uexküll, J.J. (1926): Theoretical Biology. New York: Harcourt, Brace & Co. and London: Kegan Paul, Trench, Trubner.
Usener, Hermann (1896): Götternamen. Versuch einer Lehre von der religiösen Begriffsbildung. Bonn: Verlag von Friedrich Cohen.
Vaihinger, H. (1935): The Philosophy of 'As if'. A System of the Theoretical, Practical and Religious Fictions of Mankind. London: Kegan Paul, Trench, Trubner &: Co., Ltd. German

Original: Vaihinger, H. (1986), Die Philosophie des Als Ob. Aalen: Scientia Verlag. (Reprint of the 9th/10th edition Leipzig 1927).
Waldschmidt, E. (1934): Das Paritta. Eine magische Zeremonie der Buddhistischen Priester auf Ceylon. Baesseler-Archiv 17, pp. 139-150. reprinted in: E. Waldschmidt: Von Ceylon bis Turfan. Göttingen: Vandenhoek & Ruprecht 1967, pp. 465-478.
Wessely, C. , Larcher, G. (eds.) (2000): Ritus – Kult – Virtualität. Wien, Graz: Verlag Styria.
Wind, E. (1927): Experiment and Metaphysics. In: Brightman, E.S. (ed.) Proceedings of the Sixth International Congress of Philosophy Harvard University Cambridge Massachusetts United States of America September 1926. London etc.: Longmans, Green and Co.
Wind, E. (2001): Das Experiment und die Metaphysik. Edited by B. Buschendorf. Frankfurt am Main: Suhrkamp Verlag.
Wirz, P. (1954): Exorcism and the Art of Healing in Ceylon, Leiden: E.J. Brill, 1954. German Original: Wirz, P. (1941): Exorzismus und Heilkunde auf Ceylon. Bern: Verlag Hans Huber.
Wittgenstein, L. (2010): Bermerkungen über Frazers Golden Bough/Remarks on Frazer's Golden Bough. Edited by Rush Rhees. English translation by A.C. Miles, revised by Rush Rhees with an Afterword by Rush Rhees. Bishopstone Herefordshire, England: Brynmill.
Wittgenstein, L. (1969): On Certainty. Oxford: Basil Blackwell.
de Zengotita, T. (1989): On Wittgenstein's Remarks on Frazer's Golden Bough. Cultural Anthropology, Vol. 4, No. 4 (Nov., 1989), 390-398.

Ethics and Technology
An Interpretation from the Perspective of Tribes

R.K. Bhattacharya

Preamble

I shall start with two anecdotes about my Santal friends.[1] The Santals constitute one of the largest homogenous tribes of India inhabiting the eastern part of the country, namely the states of Bihar, Jharkhand, Orissa and West Bengal.[2]

Boro Baski was describing to his mother, who is in her sixties, how he had travelled by the underground metro train in Kolkata, India. She refused to believe that there could be something like this in the world. She is however comfortable watching moving pictures on the television or hearing songs on the radio and with the idea that her son has flown in an aeroplane while travelling to lands outside India.

The Birla High School for Girls, a noted school of Kolkata, India, collected funds to supply solar lamps to the Santal families of Rahamatpur Santal Tola[3] who did not have any electric connection in their homes but had school-going children. These children study and do their homework in insufficient light after dusk, as hurricane and kerosene oil lamps produce little light. The solar lamps were subsidized by the government department of alternative energy; the technology was simple and all instructions were written in Santali.[4] These instruction posters were displayed in different parts of the village; there were a few follow-up visits by the Kolkata-based students of the above-mentioned school, and a local resource person (a Santal) made periodic visits to keep a watch on

1 Acknowledgement: I thank the organizers of this international symposium namely the two universities – Vietnam National University and University of Mainz – and specially Professor Konrad Meisig for giving me, or more appropriately, giving us, my wife and me, the opportunity to present our papers.

2 Singh, K.S., 1997, p. 1041.

3 Tola means a hamlet. Santal hamlets are normally on the fringes of bigger villages inhabited by non-tribes in the Birbhum district, West Bengal, India. This is a demographic feature of the district.

4 Santali belongs to the Munda group of languages – one of the oldest linguistic groups in India (Baske, Dhirendranath, 1999, p. viii).

the lamps. The villagers received the lamps with enthusiasm and expressed their happiness at being chosen as recipients. They showed all seriousness in following the instructions; but within a span of a few months the wires connecting the lamps to the solar panels and to the charging units came undone and all the light emitting bulbs would not turn on and after a while, the lamps became non-functional. The original lamps were replaced by new lamps of supposedly better quality. But after a few more months, these lights too became non-functional. At this, the villagers did not display anxiety or irritation but reverted back to their days without the solar-powered light waiting patiently for the promised electric connection in near future by the state.

Through the stories we get a glimpse of how Santals respond to technology – incredulity on one hand and acceptance of the functional values of technology on the other. They are not averse to technology or technical equipments but they seem to repose faith in their traditional means as we have seen in the case of the solar lamps. They are ready to believe in technology that falls within their realm of experience e.g., Boro's mother uses the television and the radio while she has seen aeroplanes fly above her village. On the other hand she refuses to accept the possibility of an entire train travelling underground.

This is not very different from how many other communities would react – communities that are tradition-bound.

I

These stories raise certain questions in my mind. Modern technology is imposed on more or less everybody and it is expected that all will derive benefit from it. Yes, there is no doubt that modern technology has many advantages and is perceived to be indispensable to a particular way of life and it is seen that this particular way of life is regarded as mainstream and standardised. In this scheme of things, the tribes and their ways of life are insignificant and often bypassed from discussions of technology and by extension, modern knowledge. This is in no way to suggest that tribes in India are all in their traditional state rather it is found that almost over 600 tribes[5] in India are at different positions along the spectrum of 'tradition- modernity' though, it may be mentioned that a sizeable number of tribes are nearer the tradition pole of the spectrum than otherwise.

Therefore I ask if we have taken cognizance of how the tribes sustained themselves over centuries and have recognized their means as forms of technology that are suited to their purposes and situations. Is there something for us to learn from this – learning to comprehend the nature and variety of tech-

5 See Singh, K.S., 1997, p. 2.

niques that they use in their lives? Gleanings from the techniques and technologies used by tribes in general may provide the clues by which we may make modern technology in tune with nature – in comparison to modern technology, the tribes' traditional techniques and means can certainly be considered more eco-friendly. It is true that in many cases they have had to give up those traditional technologies because of the pressure of change that comes from many quarters, especially from commercial or business houses. Easy availability of technology, the efforts of mass media and extension activities through both governmental and non-governmental agencies to reach technology to the remotest corners, and the functional value of efficiency ascribed to modern technology are some of the factors that act upon them. However, could the questions posed above be another way of looking at ethics with respect to technology from the perspective of the tribes?

II

To us who do not belong to the tribes,[6] it is difficult to comprehend if technology albeit traditional, are that important in conducting lives within limited dependencies especially when they require to maintain an intimate and symbiotic relation with their immediate environment. In other words, the means of life of the tribes constitute the use of technology that seems restricted to the very near concerns of their immediate lives. The society of the tribes is in no way industrial in nature and intent. We do not have evidence to show that tribes developed technology suited for mega projects, such as constructing dams or setting up industries. Rather we find that their propensity is to maintain subsistence economy and not generate surplus, unless forced by circumstances. We recognize technology among tribes as the tools and means that the tribes use to confront the situations they encounter. This brings us to the question with which we are deliberating in this seminar[7] – how to relate the issue of technology with that of ethics when discussing the tribes. If we had belonged to the world of technocrats we would not have embarked upon this discussion as we would not have considered the technology of the tribes as technology in the way the modern world understands it. Our calling as social scientists gives us the opportunity to explore this aspect from a vantage point that I deliberate on. As an

6 In India, Scheduled Tribes are a constitutional category. However, here I use the word 'tribe' in a wider sense that includes the indigenous people as well as the so-called autochthons.

7 Techno-Ethics: Humanities and Technology, a two-part international and interdisciplinary German-Asian symposium in Mainz and Hanoi. This paper was presented in Hanoi, Vietnam on March 28-29, 2013.

anthropologist I believe that any endeavour of humankind to conduct their lives need not be put on an ordinal scale of inferior/superior or any other hierarchy or dichotomy. Rather, there is ample scope to examine how differently contemporary people think and act and the premises that govern their thoughts and actions. It is important to keep in mind that human societies have a wide range of responses guided by a range of codes even when they belong to the same epoch or time line. For the purpose of this article, I posit that ethics forms a fundamental premise of most of man's actions.

What role does technology play in the lives of the tribes? Technology for the tribes is the systematization of possessed knowledge to address and encounter the issues and situations of their immediate environment. The ethics of such technology operate within "customary laws and traditional rights".[8] Traditional knowledge has certain characteristics – characteristics of continuity and building knowledge in a step-by-step manner; often the dynamism in knowledge is a generational thing i.e., each generation makes adjustments and applies their mind and in this way changes follow a natural course. Knowledge is transmitted from one generation to another. It may be remembered that traditional knowledge functions best within the context of the particular culture in consideration. When technology is built on this kind and flow of knowledge, technology develops and evolves within the special context of the community occupying a particular environment/niche.

To explain this further, the tribes use technology and techniques with a view to confront their immediate concerns and habitat – they are not concerned if the particular technology or techniques will be applicable to pan-human situation, even if it is similar or comparable to theirs. This may explain why we do not normally find evidences of transfer of technology among tribes. The best example is the Shiluks of the Nile in Egypt who never adopted the more efficient methods of tilling the ground that their neighbouring tribes practised.[9]

III

In the preamble I have written about the attitude and disposition of the Santals towards modern technology. Now let me take up the concept of ethics as understood, perceived and practised by the Santals and other tribes. There is no Santali word equivalent to ethics; I have not found equivalent terms for the same in languages of other tribes in India. The nearest that we can come is moral or morality. Morality is often expressed or practised through customs. These customs are bound by social mores or rules. There is a belief among

8 Saran, Anand, 2012, pp. 366-395.
9 Lowie, Robert H., 1956, pp. 28-29.

tribes that if a rule is broken or a custom is not observed as per the tradition, the incumbent would face some unforeseen or unpleasant consequences affecting not only the person but the community as a whole.[10] We can perceive here conscience as operating at the individual and collective levels. In fact, it is observed that among the Santals conscience and experience of fear (fear of the outcome of transgressing social rules or customs) operate at tandem. Thus, the fear of any transgression automatically deters them from any attempt to stray from their age-old and time-tested traditions or customs. Moreover, most tribal societies also have systems of keeping an eye on social transgressions with a view to take corrective measures. Village councils of an elected/selected few from among the villagers are empowered to monitor the social behaviour[11] and the offender or social outlaw is reprimanded and punished with the imposition of a suitable penalty in the form of a fine in cash or kind or both.

It will be relevant to understand how the members of tribes acquire these values and attitudes. They acquire them through socialization that occurs through the process of enculturation.[12] The individual surrounded and immersed in his culture learns almost spontaneously through a kind of apprenticeship in daily life experiences. Loosely following Claude Levi Strauss,[13] encultured norms, values and attitudes can be posited to belong to the conscious model as opposed to the unconscious model. The conscious model is that which is considered traditionally right, ideal and normative while the unconscious model is arrived at through reasoning, logic and rationalization. The conscious-unconscious used here has an almost polar opposite meaning to the Freudian concept of conscious-unconscious. Among the tribes (by and large) the practice of ethics follows the dictum of the conscious model i.e., perpetuation of a system of norms of their individual societies. This may be considered to hold true in the case of other tradition-bound societies.

Now I shall turn my attention to mainstream societies in order to comprehend modern technology and ethics practised therein. Ethics is here an enforced phenomenon, carefully structured and regulated by laws and their interpretations. Consequently ethical issues are based on reason and logic. Law-enforced ethics brings us into the arena of legality or being open to interpretations. Exigencies help shape laws and it is over time that laws become more comprehensive and fine-tuned so that the grey areas are reduced. Unlike traditional technologies, or techniques, which are time-tested, modern technologies operating at mega levels come with the possibility that all aspects of ethical is-

10 Archer, W.G., 1974, pp. 53-54.

11 Ibid; Somers, George E., 1977, pp. 93-101; 123-127.

12 Herskovits, M., 1948.

13 1963, pp. 281f.

sues will not be addressed; there is also the possibility of the ethical issues being swept aside for immediate development and progress.

Ethical issues arising out of the use of technology in cases of industrial production (mining, mega-dams, oil rigging, factories, etc.) are kept in abeyance especially in locations where tribes or communities are displaced and consequently require rehabilitation. This skirting of ethical issues is justified by arguments about the progress of the nation state expressed as "national cause", or "greater common good". Besides, the questions of environmental ethics are sometimes waylaid in the name of progress and advancement.

IV

I had mentioned at the beginning that the tribes operate within limited dependencies, or in other words, their range of operation is within limits; their needs are limited and the tools/techniques necessary are also limited. Unlike the mainstream, their social mechanisms do not normally call for a complex analysis of the system of jurisprudence – justice follows convention and is seemed to be acceptable to all. The offender is made to feel the error of his/her ways from the social perspective with the added threat of personal mishap.

If there be any ground for comparing or contrasting the differences in the practice of ethical conduct among the tribes and mainstream, then the above distinctions could form a basis for initiating a discussion. However, in a world where change is not only inevitable but happens very fast and is all-encompassing, niche-based, self-contained and other isolated communities are rare and disappearing. Polity, education, market economy, media and the rapid spread of the use of technology are significant forces of influence in changing the prevalent mindset of the tradition-bound people.

References

Archer, W.G., 1974, *The Hill of Flutes: Life, Love and Poetry in Tribal India: A Portrait of the Santals*, University of Pittsburgh Press, USA.

Baske, Dhirendranath, 1999, *Language of the Santals and the history of its literature (Saontali bhasa o sahityer itihas),* Kolkata, Subarnarekha.

Herskovits, M., 1948, *Man and his works,* New York, Knopf.

Levi Strauss, Claude, 1963, *Structural Anthropology,* Great Britain, Penguin Books.

Lowie, Robert H., 1956, *An Introduction to Cultural Anthropology*, New York, Rinehart & Co. Inc. Publishers.

Saran, Anand, 2012, "Traditional Knowledge System: A Study of Muslim Jarra", p. 366-395, in: Sarkar, Amitabha, Arakeri, A.V. and Patil, Suresh (eds.), *Traditional Knowledge in Indian Society*, Kolkata, Anthropological Survey of India.

Singh, K.S. 1997, *The Scheduled Tribes (People of India, National Series*, Vol. III), New Delhi, Oxford and Anthropological Survey of India.

Somers, George E., 1977, *The dynamics of Santal traditions in a peasant society*, New Delhi.

Understanding and negotiating issues of ethics in the application of knowledge through technology

Kumkum Bhattacharya

Introduction[1]

Technology born out of the pursuit and application of knowledge and science necessarily targets the multitude and aims to influence the quality of life in a positive way.[2] Technology seeks the greater good for the greater number in being efficient, cost-effective, and purposeful in the fulfillment of needs of mankind.[3] Technology is born out of knowledge and it is often seen that though pursuit of knowledge is recognized to be universal in nature that is, not bound by geography of location or society; development of technology on the other hand, may often be localized or become in many ways 'owned' by the person or organization who claims ownership through copyright or patent and thereby, subject to 'rules' of being shared universally. The rules of sharing technology are often guided by ethical considerations. The pursuit of knowledge cannot ideally have any boundaries nor be subjected to morality; i.e., to say that

1 Acknowledgement: I am grateful to Professor Konrad Meisig, Dr. R.K. Bhattacharya, Dr. Bratin Chattopadhyay for their valuable inputs and suggestions. I thank Dr. habil. Luong Van Ke of the Vietnam National University and Professor Konrad Meisig of the University of Mainz for inviting me to participate in the symposium on *Ethics and Technology* in Hanoi, Vietnam.

2 Helsel, Larry D., A Code of Ethics for Industrial Technology? In: *Journal of Industrial Technology,* Volume 20, Number 4, September 2004 through November 2004, p. 2. Practitioners of manufacturing engineering recognize that their professional, civic and personal activities have a direct and vital influence on the quality of life and standard of living for all people. Therefore, manufacturing engineers should exhibit high standards of competence, honesty and impartiality; be fair and equitable; and accept a personal responsibility for adherence to applicable laws, the protection of the public health, and maintenance of safety in their professional actions and behavior. These principles govern professional conduct in serving the interests of the public, clients, employers, colleagues and the profession. Honesty, integrity, loyalty, fairness, impartiality, candor, fidelity to trust, and inviolability of confidence are those principles.

3 Devon, Richard: "Towards a Social Ethics of Technology: A Research Prospect", in *Techne: Research in Philosophy and Technology,* Number 1, Fall 2004, Volume 8.

which is only considered to be moral is worthy of study. Much of the world's knowledge has at certain times defied the norms of morality as well as helped shape the norms of morality. Moral principles change over time and generations; differ across cultures and societies and, sometimes knowledge comes before its time is ready. The case of Copernicus and Galileo is very relevant here – the church representing society was not ready to accept their reasoned knowledge then and this must have pushed back the pursuit of further knowledge. Knowledge can grow only when limits of convention are pushed. Technology and knowledge share a symbiotic relationship. Technology helps knowledge in overcoming and transcending boundaries – the partnership is mutual and enhancing.

However, in the case of technology, in contrast to knowledge, a variety of ethical issues emerges. These ethical issues sometimes are so significant and compelling that not only the use of technology but the very pursuit of knowledge that spawned that technology comes into question. The technology involved in the atomic bomb; in chemicals and disease strains used for mass annihilation; in genetic engineering (cloning) are some of the commonplace examples that are yet to be resolved along either principles of ethics or justice from the perspective of greater good. The conflict is between the value of knowledge and the possibility of "use/misuse" of technology in applying that knowledge. Knowledge is governed by laws of truth sans boundaries but the same cannot be claimed for technology – technology has to be tempered by many other considerations; of both judgement of consequences and ethics.

I

Let us take some commonplace illustrations – the atom's energy was revealed to us through the tangible technology permitting us to break and fuse atoms and by an extension of the pattern of the same technology permitted us to create the atomic bomb the aftermath of which we are still struggling to live down since its use in 1945.[4] At what point did technology overtake the pursuit of

4 Upon witnessing the explosion, its creators had mixed reactions. Isidor Rabi felt that the equilibrium in nature had been upset as if humankind had become a threat to the world it inhabited. Robert Oppenheimer, though ecstatic about the success of the project, quoted a remembered fragment from the Bhagavad Gita. "I am become Death," he said, "the destroyer of worlds." Ken Bainbridge, the test director, told Oppenheimer, "Now we're all sons of bitches." After viewing the results several participants signed petitions against loosing the monster they had created, but their protests fell on deaf ears. The Jornada del Muerto of New Mexico would not be the last site on planet Earth to experience an atomic explosion. (History of the Atomic Bomb & The Manhattan Project "My

knowledge of the latent energy in the atom? Of course, nuclear power plants described as the most efficient means of providing 'clean' energy is a natural corollary of this technology though the possibility of limitless damage and destruction to mankind is latent and a reality check has already occurred twice, one in Russia (Chernobyl, 1986) and the other in Japan (Fukushima Daichi, 2011). It also brings to mind the Bhopal Gas tragedy in 1984 in India and its shoddy conclusion as late as in 2010 with scant regard to either justice or technical fault lines so that future damages are controlled. We may also remember the subtle changes in technology that made possible for detonation causing greater damage through implosion rather than energy being dissipated through mere explosion! Bombs too need to be efficient and that is what technology is for!

In such a scenario, would we not be oxymoronic to discuss and debate the question of ethics in technology? The partnership between technology and the progress of science is so intimate and this partnership is affirmed time and again through discoveries and inventions some of which are regarded as being of breakthrough nature. It is not uncommon for technology to come to occupy the same exalted position as that of science in many of our minds and reason. In fact, modern life is so dependent on technology that those who are out of its range or impact are regarded handicapped.

Time and time again we are made to realize that the transformation of knowledge through technology is one of scale and economy implying that we use the knowledge for greater numbers in cost-effective ways – technology is economical, efficient and far-reaching. Technology ensures that knowledge in one domain can be transferred to other domains – e.g., technology developed in the domain of physics has helped the advancement of understanding biological functions like, vision, hearing (sound) – many instances in support of this can be cited. Technology ensures that differences in individual skill and talent are allowed more or less, a level playing field. Think of the technological skill available to us through the computer! The advantages of modern technology can outweigh many if not all other considerations.

II

In this presentation I am raising several questions, "what are the social and cultural dimensions of technology and ethics that represent a bigger cross-section (traditional and modern) of the human population"; "are there distinctions between traditional and modern technology in terms of ethical considera-

God, what have we done?" – Robert Lewis co-pilot of the Enola Gay (By Mary Bellis, About.com Guide, accessed 21.10.12).

tions" and "are there ways in which we can interweave tradition and modern to arrive at 'new' technologies"? We cannot escape the fact that technology has been significantly responsible for making the quantum leap from tradition to modernity so much so that we become oblivious of the links in the chain spanning tradition and modern knowledge. This perforce forces the issue, whether this disjunction has led to "greater good for greater numbers." Also, it is important to keep in mind that ideas like immutability, permanence or absolute truth cannot be applied to ethical issues. This implies that cultures and societies not only differ on such issues but that cultural and social codes change over time. In answering these questions, we need to consider certain broad ideas in general and some instances in particular as illustrations.

Technology and techniques developed through traditional knowledge differ in scale and range from what we see in modern knowledge. Also, modern technology is driven *predominantly* by science while traditional technology is driven by the need to negotiate with life situations. Further, traditional technology is local and there is not much evidence of transfer of knowledge and skill. I shall discuss how in the former, i.e., modern technology, ethical measures are imposed while traditional technology operates on in-built values that limit or contain impact on environment/ecology or humans.

Let us turn our attention towards the premises of traditional knowledge and technology for its application. The tool making man is one of the first evidences of applying technology in the transformation of human labour to change the conditions of conducting lives. Herding, domestication of animals, pasturing, agriculture, and wheel are some of the game-changing phenomena that catapulted ancient man on the journey to modernity. Should we refer to the above as technology per se or would a better terminology be 'technique'? I argue that the journey of technology starts with the implementation and testing of techniques. Techniques have the dual advantages of addressing immediate needs and situations and of being possible to be tested for feasibility within limited time spans often within generations. Because of immediacy (in terms of location, specificity of problem etc.) and its facility to be tested (and therefore corrected/improvised), techniques have limited scope and applicability but there is always the possibility of innovation of techniques from which other techniques can be invented and technology developed. Technology attempts to go beyond immediate problem solving and in the process may be an amalgamation/compound across generations and age of many techniques each of which may have had restricted/limited/specific tasks/functions and are often bound within the confines of particular or specific community or society. The time-testing aspect of technology admittedly has many grey areas as can be seen when there is the obliteration of links between pieces of knowledge or experience leading to the unexplained remnant of outcomes that come to attain the status of convention of practice or rite/ritual that are sometimes negatively labeled as superstitions. Of course, if there is continuity of knowledge, then course correction is possible with the possibility of traversing from levels of 'error' to multiple solutions.

Since a discourse on the nature of technology is not the intention, let me come to the point I am making here. What is the relation between ethics, traditional knowledge, techniques and technology? I present some illustrations of human responses in confronting their life situations. In ancient hunting gathering communities, bands of people sharing a particular ecosystem developed techniques and ethics concerning the ways food be hunted/gathered and ultimately shared/portioned/exchanged. There are evidences to suggest that among hunting gathering communities, being able to gather/hunt is of prime importance in the question of individual and community survival.

Here, I will cite the example of the Jarawas, a small hunting gathering community inhabiting the Andaman Islands, India. The ability to hunt and gather is important in the survival of the individual and hunting expeditions require periodic change of location. The Jarawas move from one location to another in bands and it is seen that those who are old and infirm and incapable of hunting or moving along with the band are customarily left behind in the abandoned settlement where they may finally die. Individuals do not take social responsibility of the old, infirm or ailing members who are unable to procure food for their sustenance beyond what is shared. These are issues that would raise serious ethical concerns in modern societies.

I shall cite another example based on the first-hand account of an individual of a tribe who showed evidences of their belief in restricted exploitation of nature and natural resources through practices of limiting need and greed. We are yet to recognize them as being fundamentally ethical and moral and acknowledging them as directing our path in the modern world. During the time when the Boiladila mines in Orissa, India were being explored for prospects of iron ore, the local tribal people asked the government officials how much of the mines' content would be excavated. When they heard of the plans of almost complete excavation they observed quixotically, "Take as much as you need or else what would remain for our children and their children? Why should you need the total content?" Such an embedded ethical attitude or perspective about ecology could have pointed to us the futility of our false mourning of the man-made nature of ecological desecration and degradation when we are neither prepared to control our greed nor our intoxication with the limitless possibility of technology.

The technology and expertise of constructing cane hanging bridges in Arunachal Pradesh and other Himalayan regions of north-east India spanning deep riverine gorges has almost become extinct due to a variety of reasons – the impetus for urbanization seen as modernity requires the infrastructural support of concrete bridges and roads that would cater to heavy traffic is one major reason. The knowledge, technology and skill required for traditional cane suspension bridges that could have been constructed in a matter of hours has become extinct and the people are perforce dependent on educated and trained engineers and procedures of nation state.[5] Both the human and material resource in the case of modern technology is extra-local which means that the local people are not intellectually or materially engaged with the new technology. Disengagement of such kind spawns apathy among people and this negatively impacts the creative and other urges to take control of their situations; this too could be brought under the discussion of ethics – the failure of modern technology to include and engage masses. There seems to be an emphasis on hard skills in modern technology and this at the cost of the variety of soft skills that we are yet to include in our understanding of technology.

III

In turning our attention to the unique experiment given its home in Visva-Bharati, university founded by Rabindranath Tagore, another kind of functional ethical philosophy attracts us. He became intellectually concerned with the conditions of rural life in East Bengal, now Bangladesh and he embarked on what he called Rural Reconstruction in Sriniketan, the twin campus to Santiniketan that together constitute Visva-Bharati. In many ways Tagore developed what in modern parlance can be called as the "technology of working with people". It is being argued here that perhaps it is important to think of modern technology to be able to include the soft skills that are increasingly felt as vital in solving human and ecological problems and situations.

Rabindranath devoted half of his life of eighty years to creating a platform of world education that not only spoke back to the Raj (British rule in India) but laid the foundation of an institution, Visva-Bharati, for what he considered would provide education in pursuance of building up a 'complete man'.[6] This individual through education (modern and tradition) would be creative, innovative and sensitive to his/her eco-sphere in which multiple traditions and mo-

5 Debi, Bharati and Nandan, Anshu Prokash, 2011, *Indigenous Knowledge,* Kolkata, Anthropological Survey of India, p. 33.

6 Complete man is that individual who resonates with life and creativity, resonates with other lives and endeavours to observe principles of ethics and aesthetics in every action.

dernity would take from and give to each other in free exchange of ideas. Rabindranath was sensitive to the fact that there were qualitative differences in skills and attitudes between tradition-bound and modern societies that did not allow the former to keep pace with the overwhelming impact of modernity. Rabindranath cautioned about the potential tendency inherent in modernity to direct and impose change; sometimes with scant regard to tradition or pace of natural change. The use of the term 'reconstruction' and sometimes alternatively 'rejuvenation' instead of 'development' is not just Tagore's art with the word. Rather, we realize the ethics he wanted his work to be imbued with. From this perspective there is scope for developing functional ethical principles by which we work with people in developing and utilizing technology and creating and sharing knowledge.

Very briefly, the principles on which Rabindranath's experiment was built were:[7]

- There are inherent strengths in rural[8] people to be innovative and creative in the ways in which they deal with their conditions but unfortunately these strengths have long been dormant because there has been no call on these strengths/capacities because of the stress on urbanization and the import of modern western education;
- There is an urgent need to rejuvenate these strengths through exchange of skills and knowledge that build on existing knowledge (both traditional and modern) and expertise;
- The exchange is to be based on giving and taking with respect – there is much to learn from the rural as there is from the urban;
- The recognition of the value of local resource and how to be creatively self-sufficient in need fulfillment for which technology be developed;
- Cooperation against competition – cooperation if practised intelligently and systematically can be one of the most effective aids to technologies of sustaining the social fabric.

7 For details on this see: Elmhirst, L.K., 2007 (revised edition), *Poet & Plowman*, Kolkata, Visva-Bharati; Sen, Sudhir, 1991, (enlarged edition), *Rabindranath Tagore on Rural Reconstruction,* Kolkata, Visva-Bharati; Neogy, Ajit K., 2010, *Santiniketan and Sriniketan: The Twin Dreams of Rabindranath Tagore,* New Delhi, National Book Trust, India.

8 Rural in India does not merely refer to the difference in location of village and city/town; rural communities are more tradition bound in their occupation and lifestyle. In colonial India, we find the growth and development of institutions ushering in modernity and pursuit of excellence enriching urban centres. Rabindranath recognized that both rural and urban could have their individual standards of excellence.

In support of the above ideas, Rabindranath extended his university, Visva-Bharati founded in Santiniketan in 1918 to spread to Sriniketan in the year 1923 where he developed a cluster of institutes. Here courses were offered on how to work in villages with villagers addressing the many aspects of village life and culture. There were practical courses in child and mother health, innovative agricultural practices, self-employment of women, skill development in various indigenous crafts, engaging the youth in group activities to inculcate leadership and cooperative values and providing modern education. The special feature of the modern education imparted in Sriniketan was the high status accorded both to doing work with the hands as with engaging the intellect. Rabindranath was keen that the students pursuing their courses of study in his university would acquire skills by which they could extend themselves to those who are denied in many ways from utilizing their creative forces in confronting their life situations. In fact, this idea of a learning institution engaging in extension activities was much ahead of its time not only in India but the world. Extension activities in Rabindranath's ideology was not a uni-directional process of the educated giving to the uneducated, rather extension was designed to be a two-way process of meaningful exchange between the 'haves' and 'have-nots'. In this paper it is argued that this is the new approach to technology into which ethics is embedded and which possesses in-built capacity for course correction in accordance with the needs of the situation.[9] This technology is multi-pronged and multi-dimensional operating at the levels of ideas, practices and outcomes. These are the core values of the experiments Rabindranath conducted, the values by which one enriches the self as well as the other or in other words, the complete person is formed through mutual exchange of knowledge, goodwill, respect and faith in the idea that we are complementary to each other.[10]

Conclusion

I would like to end this discussion with a fresh reading of Aldous Huxley's *Brave New World* (first published 1932, 1955)[11] that has come to occupy a near cult status on the advances of technology that overtakes the humans who

9 For details see Das Gupta, Uma (ed.), *The Oxford India Tagore: Selected Wrtitings on Education and Nationalism*, 2009, New Delhi, Oxford University Press; and O'Connell, Kathleen M., *Rabindranath Tagore: The Poet as Educator*, 2nd edition, 2012, Kolkata, Visva-Bharati.

10 See note 14; we find the echo of the 'Web of life'.

11 Huxley, Aldous, *Brave New World*, 1932, Penguin Books (1955).

created it. "...and in an age of advanced technology, inefficiency is a sin against the Holy Ghost."[12]

Huxley, with the use of satire and philosophy points out to us the future direction of real advancement of science as being that which affects human individuals as "It is only be means of the sciences of life that the quality of life can be radically changed...This real revolutionary revolution is to be achieved, not in the external world, but in the souls and flesh of human beings."[13] Do we perhaps see all this lurking in the contemporary experiments and suppositions conducted and conceived in the life and biological sciences like cloning?

What is the sub-text in the novel? Here is the classic case suggesting to us the extreme need of combining ethical thinking in our pursuit of technology to tinker almost irreversibly with life – whither does it lead? Ethical principles of right and wrong with reference to the good of greater numbers requires an underlying morality (sense of good and bad) governing individual lives and to remember that all lives are part of the "great web of life".[14] The threat of technology to 'standardization' of the human kind and their lives cannot be ignored – who or what is empowered to impose choices and options? The Orwellian Big Brother[15] or the Director of Hatcheries and Conditioning[16] will not quite serve the purpose in our real and complex world.

12 P. 12 of 1955.

13 Ibid., pp. 9f.

14 Words attributed to Chief Seattle (1854) in a documentary about the environment made in 1972; every life on this earth is connected to each other and any disturbance affects all. http://www.chiefseattle.com/history/chiefseattle/speech/speech.htm.

15 Orwell, George, *Nineteen Eighty-Four*, 1949, London, Secker and Warburg.

16 Huxley, Aldous, *Brave New World*, 1955, Penguin Books.

Section Two
Techno-Ethics: Historical Aspects

Technology and Ethics
The Advent of Buddhism in Ancient India

Marion Meisig

Introduction

At the beginning of January this year, an article was published in the German newspaper *junge Welt* by Rainer Rupp, entitled *End of an Era*[1] with the subtitle: *Hardly any more innovation, high indebtedness of economic subjects, more poverty: Scientist sees third industrial revolution in final phase*. Based on an unpublished paper of the Dutch scientist Wim Grommen, the article describes a sequence of development in five steps:

1) The pre-development period, producing new ideas, inventions and socio-economic changes.
2) The 'take-off' period, during which processes of change lead to apparent results in technology.
3) The new productive capacities period, which experiences an explosive development and visibly changes the sociocultural, economic and institutional situation.
4) In the following period of stabilisation, the speed of the sociological, technical and economic changes mentioned above deteriorates. The final point is:
5) Our present era, clearly a period of complacency and degeneration. There are only a few new inventions or discoveries. Even in the field of information technology (IT), no ground-breaking alterations take place.

Acquisition, processing and the channelling of information in developed economies became apparently more important than the sheer production process. The gist of the article so far.[2]

1 Cf. Rupp, R.: *Ende einer Ära*.

2 One feels reminded of Oswald Spengler's historical principal work *Der Untergang des Abendlandes* (*The Decline of the West)*, published in 1918 and 1922, covering the whole world history. He proposed a theory of cycles, according to which, civilizations arise

Ancient India and the advent of Buddhism

The situation described here shows a remarkable similarity to the situation in ancient India during the advent of Buddhism. Let me present my reflections in the following. Guided by the newspaper article, I divided my subject into five divisions:

1) Political
2) Economic
3) Technical
4) Religious
5) Ethical

1. Political

Concerning the political situation, we will start with the immigration of the Indo-Aryan people.[3] Several groups of Indo-European people began migrating from the South-Russian steppes in about 2,500 B.C. Some of them went westwards to Europe. Others, who turned to the east and southeast, went towards Iran and India and are called Indo-Aryans. They gradually invaded India in nomadic treks about 1,500 to 750 B.C. The political and sociological organisation of the Indo-Aryan people was composed of four *varṇa*, (lit. 'complexion') 'classes', 'principle tribes' (Apte).[4]

At the head of the system stood, in first place, the

1) *kṣatriya*, the warriors. The *kṣatriyas* protected the other classes and represented the principle of the ruling power. They held the worldly power, and from their ranks derived leaders and kings.[5]

The second class were the

2) *brāhmaṇa*, the priests. They held the power of rituals. They established contact with the gods and tried to win and secure divine support for their community.

The third class, the

3) *vaiśya*, comprised tradesmen, in earlier times mainly breeders of livestock, agricultural workers and craftsmen.

At the lowest levels of the Vedic society stood the

4) *śūdra*, the servant class, non-independent servants, slaves and serfs.

again and again, experience a period of glory and after that, begin to decline. Cf. Wikipedia, s.v. Oswald Spengler in German and English.

3 Cf. Meisig, K.: *Śivas Tanz*, p. 23ff.

4 Cf. Apte, s.v. *varṇa*.

5 The textual evidence of this classification is given by Rau, W., *Staat und Gesellschaft im Alten Indien*, pp. 61f.

After having settled down in India more or less permanently, the Indo-Aryan people were organised into village communities combined into small rural principalities.[6]

Now, however, we will focus on the situation in North India after the immigration of the Indo-Aryan people.[7] This area is called *Doab*, 'two-river-area', and refers to the region between the rivers Gaṅgā and Yamunā. Four large territorial states, ruled by royal clans, were formed:

– North- and South-*Avanti*, with the capitals Ujjayinī and Māhiṣmatī,
– *Vatsa*, with the capital Kauśāmbī (today's Allāhābād),
– *Kosala*, with the capital Śrāvastī, and
– *Magadha*, with the capital Rājagṛha.

In addition to these royal clans, some oligarchies[8] held power, for example, the *Vṛjis*, a confederation of eight family-clans; the two most important were the clans of the *Licchavis* and *Videhas*.

However, this time was not peaceful. It was a period of 'Warring States', which resulted in the predominance of the state of *Magadha*, with the metropolis Rājagṛha, as an empire.[9]

2. Economic

After a nomadic existence, permanent settlement led to the formation of a multiple subdivided social system in Northern India:[10] the so-called *caste-system*, from the Portuguese word *casta*, 'kind' or 'race'. The word describes the outcome of the mingling of the Indo-Aryan immigrants, whose four-*varṇa* system had already varied into different clans (*gotras*), extended families (*kulas*), and guilds and groups of craftsmen (*śilpas*), with the indigenous people, *ādivāsī*, of the South-Asian subcontinent. This system of multiple communities is called *jāti*, in Skt., 'birth', 'type of birth'.[11] The act of settling down also resulted in the rise of big cities, the 'metropolis' Rājagṛha (as mentioned before) and, in connection with it, in the ascent and influence of merchants, members of the former third class in the ancient four-*varṇa* system, the *vaiśya*.

> One wonders whether archaeology can help us in identifying the motives behind the adoption of iron technology and the production of surplus, but once the new metal came in

6 Cf. Schneider, U.: *Einführung in den Buddhismus*, p. 17.
7 Ibid., pp. 16ff.
8 *Oligarchy*: "A small group of people, having control of a state." In: *Oxford Paperback Dictionary, Thesaurus, and Wordpower Guide*, p. 617.
9 Cf. Schneider, U.: *Einführung in den Buddhismus*, p. 17.
10 Cf. Meisig, K.: *Śivas Tanz*, p. 157ff.
11 Cf. Meisig, K.: *Śivas Tanz*, p. 159, and Fischer, H.: *General Siṃha*, p. 62.

common use, Jainism and Buddhism, which appear to be the products of the Iron Age and NBP phase, created a receptive climate for the growth of urbanism. The *seṭṭhis* ('wealthy merchants', MM) who find an honourable place in the early Pali texts, helped the spread and growth of urban life.[12]

3. Technical

The time around the sixth to third centuries was a period of expansion. The progress and penetration of technology led:

- In the field of trade, to exploration. Trade rapidly spread to the West. In this way, contact was set up with the Silk Road,[13] with foreign countries, amongst others, Ancient Greece. This exploration led, consequently, to wealth and riches, and to material power for the traders.[14]
- In the field of war and warfare, to increased perfection in military equipment. The transition from Bronze Age to Iron Age characterises this period. The new material for the production of weapons – iron – changes the quality of battle. Therefore, military science and military power also assumed greater proportions.[15]
- In the field of society, to a noticeable change from the previous so-called *gaṇa* system, a kind of 'tribal democracy' (German *Stammesdemokratie*)[16] – to a monarchical government with kings and emperors. This indicates a significant alteration, namely the change from *equality* (*gaṇas*) to *hierarchy*, from *decentralisation* to *centralisation*.

We can detect, furthermore, in all these developments – in trade, war and society – an unquestioning belief in the automatic success of technology in all realms.[17]

However, we can also ascertain another aspect in the ancient Indian attitude towards technology: The inevitable parallel to the concept (German *Weltan-*

12 Sharma, R.S.: *Iron and Urbanization in the Ganga Basin*, p. 100.

13 Cf. Schneider, U.: *Einführung in den Buddhismus*, p. 19; Klimkeit, H.J.: *Die Seidenstraße*, p. 67f.

14 "...Urbanization in the Iron Age... is the concentration at one place of a good number of people, not primarily engaged in agriculture but mainly occupied with crafts and commerce." Sharma, R.S.: *Iron and Urbanization in the Ganga Basin*, p. 100.

15 "The rise of the Magadhan power is rightly ascribed to the availability of iron in south Bihar." Sharma, R.S.: *Iron and Urbanization in the Ganga Basin*, p. 100.

16 For a more detailed discussion of the term *gaṇa*, cf. Fischer, H.: *General Siṃha*, pp. 53ff.

17 In this context, I take my definition of *technology* from the *Oxford Paperback Dictionary, Thesaurus*, p. 933, s.v. technology: "The application of scientific knowledge for practical purposes. Origin Greek *tekhnologia*, 'systematic treatment'."

schauung) of *magic*, the belief in the infallibility of the *Laws of magic*, the automatism of the success of magic. Therefore, we can draw up the following equation: 'The unquestioning belief in the automatic success of technology in all realms' means: The unquestioning belief in the automatic success of magic.

The *Five Laws of Magic*, according to the anthropologist Karl-Theodor Preuss, will be introduced here to make this equation of the belief in magic and the belief in technology clearer.

The Five Laws of Magic[18]

1) *Similia similibus*, similarity by similars. This means: In magic belief and by virtue of a magical ritual, something similar becomes identical. Here, the technical term is *Analogiezauber*, the magic of analogy; for example, yellow fever is cured by the yellow root *turmeric*.

2) *Opus operatum*, literally 'the work that has worked'. That means: Every deed performed in a magical ritual is – must be – automatically effective. Example: By piercing a doll, representing an enemy, with a needle, the enemy will automatically die.

3) *Pars pro toto*, a part (*pars*) represents the whole (*toto*). Here, we have the identification of *microcosm* – the events within the ritual – and *macrocosm* – their consequences for the world outside the ritual. For example: Footprints, the shadow, fingernails, or hair are parts of a person and are, therefore, identical with the real person itself. Clothes or a rag doll can be used as a substitute for the real person. Manipulations with these items during a ritual lead to the automatic reaction in reality. Equipment of this kind are frequent elements in Voodoo[19] ceremonies.

4) *Contact infects*. Some examples:

- By touching a manuscript or book, the knowledge contained in it will be transmitted to the person who is touching it.
- Powerful people are surrounded by a particular aura, called *mana*, a word borrowed from the Polynesian language. By touching the person, some strength of his/her aura will be transmitted.

18 Cf. Schneider, U.: *Einführung in den Buddhismus*, p. 58f., esp. n. 22: Preuss, K.Th.: *Die geistige Kultur der Naturvölker*. Leipzig und Berlin ^{2}1923 (= Aus Natur und Geisteswelt 452).

19 Cf. *Oxford Paperback Dictionary, Thesaurus,* p. 1025, s.v. voodoo: "A black religious cult practised in the Caribbean and the southern US, combining elements of Roman Catholic ritual with traditional African rites, and involving sorcery and possession of spirits."

- By taking and eating the leftovers (Sanskrit *prasād*) of a food-sacrifice presented to a Hindu goddess, the goddess's grace and favour will be transferred to the worshippers.

5) *Magic of the word.* This means: Automatism of the spoken word, the immediate and automatic success

- Of words such as curses or blessings;
- Of magic formulas such as *mantras* or *dhāraṇīs*; one remembers Goethe's *The Sorcerer's Apprentice*:

> Walle! walle
> Manche Strecke,
> Daß zum Zwecke,
> Wasser fließe
> Und mit reichem, vollem Schwalle
> Zu dem Bade sich ergieße.[20]

- Of syllables like *oṃ* or *abrakadabra*;
- The magic of the name: To know the name of a person means having power over him/her.

4. Religious

'The unquestioning belief in the automatic success of technology in all realms' has – not surprisingly – its counterpart in the ultimate belief in the automatic success of religious acts, in the automatism of rituals, its inherent *magic*. This belief affects the rise of the ritual as an instrument of power itself.[21] Consequently, the Brahmins, the masters of the ritual, the custodians of ritual and sacrificial knowledge, expand their power. We observe the rise of the Brahmins in social hierarchy. In the full knowledge of their power by ritual and magic, they postulate themselves as the head of the four *varṇas*, classes.[22]

All this results in a society captivated or locked in an automatic system of *the technology of magic* – or vice versa – *the magic of technology*.

5. Ethical

A counter-reaction to this stagnation, this cul-de-sac for progress and development, was the advent of Buddhism. The earliest Buddhism, pre-canonical

20 Goethe, Johann Wolfgang: *Werke in vier Bänden*. Gedichte, Epische Dichtungen, aus meinem Leben. Vol. I, p. 65.

21 Cf. Meisig, K.: *Śivas Tanz*, p. 159, n. 43, and Rau, W.: *Staat und Gesellschaft im Alten Indien*, p. 60ff.

22 Cf. Meisig, K.: *Śivas Tanz*, p. 158f.

Buddhism, can be understood as an opposing reform movement against the prevailing, i.e. magical

– political conditions,
– economic conditions,
– technical conditions, and
– last but not least, religious conditions.[23]

Six oppositional features or trends are ascertainable in the earliest Buddhism:

– 1. anti-clericalism
– 2. anti-ritualism
– 3. anti-theism
– 4. anti-metaphysics
– 5. anti-asceticism
– 6. anti-hedonism

1. Anti-clericalism represents a statement against the prevailing political and social system, initially against the caste system. The fundamental equality of all beings and all mankind is postulated again and again in numerous Buddhist texts. No superiority by birth exists for any of the classes or castes, especially not for the Brahmins, the priests.[24]

2. Anti-ritualism rejects the magical automatism of brahmanical rituals. Ethical conduct in life is effective for welfare and not the belief in the results of magic sacrifices to the gods, including bloody animal sacrifices.[25] Buddhism has primarily established this ethical conduct in life in a codex of five simple commandments or prohibitions:

1. no killing
2. no stealing
3. no adultery
4. no lying
5. abstinence of intoxicants

3. Anti-theism was opposed to the recipients of the brahmanical sacrifices, namely the gods, whose blessings, goodwill and favour would be guaranteed by magic rituals. Early Buddhism does not deny the possible existence of gods,

23 Cf. Meisig, K.: *Klang der Stille*, p. 21ff.

24 Cf. ibid., pp. 23ff., esp. the *Aggaññya* Myth, pp. 26f., the *Ambāṣṭa Sūtra*, and the *Śrāmaṇyaphala-Sūtra*, pp. 31f, and 36f.

25 Cf. Meisig, K.: *Klang der Stille*, p. 41ff; and Meisig, K.: *Beginnings of Buddhist Ethics. The Chinese Parallel to the Kūṭadantasutta*.

but without any belief in magic, they are futile, irrelevant. Each human being is responsible for their own deeds.[26]

4. In anti-metaphysics, Buddhism rejects all supernatural phenomena, all speculation about unprovable incidents, especially magic. Only *dṛṣṭa eva dharme* counts, only 'in present life' are ethics practicable.[27]

No. 5 and no. 6, anti-asceticism and anti-hedonism, result in the Buddhist teaching, which comprises the *Middle Way*, the way between joy and sorrow after realising the correctness of the *Four Noble Truths*.

Conclusion

It was not my intention to discuss Buddhist teaching. In this paper, I rather wanted to demonstrate the inseparable connection between technology and magic, to unfold the thesis: *Technology is similar to magic*. Therefore, I compare the situation more than 2,500 years ago in ancient India and the situation in our modern times – with one exception. With the advent of Buddhism, there arose a new quality of acting, namely *ethics contra magic*, which means – *ethics contra technology*. Thus, I wanted to show the enormous influence ethics – in our ancient example, the ethics of earliest Buddhism – must have on the interplay between technology and ethics.

Bibliography

Apte, Vaman Shivaram: *The Practical Sanskrit-English Dictionary*. Revised and enlarged Edition. Reprint Kyoto 1978.

Fischer, Hildegard: *General Siṃha. Interpretation und Übersetzung eines historischen Romans von Rāhul Saṃkṛtyāyan* (Freiburger Beiträge zur Indologie, Vol. 25) Harrassowitz, Wiesbaden 1990.

Goethe, Johann Wolfgang: *Werke in vier Bänden. Gedichte, Epische Dichtungen, aus meinem Leben*. Vol. I. Droemsche Verlagsanstalt Th. Knaur Nachf. München, Zürich, no year ([1]1932).

Klimkeit, Hans-Joachim: *Die Seidenstraße. Handelsweg und Kulturbrücke zwischen Morgen- und Abendland*. DuMont Buchverlag Köln 1988.

Meisig, Konrad: *Klang der Stille. Der Buddhismus*. Kleine Bibliothek der Weltreligionen (Hrsg. von Adel Theodor Khoury), Bd. 1. Herder, Freiburg, Basel, Wien 1995.

Meisig, Konrad: *Shivas Tanz. Der Hinduismus*. Kleine Bibliothek der Weltreligionen (Hrsg. von Adel Theodor Khoury), Bd. 4. Herder, Freiburg, Basel, Wien 1996.

Meisig, Konrad: 究羅檀頭經 *Beginnings of Buddhist Ethics. The Chinese Parallel to the Kūṭadantasutta*. Edited, translated and compared with the Pāli (East Asia Intercultural Studies 4). Harrossowitz: Wiesbaden 2011.

26 Cf. Meisig, K.: *Klang der Stille*, p. 46ff.

27 Cf. ibid., p. 54 and p. 63ff.

Oxford Paperback Dictionary, Thesaurus, and Wordpower Guide, Oxford University Press, 2001.

Preuss, Karl Theodor: *Die geistige Kultur der Naturvölker*. Leipzig und Berlin ^{2}1923 (= Aus Natur und Geisteswelt 452) (cf. U. Schneider, p. 58).

Rau, Wilhelm: *Staat und Gesellschaft im Alten Indien*, Wiesbaden 1957.

Rupp, Rainer: *Ende einer Ära*. In: *junge Welt*, Nr. 4, 5./6. Januar 2013, p. 9.

Schneider, Ulrich: *Einführung in den Buddhismus*. Wissenschaftliche Buchgesellschaft, Darmstadt, ^{4}1997.

Sharma, R.S.: *Iron and Urbanization in the Ganga Basin*. In: The Indian Historical Review. Indian Council of Historical Research, Volume 1, Number 1, March 1974, pp. 98-103. Vikas Publishing House, Delhi, Bombay, Bangalore, Kanpur, London.

Internet:

http://de.wikipedia.org/wiki/Oswald_Spengler (accessed: 17.04.2013).

http://en.wikipedia.org/wiki/Oswald_Spengler (accessed: 17.04.2013).

Seide als Quelle der Technologie und Techno-Ethik in der japanischen Kultur und Gesellschaft

Die Entwicklung der Textilverarbeitung durch die staatliche Organisation seit der Einführung des Staatsmodells der Tang-Dynastie

Masako Sato

1. Einleitung

Die Seidenproduktion wurde besonders durch die Einführung der Webwarensteuer im frühzeitlichen Staatssystem Japans im 7. und 8. Jahrhundert technologisch hoch entwickelt. Laut den historischen Quellen des Anfangs des 8. Jh. führte das Staatsorgan die Hochtechnologie des Seidewebens ein; durch Ausbilder wurde das erhöhte Niveau der Herstellung in mehreren Provinzen verbreitet, damit die Besoldung der zentralstaatlichen Beamten gesichert wurde. Das Seideweben wurde seitdem als wichtiges Handwerk und Hochtechnologie weiter rezipiert, nicht nur nach dem Abbau des Altertumsstaates und der rasanten Verbreitung der Latifundien, sondern auch in der Zeit der ständigen Kriege des Mittelalters.

Diese traditionale handwerkliche Technologie und das dadurch formulierte gesellschaftliche System sowie zusammenfassend ihre Kultur wurden eine wichtige Basis der modernen japanischen Industrie, wie wir später sehen werden. Bei der Gelegenheit dieses Symposions mit dem Rahmenthema „Techno-Ethik“ möchte ich deshalb das Seideweben aus der Sicht der japanischen Tradition aus der sozio-historischen und kulturgeschichtlichen Frühzeit auf Grundlage der historischen Quellen sowie auf der Berücksichtigung der Ergebnisse der Forschungsgeschichte verfolgen. Um diese Zusammenhänge aufzeigen zu können, wird zunächst in einem historischen Abriss in die politische und wirtschaftliche Situation der anfänglichen Zeit eingeführt.

Sodann möchte ich eine frühzeitliche Erzählung über eine Kaiserin aus der offiziellen Chronik des 8. Jh., in der die Seidenzucht sehr engagiert, aber mit starkem, eifersüchtigen Charakter personifiziert wurde, berücksichtigen, besonders die Funktion der beiden Elemente: ihrer Figur und dem Faktum Eifersucht als

Erzählmotiv. Diese mögen vielleicht darin begründet liegen, daß sie die handwerkliche Tätigkeit im Blick haben, von individueller sowie konkurrenzbedingter Arbeit geprägt, gegenüber kollektiver landwirtschaftlicher Tätigkeit. Durch diese Analyse lassen sich Grundelemente der frühzeitlichen Ursprünge der Techno-Ethik in der homogenen soziokulturellen Mainstream-Struktur finden.

2. Staat und Seide in dem Frühstaatssystem Japans – Die Entwicklung der Textilverarbeitung durch die staatlichen Organisation seit der Einführung des Staatsmodells der Tang Dynastie

Schon in den Funden aus der Yayoi- Kultur (von ca. 3. Jh. v. Chr. bis 3 Jh. n. Chr., in der sich zuerst Reisanbau verbreitete) findet man einige seidene Fragmente.[1] Auch in frühen chinesischen Beschreibungen Japans, z. B. dem *Wei chih*, das vor dem Jahre 297 n. Chr. verfasst wurde, findet sich ein Bericht über eine „Tributzahlung" der Königin von Wa (Japan), die aus bunten Seidenstoffen bestand.[2] Und laut dem *Nihonshoki, Japanische Annalen,* ließ sich Kaiser Suinin im 2. Jahr seiner Herrschaft von einem königlichen Gesandten auf dessen Rückreise aus dem koreanischen Mimana eine Rolle roten Seidenstoffs mitbringen.[3]

Im 4. oder im 5. Jh. brachten Einwanderer aus China und der koreanischen Halbinsel fortgeschrittene Techniken der Seidenzucht und der Textilverarbeitung mit. Damit begann eine neue Epoche der Seidenproduktion. Insbesondere in der Nähe der damaligen Zentren und Stammesprovinzen des Yamato-Staates setzten sich bald die besseren Produkte, die mit den neuen Techniken gefertigt wurden, durch.[4] In einem Edikt der Taika- Reform im Jahr 646 findet sich zum erstenmal die Webwarensteuer Chô, die auf Rohseide und Seidenstoffe erhoben wurde.[5]

Das sino-japanische Wort „Chô" wurde in Japan auch „tsuki" (Tribut) gelesen. Diese Steuer wurde laut *Yôrô-Kodex* meistens mit Textilwaren bezahlt, darum übersetze ich hier Chô mit „Webwarensteuer". Aber tatsächlich enthielt diese Steuer auch andere textile Heimerzeugnisse. Auch gab es Unterschiede zwischen den Steuersätzen der einzelnen Länder und Provinzen, abhängig von deren Produktionsniveau und der Bevölkerungsdichte. Auf jeden Fall war diese Steuer di-

1 Tsunoyama 1981: 264-278, Nunome 1988: 12-58.

2 Miki 1979: 198-201.

3 2. Jahr des Kaisers Suinin im *Nihonshoki* (Sakamoto1967: 257-258), 9. Monat im 7. Jahr des Kaisers Nintoku (Sakamoto1967: 397), 7. Jahr sowie 1. und 3. Monat im 14. Jahr des Kaisers Yûryaku (Sakamoto 1967: 474-476, 490-491).

4 14. Jahr und 41. Jahr des Kaisers Ôjin im *Nihonshoki* (Sakamoto 1967: 370, 380), 9. Monat im 7. Jahr des Kaisers Nintoku (Sakamoto 1967: 3929, 3. Monat im 6. Jahr, 15. Jahr und 16. Jahr des Kaisers Yûryaku (Sakamoto 1967: 472, 493, 494). Über die weitere Seidengeschichte in den Annalen des Kaisers Nintoku siehe Anhang.

5 Sakamoto 1965: 282.

rekt an die Zentralbehörde der Hauptstadt abzuführen und nicht für den Einsatz auf provinzieller Ebene gedacht. Darin besteht der wesentliche Unterschied zwischen der Webwarensteuer und der Kornsteuer, die immer in der Provinz selbst verblieb.[6]

Die Produkte, die als Webwaren besteuert wurden, bestanden aus Stoff und Rohseide. Bei den Seidenstoffen gab es Qualitätsunterschiede, so dass man die Seide in zwei Qualitätsklassen einteilte. Diese wurden *kinu* (feine Seide) und *ashi-ginu* (grobe Seide) genannt.[7]

Seidenstoffe sowie Baumwollprodukte waren ferner ein wichtiges Zahlungsmittel der Regierung, die damit die Ministerien und das Gehalt der Beamten bezahlte. Die Beamten konnten sich durch Tauschen der Seide mit anderen Nutzwaren versorgen. Die Webwaren waren als Tauschmittel oder Zahlungsmittel in den Märkten sehr beliebt.[8] Allerdings durfte nur die Seide verkauft oder getauscht werden, die nicht für den Eigenbedarf gebraucht wurde. Aus den Gedichten der ältesten Anthologie, *Man'yôshu*, im 8. Jh. wissen wir, dass solcher Handel auf den Märkten am Ost- und am West-Ende der Hauptstadt gestattet war.[9]

Die Rohseide und die Seidenfäden wurden aus den Provinzen direkt zu den amtlichen Webereien geschickt, da nur dort mit den fortgeschrittenen Techniken die qualitativ hochwertigen Textilwaren hergestellt werden konnten. Nach dem *Yôrô-Kodex* des 8. Jh. unterstanden die Seidenwerkstätten dem Finanzministerium. Diese Werkstätten hießen *nishiki-ayaori* (wörtlich: Seidenbrokat-Handwerkstätte), *kurehatori-be* (chinesische Seidenweberei), und *hirokinuori-hito* (Breitseidenweberei).[10]

Laut den geschichtlichen Quellen konnte der Bedarf an qualitativ hochwertigem Seidentextil von der einheimischen Bevölkerung zu Beginn des 8. Jh. nicht mehr gedeckt werden. Daraufhin sandte der Staat im Jahr 711 einige Experten in mehrere Provinzen, wo sie deren technische Qualifikationen verbessern sollten.[11]

6 „Buyaku-ryô" vom Yôrô-Codex (Kuroita 1972: 381-382) und „Shukei (jô)" vom *Engishiki*, Bd. 24 (Kuroita 1972: 598-599). Die Beziehung zwischen der Sippe „Tsuki-no-omi" und der Ursprung der Webwahrensteuer *Chô* wurde schon früher bemerkt (Saeki1986: 86-93).

7 Sekine 1974: 17-19.

8 Hayakawa 1965: 223-280.

9 *Manyôshû*, Bd. 7, Gedicht Nr. 1264 (Takeda 1966: 238). Auch in den buddhistischen Erzählungen aus der späten Nara-Zeit, *Nihon-ryôi-ki* (Wundersame Geschichten Japans), wurde eine Geschichte über die Seidenhandlung erzählt (Endô 1967: 153-155).

10 „Shukei (jô)" des *Engi-shiki*, Bd. 24 (Kuroita 1972: 598f.)

11 Die hoch entwickelten Webtechniken wurden durch chinesische Lehrkräfte in einigen Provinzen gelehrt. Die Regierung schickte diese Experten in die Provinzen; 14.6. Wadô, 4. Jahr im *Shoku-nihongi* (Fortsetzung des *Nihongi* oder fortgesetzte Chronik Japans) (Kuroita 1966: 45).

Im Jahr 712 ließ die Regierung bereits in 21 Provinzen Seidenbrokat und bunte Seidenstoffe weben. Aus historischen Quellen wissen wir aus den Steuerberichten der Provinzen Echizen, Owari und Suruga, dass die Provinzbehörden die Webereien nach demselben Vorbild verwalteten,[12] wie das Finanzministerium seine Werkstätten organisierte.[13]

Die Historiker schließen heute aus diesen Überlieferungen folgendes:[14] Um den Bedarf an qualitativ hochwertigen Waren zu befriedigen, ließ die Regierung in immer mehr Provinzen die begehrten Stoffe durch die behördlichen Werkstätten produzieren. Natürlich webte auch das einfache Volk Seide für den Eigenbedarf. Die Leute aus dem einfachen Volk, die die beste Technik hatten, wurden in die Werkstätten der Behörden gerufen und produzierten dort gegen Entlohnung und Versorgung Seide. Durch das Abwerben der einfachen Bauern, die von nun an in den Provinzwebereien arbeiteten und ihre Fertigkeiten dort weiterentwikkelten, konnte das Finanzministerium in der Hauptstadt den Nachschub der begehrten Waren sicherstellen, obwohl das technische Niveau der normalen Weber auf dem Land niedriger war.

Es erwuchsen Probleme aus den gegensätzlichen Entwicklungen der steigenden Nachfrage der Hauptstadt nach immer mehr hochwertiger Seide auf der einen Seite und den begrenzten Fähigkeiten und dem geringen Output von hochwertigen Waren der Bauern auf der anderen Seite. Um die Kosten für die Produktion des ständig wachsenden Bedarfs an qualitativ hochwertigen Waren zu befriedigen, wurde auch in den Provinzen zunehmend auf die Einnahmen aus der Kornsteuer zurückgegriffen. Die Provinzen übernahmen dabei die gesetzliche Regelung, die von der Hauptstadt vorgegeben wurde, und in der die Entlohnung von Dienst- und Fronarbeit durch die Kornsteuer geregelt war.[15] Normalerweise gab ein Bauer einen festen Prozentsatz seiner Ernte bei der Provinzregierung ab, die eigentliche Kornsteuer. Ein Teil dieser Abgaben wurde für schlechtere Zeiten eingelagert, ein Teil diente der Provinzregierung zur Eigenversorgung und ein weiterer Teil wurde an die Bauern wieder ausgegeben und diente zur Neueinsaat.[16] Das an die Bauern ausgegebene Korn gab es auf Darlehensbasis, „Reisan-

12 15.7. des Wadô 5. Jahr im *Shoku-nihongi* (Kuroita 1966: 48-49).

13 Über das Produktionssystem sowie das Steuersystem und die Kombination beider siehe Hayakawa 1965: 228-229.

14 Hayakawa 1965: 224-231.

15 Hayakawa 1965: 228-335, 237-243, 243-259. Vgl. die folgenden historischen Quellen aus der Nara-Zeit: „Tenpyô 5nen Echizen no kuni guntô-chô“, „Tenpyô 6nen Owari no kuni shôzei-chô“, „Tenpyô 10 nen Suruga no kuni shôzei-chô“ im *Nara-ibun* (Takeuchi 1962: 294, 216, 227-228).

16 Aoki und Iyanaga 1965: 21-29. Die Sammlung der buddhistischen Erzählungen, *Nihon-ryôiki*, schildert, wie damalige reiche Leute auf boshafte Art und Weise privat Reisanleihen in der Nara-Zeit durchgeführt haben (Endô 1967: 393-397).

leihe“ genannt. Für einen Sack Saatgut hatte der Bauer nach der Ernte in etwa fünf Sack Korn (Reis) als Darlehensrückzahlung und Zinsen an die Provinzregierung zurückzuerstatten. Die eigentliche Steuerlast blieb davon jedoch unberührt und musste zusätzlich bezahlt werden.[17]

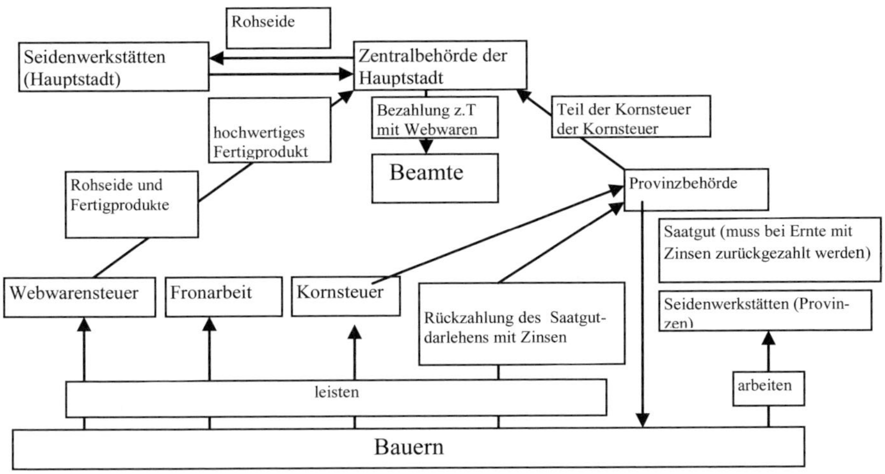

Abbildung 1: Staat und Seide

Da aber immer mehr Bauern als Dienstleister in die Provinzwebereien abgeworben wurden, wurde der Bedarf an Webwaren als Steuer immer geringer, da die Provinzen die Seide direkt selbst produzierten. Mit der Zahl der Bauern nahm aber die Zahl der Kornproduzenten zunehmend ab, da die Bauern es vorzogen, für die Provinz Seide zu weben, anstatt der harten Feldarbeit nachzugehen. Um ihre Einnahmen aber weiterhin decken zu können und die wachsende Zahl an Webern ausreichend zu versorgen, wurden die Zinsen der Reisanleihen für die zurückgegangene Zahl der Bauern ständig erhöht. Schließlich hatte ein Bauer nicht mehr fünf Sack für einen geliehenen zurückzuzahlen, sondern zehn Säcke. Reisanleihen wurden aber nicht nur von der Provinzbehörde vergeben, sondern auch findige Privatleute vergaben bald Reisanleihen an das einfache Volk und bereicherten sich daran kräftig. Im *Nihon-ryôiki* (buddhistische Geschichtssammlungen „Wundersame Geschichten Japans“, ca. 810-824) finden wir Erzählungen von katastrophalen Zuständen bei der Vergabe und dem Einlösen von Reisanlei-

17 Hayakawa 1965: 231-239, Aoki 1962: 135-134.

hen durch Privatleute, aber wir können uns vorstellen, dass es bei der Rückzahlung von Staatsdarlehen an die Provinzen nicht viel gerechter zuging.[18]

Die meisten Überlieferungen und Geschichten aus der damaligen Zeit erzählen uns nur von dem Leben schön gekleideter Menschen in den großen kulturellen Zentren und lassen nur selten einen Blick auf das einfache Leben hinter den Kulissen zu, weshalb es heute so schwierig ist, sich ein detailliertes und korrektes Bild vom Leben der einfachen Bevölkerung und deren Lebensgewohnheiten zu machen.

Bereits in der Mitte des 8. Jh. entstanden Widersprüche im Wirtschaftssystem. Nicht nur durch den ständigen Mangel an freiem Ackerland für die Landzuteilung durch den Staat, sondern auch durch die Steuerflucht der einfachen Bauern, die, wenn sie ihre Steuern nicht mehr bezahlen konnten, freies Land urbar machten, welches dann steuerfrei war, sowie durch Registerfälschung nahmen die staatlichen Steuereinnahmen immer mehr ab. Weil das Steuerwesen aber im wesentlichen auf der Landbesteuerung beruhte, führte schon die geringer werdende Landzuweisung zur Stagnation der Steuereinnahmen, denn die Bauern, die sich freies Land gesucht hatten, waren damit auch von der Webwarensteuer, der Kornsteuer und der Fronarbeit befreit. Auf der anderen Seite wuchs der Privatbesitz der „neuen Reichen", der Klöster und der Adelsfamilien dadurch, dass sie Bauern für sich arbeiten ließen, um so ihren eigenen Grundbesitz zu vergrößern. Häufig schlossen sie sich sogar zu Interessengemeinschaften zusammen.[19]

Aber trotz sinkender Einnahmen hielt die Regierung an der Webwarensteuer als grundsätzlichem System fest. Der Grund für dieses Verhalten ist heute den historischen Quellen nicht abschließend zu entnehmen. Da der Staat aber auf seine Einnahmen aus der Webwarensteuer nicht verzichten wollte, waren die Provinzen, in denen es zunehmend weniger Steuerzahler gab, gezwungen, die Steuer- und Zinssätze in die Höhe zu treiben, um die Steuersummen überhaupt noch aufbringen zu können. In der späteren Zeit wurden nicht nur hochwertige Textilwaren, sondern auch die einfachen Webwaren, die zur Abgabe an den Staat bestimmt waren, zur Mangelware. Die Provinzbehörden bezahlten daher die fehlenden Steuerabgaben aus den Darlehenszinsen, was letztlich zu einer Erhöhung der Zinsen führte. Die Strukturänderung der Steuereinnahmen trat schon zu Beginn des Ritsuryô-Zeitalters in den Gebieten mit besonders qualifizierter Textil-

18 Hayakawa 1965: 259-267.

19 Hayakawa 1965: 271-276. Die anfängliche Situation der Systematisierung der Latifundien wurden durch den staatlichen buddhistischen Tempel Tôdaiji auf der Basis der örtlichen sozialen Beziehungen und Einflüsse auf die Landbewohner aufgebaut (Kishi 1966: 316-399, 1973: 363-390).

warenherstellung auf, griff aber auch in den anderen Gebieten zunehmend um sich.[20]

Hierzu ein Beispiel, an dem wir die Problematik nachvollziehen können, auch wenn diese historische Quelle in eine etwas spätere Zeit gehört: In den Ausführungsanweisungen des Schatzmeisters *Engi-shiki*, aus dem Jahr 927, sind die Namen aller zu besteuernden Waren aus den Steuergesetzen Chô und Yô aufgelistet. Zusätzlich enthält diese Liste aber auch die Namen und die Zahl der alternativen Waren, die beim Eintreiben und beim Handel mit der Kornsteuer erlaubt waren und besorgt werden sollten. Dies sind die „die verschiedenen Waren, die durch Handel besorgt werden sollen" (die sogenannten *Kyôyaku Zômotsu*).[21] Der Historiker Hayakawa Shôhachi hat aufgrund dieser Quellen festgestellt, dass darin große Mengen Seide und anderer Stoffe enthalten sind, die eigentlich Gegenstände sein sollten, die mit Chô und Yô bezahlt werden sollten. Dieser Mangel an Webwarensteuer entspricht einem Steueraufkommen, beziehungsweise einer Steuerschuld von ca. 240.000 Erwachsenen.

Das bedeutet, dass 20-25% aller Steuerzahler keine Webwarensteuer zahlten, weshalb durch den Handel mit den Einnahmen aus der Kornsteuer die Zielwaren besorgt werden mussten. Das heißt, dass das Finanzwesen des Staates nicht mehr unabhängig war, da ja eigentlich die Kornsteuer die Basis des Finanzwesens war. Deshalb zeigt diese Erscheinung, dass das Finanzwesen des Staates abhängig von der Finanzbasis der Provinzen war.[22]

Zum Ende des 8. Jh. ließ die Regierung bestimmte Felder innerhalb der Gebiete, in denen Landverteilung in den westlichen Provinzen stattfand, mit der Arbeitskraft von staatlichen Fronarbeitern bebauen. Dadurch ließen sich nicht nur alle Steuern von den Bestimmungsfeldern bezahlen, sondern auch alle Steuern von den eigenen Ländern, weil die Finanzsituation der Provinzbehörde nicht mehr zuließ, dass mit den Einnahmen aus der Kornsteuer allein Zielwaren besorgt werden konnten, da die Behörde schon durch die Speicherung für den Notfall fast ihre Mittel erschöpft hatte.[23]

In der Mitte des 9. Jh. finanzierte der Staat die Beamten nicht mehr nur durch Webwaren, sondern zahlte die übriggebliebene Differenz mit Reis, wobei das Umtauschverhältnis nach einer bestimmten Regel berechnet wurde. Zu dieser zu zahlenden Summe kamen noch die Kosten des Transportes hinzu.[24] Seitdem im Jahr 701 das *Taihô-Gesetz* in Kraft getreten war, galt die Regel, dass alles im

20 Hayakawa 1965: 271-276.

21 „Shukei-shiki" in *Engi-shiki*, Bd. 23 (Kuroita 1972: 591-594).

22 Hayakawa 1965: 222-242, Yoshie1976: 43-80.

23 Hayakawa1965: 223-280, vgl. „Dajôkan-fu" (Edikt von Dajôkan) im 3. Jahr von Gengyô (Jahr 879) des *Ruijû-sandaikyaku*, Bd. 15 (Kuroita 1972: 439-441).

24 Hayakawa 1965: 243-223, 273-276, 276-280, Sakaue 2001: 249-261, 262-277.

Staate Eigentum des Kaisers ist. Damit versuchte die Regierung ein System der Landbesteuerung durchzusetzen, das auf drei neuen Maßnahmen beruhte:

1. der vollen Kontrolle über die Arbeitskräfte (basierend auf dem Zensus)
2. der gerechten Verteilung des fruchtbaren Bodens (durch Landzuweisung)
3. der einheitlichen Besteuerung und gleichen Einkommensverteilung.[25]

Die Webwarensteuer, die dem Kaiser direkt von der Bevölkerung darzubringen war und aus seiner Hand an die Beamten verteilt wurde, war deshalb das Symbol der Macht des Kaisers. Und daher hatte die Regierung ein so großes Interesse an den Einnahmen durch die Webwarensteuer. Aber in den folgenden 200 Jahren verlor die Webwarensteuer, wie wir bereits gesehen haben, zunehmend an Bedeutung, und somit der Kaiser an Macht und Einfluss. Letztlich wurde er so zu einem Spielball der immer mächtiger werdenden privaten Landbesitzer.

3. Eifersucht und Handwerk in der vormodernen Gesellschaft

3.1. Eifersucht als soziale Mobilisierungskraft für das Handwerk?

Nun kehren wir eine Weile in die Entstehungszeit der Frühhegemonie, der sog. Yamato-Herrschaft, etwa im 4. Jh. zurück. In den Chroniken *Kojiki* und *Nihonshoki* aus dem Anfang des 8 Jh. finden wir Geschichten über Kaiser und ihre göttlichen Ahnen, auf deren Basis man Vermutungen über die ursprüngliche Bedeutung der Seidenzucht und die Beziehung zwischen Seide und Webwarensteuer anstellen kann.

Ein Beispiel, wie Seidenkultur mit einer Kaiserin verknüpft war, ist die Erzählung über Kaiserin Iha-no-hime, die Ehefrau des Kaisers Nintoku (seine Regierungszeit vermutlich in der Mitte des 4. Jh.), die im Anschluss an diesen historischen Abriss genau analysiert werden soll. Iha-no-hime ist aus den Gedichten im *Kojiki* und *Nihonshoki* und auch in der ältesten Gedichtsammlung, *Man'yôshu*, bekannt für ihre eifersüchtige Persönlichkeit. Aber sie soll sich den Quellen nach auch bei der Ordnung des Kultus und dem Zeremoniell des Kaiserhofs sehr engagiert haben, laut *Kojiki*. So hat sie sich zum einen wegen der kultischen Opfergaben selbst auf die weite Wegstrecke in die Provinz Kinokuni begeben, zum anderen auch das Haus Nurinomis in der Provinz Yamashiro besucht, weil sie Interesse an der seltenen Seidenraupe hatte, die sich in Nurinomis Besitz befunden haben soll.[26] Die charakteristische Figur dieser Kaiserin, symbolisiert als eifersüchtige Dynamik, charakterisiert durch kreative Entschlossenheit und Tatkraft, führt zu einer technisch-handwerklichen Mobilisierungskraft.

25 Hall 1968: 60.

26 Zur Erzählung von Kaiser Nintoku und seiner Kaiserin, Iha-no-hime, im *Kojiki* sowie *Nihonshoki* und zu deren Analyse siehe den „Anhang" dieser Arbeit.

Wie wir schon gesehen haben, war im System des Staates die gesamte Bevölkerung durch Landzuweisung direkt mit der Zentralregierung verbunden, wobei die Verbindung nicht über das Individuum, sondern über den Haushalt funktionierte. Dabei bildeten natürlich weibliche Arbeitskräfte die Basis für die Textilproduktion durch die Haushalte. Das bedeutete aber, dass die Waren, die der Staat verlangte, mit dem technischen Niveau jener Zeit aus der herkömmlichen Art in Hausarbeit nicht zu produzieren waren. Durch die daraus erfolgende Notwendigkeit einer Änderung des Produktionsablaufs wurden durch die Zweckorganisation der Behörde qualifizierte Weberinnen in die Textilbetriebe geholt und auch ausgebildet.[27]

Die eifersüchtige, temperamentvolle Figur der Kaiserin symbolisiert das Spannungsfeld zwischen weiblichen qualifizierten Weberinnen sowie der handwerklichen Dynamik des Triebmotors der gesellschaftlichen Organisation. Die Gesellschaft wurde seit der Einführung der einheitlichen Webwarensteuer gezwungen, nicht nur als agrarisches homogenes System zu bestehen, sondern auch zu einer konkurrenzfähigen zielbewussten Technologie reorganisiert zu werden; die Figur der Kaiserin mit dem Motiv der Eifersucht symbolisiert in diesem Sinne den sozialen Strukturwandel der Frühzeit.

3.2. Theoretischer Einschub: Lévi-Strauss

In seinem Werk „Die eifersüchtige Töpferin“[28] stellt Claude Lévi-Strauss in Mythen, Sagen und volkstümlichen Äußerungen bei verschiedenen Handwerksberufen eine Zuschreibung bestimmter Charaktereigenschaften fest, wobei ein auf den ersten Blick logischer Zusammenhang sich meist nicht erschließt, weil „Mythen... Motive miteinander verknüpfen, zwischen denen wir keinerlei Verbindung wahrgenommen hatten“.[29] Bei seinen Überlegungen dazu geht Lévi-Strauss gedanklich aus von Sébillots Werk *Légendes et curiosités des métiers* aus, in dem dieser „ein Inventar der konstruktiven Persönlichkeitsmerkmale auf[stellt], die von der Tradition mit der Ausübung verschiedener Handwerksberufe assoziiert werden“.[30] Dabei werden die unterscheidenden Merkmale auf drei Ebenen fest gemacht: der der körperlichen und der moralischen Kriterien und der der psychologischen Disposition. Die Ursachen für diese Art der Zuordnung von bestimm-

27 Die feiner qualifizierten Seidenwebwaren wurden durch den Handel mit China ständig ermöglicht (Tôno 1992: 38-45, 117-160), so auch die weiteren handwerklichen Fortschritte (Sekine 1974: 13-77, 312-326, Nunome 1988: 290-297). Im 19. Jh. ermöglichte die neue staatliche Organisation die Industrierevolution durch die Integration der Seidenproduktion, die schon landesweit technische Tradition verbreitete. (Ishii 1972).

28 Lévi-Strauss 1987.

29 Lévi-Strauss 1987: 277.

30 Lévi-Strauss 1987: 8.

ten Merkmalen zu Berufen sind schwer in ihrer Gesamtheit zu ergründen, aber „einleuchtend ist, dass das volkstümliche Denken sich in allen diesen erwähnten Fällen auf die Erfahrung zu stützen behauptet, aber auch von allen möglichen Arten symbolischer Äquivalenz Gebrauch macht, die in den Bereich der Metapher fallen. Der wirkliche Ausgangspunkt ist nicht immer leicht einzukreisen…“.[31]

In diesem Zusammenhang stellt Lévi-Strauss verschiedene süd- und nordamerikanische Mythen vor, in denen die Elemente Töpferei und (eheliche) Eifersucht gemeinsam vorkommen und zwischen denen seiner Vermutung nach ein Zusammenhang besteht. Eine Variante von solchen Mythen der Jíbaro-Indianer beispielsweise handelt davon, dass Sonne und Mond sich in männlicher Gestalt eine Frau teilen, sich jedoch in Eifersucht zerstritten. Die Frau verfolgte daraufhin mit einem Korb voller Tonerde den sie verlassenden Mond, der sie jedoch vom Himmel stürzen ließ, was zum einen dazu führte, dass der Ton sich über die ganze Erde verteilte und zum anderen, dass sie sich in eine Nachtschwalbe verwandelte. In diesem Mythos findet man neben dem Element der (ehelichen) Eifersucht die Verbindung zwischen Frau und Töpferei und eine mythische Erklärung für die Existenz von Tonerde und auch Sonne und Mond, die nie gemeinsam am Himmel zu sehen sind.

Bei der Beschreibung der Elemente, die sich in der Lebens- und Mythenwelt der amerikanischen Völker mit der Töpferei verbinden, hebt Lévi-Strauss die Exklusivität der Ausübung, die Stellung innerhalb der Gesellschaft und den strukturellen und mythischen Gehalt hervor. Uns interessieren in diesem Zusammenhang die Ausführungen zur Töpferei, denn dieses Handwerk zeigt große Ähnlichkeit mit der Weberei, wie Lévi-Strauss selbst hervorhebt: „…die Töpferei [ist] im Verein mit der Weberei eine der Hauptkünste der Zivilisation.“[32] In einer seiner Beschreibungen der Töpferei und ihrer Stellung im gesellschaftlichen Produktionsprozess stellt Lévi-Strauss für sie einen strukturalen Unterschied zu anderen Handwerken fest, den man auch auf die Weberei erweitern kann: „[Die Töpfer]… verkörpern keine personalisierte und innerhalb dieser Gemeinschaft abgehobene Funktion. Im Unterschied zum Schmied, zum Schuhmacher oder zum Sattler ging man nicht zum Töpfer, um sich ein Werkzeug reparieren zu lassen oder ein neues in Auftrag zu geben. Der Töpfer schaffte seine Produkte zum Markt, auf die Handelsmesse oder vertraute sie einem Zwischenhändler an. Die regelmäßigen Tätigkeiten und das Alltagsleben brachten einen nicht in direkten Kontakt mit ihm.“[33]

In diesem Zusammenhang ist es für die folgende Analyse interessant, Lévi-Strauss’ Ausführungen zur Verbindung von Töpferei und (ehelicher) Eifersucht

31 Lévi-Strauss 1987: 9-10.
32 Lévi-Strauss 1987: 17.
33 Lévi-Strauss 1987: 18.

nachvollziehen, um dann den Versuch zu unternehmen, sie dann (zumindest teilweise) auf unseren Stoff und die Weberei zu übertragen.

Lévi-Strauss betont die Exklusivität, mit der der Zugang zur Tonerde und zum Töpferwissen beschränkt wurde, indem die Ausübung des Berufes auf bestimmte Gruppen (z. B. nur Frauen oder bestimmte Frauen) und/oder bestimmte Zeiten beschränkt blieb, was durch Mythen und Rituale entsprechend legitimiert wurde. Daneben ist auch häufig ein angespanntes Verhältnis zwischen handwerklichen und anderen Berufen zu finden. Lévi-Strauss stellt in diesem Zusammenhang dar, dass zum Teil die Ansicht verbreitet war, dass Ackerbau und Kleinhandel dem traditionellen Handwerk überlegene Berufstände seien, und spricht einen peruanischen Mythos an, in dem eine vornehme Töpferstochter störrisch und hochmütig die Avancen eines Ackerbauersohnes abweist und verachtungsvoll auf sein Produkt hinabschaut, das er ihr als Brautgeschenk überreichen möchte.

Lévi-Strauss geht auf das Element des „Übergangs von Natur zur Kultur“[34] ein, dass die Mythen rund um das Töpfern bzw. um ein Handwerk bestimmt. „Jede Kunst erlegt einem Stoff eine Form auf. [...] Einem Stoff eine Form aufzuerlegen, bedeutet nicht einfach nur, ihn in Zucht zu nehmen. Indem man ihn dem Feld der unbegrenzten Möglichkeiten entreißt, mindert man ihn, und zwar dadurch, dass unter mancherlei Möglichkeiten nur ganz bestimmte verwirklicht werden: von Prometheus bis Mukat stellt jeder Demiurg ein eifersüchtiges Temperament unter Beweis.“[35]

Dieser letzte der beiden Aspekte, nämlich der des Überganges von Natur zur Kultur, und der der mythischen Verbindung zur Schöpfung, die sich in der Wahrnehmung der Töpferei ausdrücken, lohnen eine nähere Betrachtung, vor allem in Hinblick auf das Element der Eifersucht. Lévi-Strauss führt weiter aus: „Die Opposition des Wohlgeformten und des Formlosen berührt sich mit der des Diskontinuierlichen und des Stetigen. Diese letztere Opposition habe ich bereits ausführlich in den Mythologiques behandelt, vor allem in Le Cru et le cuit (1964: 58-62 und passim; dt. Das Rohe und das Gekochte, 1971: 76-80). Diese Analyse brachte zu Tage, dass nicht nur in Amerika, sondern auch anderswo auf der Welt der Übergang vom Stetigen zum Diskontinuierlichen sich aus der Intervention von anspruchsvollen, eifersüchtigen und nachtragenden Gottheiten ergibt. Es eröffnet sich damit eine erste Spur zum besseren Verständnis des Stellenwertes, der in den Mythen über den Ursprung der Töpferei der Eifersucht eingeräumt wird. Sich an einem formlosen Stoff abarbeitend, unterwirft die Kunst des Töpfers oder der Töpferin dieses Material Zwängen; sie zerstückelt und bearbeitet es, indem sie es gleichzeitig Beschränkungen unterwirft.“[36]

34 Lévi-Strauss 1987: 282.
35 Lévi-Strauss 1987: 285.
36 Lévi-Strauss 1987: 36.

Dabei vollzieht sich ein Prozess, der die Töpferin als Demiurg und als Frau mit dem Objekt ihrer Handwerkskunst verbindet: „Als eine Art Demiurg im verkleinerten Maßstab übt die ebenfalls eifersüchtige Töpferin einen Zwang auf einen ungebundenen Stoff aus.“[37] […] „Die Frau als wirkende Ursache der Töpferei verwandelt sich in ihr Produkt; […] Zwischen der Frau und dem Tongefäß besteht eine metonymische Beziehung, die sich in eine metaphorische Beziehung verwandelt.“[38]

Bei Lévi-Strauss liegt die Betonung nicht auf der Erforschung des (historischen oder sozialen) Ursprungs bestimmter Verbindungen („…schloss ich aus meinen Überlegungen bewusst die Ursprungsprobleme aus“),[39] dennoch wollen wir versuchen, mögliche Erklärungen für den Zusammenhang zwischen Eifersucht und Töpferei zu finden. Diese mögen darin begründet liegen, dass, wenn man die Pole landwirtschaftliche Tätigkeit und handwerkliche Tätigkeit im Blick hat, die erstere von kollektiver Arbeit, die zweite von individueller Arbeit geprägt ist. Dadurch kommt im Handwerk das Element des individuellen Könnens und Geschicks hinzu, das wiederum das Element der Konkurrenz bedingt, dass zum einen der Antrieb für Verbesserung und Fortschritt ist, zum anderen aber mit Neid und Eifersucht konnotiert werden kann. Im Sinne der Konstruktion von mythischen Merkmalen für bestimmte Berufe, wie Lévi-Strauss sie bei Sébillot findet und selbst darzustellen und zu erklären versucht, ist als Ursache eine volkstümliche Vermischung der Elemente berufliche Konkurrenz, Neid und Eifersucht mit Konkurrenz und Eifersucht in Liebesdingen als eines der konstituierenden Merkmale der Töpfer.

3.3. Kaiserin Iha-no-hime als eifersüchtige Frau – Weberin und Seidenzüchterin

Als Einstieg in eine Untersuchung des Elementes der Eifersucht, das mit der Kaiserin Iha-no-hime verbunden ist, bietet es sich an, mit einer Analyse ihres Namens anzufangen. Das chinesische Zeichen für Eifersucht oder Neid (da wird nicht unterschieden wie im Deutschen) sieht folgendermaßen aus: 妬. Dabei bedeutet der linke Radikal (女) für sich genommen „Frau“, der rechte (石) „Stein“, „Felsen“ etc. Die folgende Tabelle zeigt die Aufteilung des Namens Iha-no-hime in seine (Bedeutungs-)Elemente und deren Bedeutung.

Iha 石/磐	no	Hime 日女/姫/媛
Felsen	von	Prinzessin/Dame

37 Lévi-Strauss 1987: 286.
38 Lévi-Strauss 1987: 289.
39 Lévi-Strauss 1987: 280.

Damit kann man sagen, dass das chinesische Zeichen 妬 auf der Ebene die Kaiserin symbolisiert, als dass sie die Elemente Frau und Stein in ihrem Namen und die Elemente Frau und Eifersucht in ihrem Wesen vereint. Diese Tatsache könnte man als weiteren Faktor dafür sehen, warum zum einen der Name vergeben wurde, und zum anderen dient es sicherlich als Motor für die weitere Rezeption, die sie auf das Element Eifersucht reduziert, da es nicht nur von ihrer Hintergrundgeschichte, sondern auch strukturell in ihrem Namen verankert ist, und dadurch wird eine verstärkende Wirkung ausgeübt.

Im alten japanischen Wort gab es vielleicht keine Verbindung zwischen Neid und Stein und Frau, so dass dies den Einfluss der chinesischen Zeichen unterstreicht. Ein eifersüchtiger Mensch wird also aus den Elementen Stein und Frau konstruiert, weshalb für die Menschen im Altertum Iha-no-hime durch ihren Namen eine selbstverständliche und nachvollziehbare Repräsentantin dieser Charaktereigenschaft war.

Wie in den Ausführungen zum *Kojiki, Nihonshoki* und den Gedichten unten im Anhang gezeigt wird, besteht zum einen über die Figur der Kaiserin Iha-no-hime ein Zusammenhang zwischen Weben und Eifersucht, der aber zum anderen mindestens seit der Zeit der Abfassung des *Kojiki* in der weiteren Rezeption immer mehr verblasst ist, bis nur noch die Verbindung Iha-no-hime und Eifersucht blieb, während das Element des Webens wegfiel.

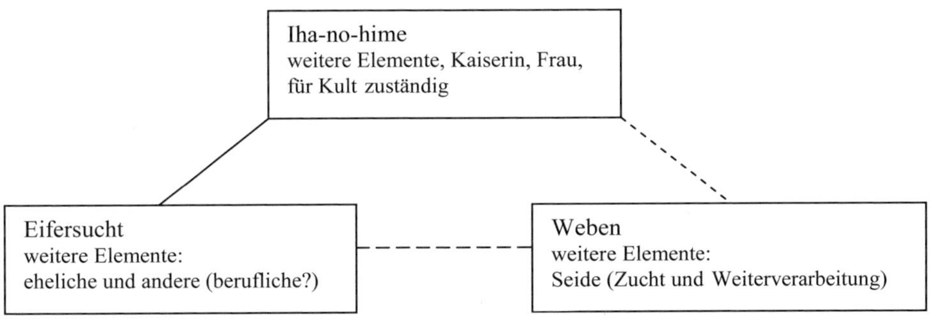

Wenden wir uns an dieser Stelle nun der ursprünglichen Verbindung zu, um ihre Organisation und Funktionsweise näher zu untersuchen.

In dem Einschub über Lévi-Strauss wurde bereits bemerkt, welche Verbindung auf der Ebene des Handwerks und seiner gesellschaftlichen Funktion zwischen Töpferei und Weberei besteht. Nun möchte ich die Verbindung über die Elemente Frau und Schöpfer/Demiurg aufzeigen. Wie in den meisten Kulturen werden auch in der japanischen auf der Ebene der autonomen Produktion eines Haushaltes die Bereiche Weben und Töpfern den Frauen zugeordnet, was sich in Mythen, Sagen oder Märchen widerspiegelt. In einer auf Arbeitsteilung, Spezialisierung und Zentralisierung der Produktion basierenden Gesellschaft beginnt die Verbindung Mensch – Arbeit zur Entpersonalisierung, und alte Konnotationen spiegeln sich in der sozialen Realität nicht mehr so unmittelbar erfahrbar wider, was zu einer allmählichen Entflechtung von bis zu dem Zeitpunkt festen Verbindungen in der allgemeinen Wahrnehmung führen kann. Diese wirtschaftliche gesellschaftliche Entwicklung könnte ein Erklärungsansatz dafür sein, dass die mythische Verbindung Frau – Weben, die sich in der Verbindung Iha-no-hime – Weben ausdrückt, mit der Zeit relativ breitwillig aufgegeben wurde, zumal die Bedeutung der eigenen handwerklichen Produktion in den höheren Schichten der Gesellschaft ohnehin schnell abnahm.[40]

Wenn man also die Analyse der Bedeutung eines konkreten Handwerks auf diese Weise durchführt, dass man aufzeigt, dass es auch Etwas jenseitig gerichtetes, Mythisches symbolisiert, so zeigt sich bei dem Vergleich der Betrachtung von Lévi-Strauss im Hinblick auf die Töpferei und die von Naumann im Hinblick auf die Weberei eine augenscheinliche Parallele. Das Töpfern als Symbol der mythischen Tätigkeit eines Demiurgen, dem ein „eifersüchtiges Temperament“[41] unterstellt wird, das als Charaktereigenschaft wiederum auf die menschliche Töpferin zurückstrahlt, ist parallel zu setzen mit der Vorstellung einer Gottheit oder mythischen Gestalt, die spinnend oder webend das Schicksal gestaltet. So findet sich auch auf dieser Ebene ein Anhaltspunkt für die strukturelle Ähnlichkeit der beiden Handwerke im Hinblick auf ihre gesellschaftliche Wirkung. Innerhalb dieser Argumentation und angesichts des Beziehungsgeflechtes, das weiter oben dargestellt wurde, erhält die Tatsache, dass der Figur der Kaiserin Iha-no-hime auch kultische Tätigkeiten zugeordnet werden, eine ungleich höhere Bedeutung, denn so würde es eine doppelt reziproke Beziehung zwischen ihr und dem Weben geben, so dass beide Elemente sich einander mit der Eifersucht verbinden und sie beide eine zusätzliche Bedeutung auf der kultisch-mythischen Ebene haben. Damit zeigt sich, dass es im Hinblick auf strukturelle Elemente und die Verbindung eines Handwerks mit dem Element der Eifersucht mit einigen Abstrichen eine Argumentation möglich ist, die parallel zu der von Lévi-Strauss verläuft, obwohl er sich auf die Vorstellungswelt einer anderen Kultur bezieht.

4. Die wirtschaftliche Entwicklung der Textilverarbeitung seit dem Untergang des Frühstaatssystems bis zur Gegenwart – eine kurze Zusammenfassung

Es fand eine Änderung der Steuergesetzhandhabung statt, die zusehends die adeligen Schichten und die großen buddhistischen Tempel begünstigte, was unter anderem dazu führte, dass die Latifundien zunehmend mit dem staatlichen Sy-

40 Vgl. oben Kap. 2, Staat und Seide im Frühstaatssystem Japans.

41 Lévi-Strauss 1987: 285.

stem in Konkurrenz treten konnten. Im Rahmen der handwerklichen Produktion wurde auf sehr unterschiedlichen Qualitätsstufen hergestellt, wobei vor allem auf dem Gebiet des Textilhandwerks die Verbraucher immer höherwertige Produkte forderten.[42] Im Rahmen der Webwarensteuer wurden immer höherwertigere Abgaben verlangt. Konnte eine Provinz diese Schuld nicht leisten, so musste sie aus anderen Provinzen die entsprechenden Güter erwerben, wofür zum Beispiel Einnahmen aus der Kornsteuer verwendet wurden. Später musste die Webwarensteuer nicht mehr nur in Naturalien, sondern konnte auch in Form von Geld entrichtet werden.[43]

Diese und andere Entwicklungen führten zu einem faktischen Zusammenbruch des alten Staatssystems im Mittelalter. Auf der Ebene der Produktion kommt es zu vielen Veränderungen, so führt es bei der Verarbeitung von Seide zu einer Ausweitung der Produktion mit gleichzeitiger Konzentration auf einige ausgewählte Standorte und zur Verbesserung der Technologie, was die Bedeutung der häuslichen Produktion von da an immer mehr schrumpfen lässt.[44] Die am höchsten entwickelte und am meisten spezialisierte Verarbeitung von Seide findet in der Nähe der Hauptstadt statt. Der Kauf und Verkauf der Seide ist in Gilden organisiert, deren Kaufleute waren schon über weite Entfernungen so gut organisiert sind, dass auch entferntere Provinzen mit hochwertiger Seide beliefert werden können.[45] Neben der direkten Verarbeitung von Seide findet auch auf den Gebieten der Färbetechnik und dem Nähen vor allem in der Hauptstadt eine Weiterentwicklung statt. Seit dem 16./17. Jahrhundert wird aus Europa eine Neuheit auf dem Gebiet der Textilien importiert, nämlich hochwertige feine Wollstoffe.[46]

In der Edo-Zeit konnte man im Hinblick auf die Ausweitung der Produktion und der Technologie auf der guten Basis des Mittelalters aufbauen und diese dann weiterentwickeln. Dabei orientierte man sich auch an hochentwickelten Technologien und Verfahren, wie beispielsweise einer neuen Technik aus dem China der Ming-Dynastie, oder führte nach europäischem Vorbild neue Webarten mit unterschiedlichen Dicken der Fäden ein. Vor allem durch die Einführung der chinesischen Technik erlebt die schon entwickelte Produktion und Logistik einen neuen Entwicklungsschub, der noch dadurch begünstigt wird, dass unter dem Shogunat einzelne Fürsten für sich die Entwicklung vorangetrieben haben und durch die lange Friedenszeit die Kaufkraft und damit die Nachfrage nach Luxusgütern steigt. Kurz vor dem Ende des Shogunats werden modernste Web-

42 Tsunoyama 1983: 7-33.
43 Hayakawa 1974: 433-47, Asaka 1971: 346-80, Sakaue 2001: 250-304.
44 Sasaki 1983: 35-41.
45 Sasaki 1983: 39-68.
46 Kudô 1983: 103-138.

maschinen aus Europa importiert, was einen Anstoß zur Ausweitung der eigenen Industrie zur Herstellung von Webmaschinen gibt.[47]

Im Zuge der Meiji-Restauration kommt es zu einer Reorganisation des Staates hin zur Zentralisierung, und außenpolitisch kommt zunehmend der auch wirtschaftliche Wettkampf mit anderen Ländern hinzu. Um konkurrenzfähig zu werden, muss Japan die allgemeine Infrastruktur entwickeln, wofür viel Kapital gebraucht wird. Um dieses zu bekommen, werden Kredite aufgenommen und Möglichkeiten gesucht, um den Export anzukurbeln, um auch so an ausländisches Kapital zu kommen, damit Japan die Eisenbahn, neue Fregatten und Werften bauen bzw. kaufen konnte. Webwaren, also Baumwoll- und Seidenprodukte werden hierfür als am besten geeignetem Produkte angesehen.[48] 1873 auf der Expo in Wien zeigten Frankreich und Italien ihre führende Position in der Webwarenindustrie auch durch die Präsentation neuester Maschinen, die auch von japanischen Kaufleuten gekauft wurden. Wie schon zuvor bedeutete dieser Technikimport auch einen Anstoß für die heimische Maschinenproduktion.[49]

Nach europäischem Vorbild wurden staatliche Seidenfadenfabriken mit neuen Maschinen eingerichtet, wobei die Fabrikarbeiter überwiegend weiblich sind. Die dafür rekrutierten Arbeiterinnen gingen später mit ihrem neuen Wissen und Können wieder in ihre Heimatregionen zurück und begünstigten auch dort die Einführung einer solchen Produktion durch die Verfügbarkeit von qualifizierten Arbeitskräften.[50] Mit staatlicher Unterstützung koordinieren und organisieren einige große Kaufleute die Inlandsproduktion (die einzelnen regionalen Produktionen) und den Auslandsexport. Es wird ein Bankensystem entwickelt, um den Export zu unterstützen. Diese Entwicklung hat auch negative Auswirkungen. Um mit dem Ausland konkurrieren zu können, müssen die Kosten immer wieder gesenkt werden, wodurch die Bauern als Rohstoffproduzenten immer weniger für ihre Produkte erlösen und die Situation der Arbeiterinnen in den regionalen Fabriken auch sichtlich schlechter wird.[51] Bei sinkendem Gehalt verlängert sich die Arbeitszeit immer mehr, und durch die starke Belastung und die schlechten Arbeitsbedingungen kommt es zum Teil zu epidemieartiger Verbreitung von Tbc und anderen Krankheiten.[52]

Die Weiterentwicklung der Webmaschinen führte Anfang des 20. Jahrhunderts weltweit zur Vollautomatisierung in der Textilindustrie. In Japan stellte Sakichi Toyota eine vollautomatisierte Webmaschine auf Basis eigener Entwicklung her,

47 Kudô und Kawamura 1983: 145-50, 168-170. Takeuchi 1983: 207-238.
48 Ishii 1972: 19-56, 1983: 284-301.
49 Tsunoyama 1983: 284-300.
50 Ishii 1972: 128-163, Tsunoyama 1983: 299-301.
51 Ishii 1972: 163-242, Ôishi und Ishii 1972: 61-95.
52 Ishii 1972: 243-372, Ôkôchi 1970: 131-57, 165-219, Kagoyama 1970: 3-45.

später verlegt sich die Fabrik auf die Produktion von Autos und gehört damit zu den heute weltweit führenden Herstellern.[53] Durch diese Maschinen konnte die Textilproduktion und ihre Produkte noch weiter entwickelt werden, und durch die nun mögliche Massenproduktion wurden die Produkte immer günstiger, was auf Nachbarindustrien (z. B. Chemische Industrie zur Produktion von Farben) ebenfalls stimulierend wirkte. Bis zum 2. Weltkrieg wurde im Bereich der Textilindustrie konkurrenzfähig produziert und durch Export Auslandskapital verdient.[54]

Durch die Ausweitung der Textilproduktion nimmt im ganzen Land die Beschäftigung von Frauen zu, und feine Handarbeit wird zusehends als typische Frauenarbeit gesehen. Die Geschäftsfelder des Segments Textilien wurden schon kurz nach dem Kriegsende wieder Marktführer. Die Technologiebereiche Kunstfaser und elektronische Komponenten setzten im Seideweben verstärkten Frauenarbeit ständig neue Maßstäbe für innovative Produktion. So lässt sich anhand der Seidenproduktion als Handwerk die gesellschaftliche Entwicklung vom Altertum bis zur Gegenwart verfolgen und ihre Wirkung für die Entwicklung der Gesellschaft nachvollziehen.

Anhang

Die Geschichte des Kaisers Nintoku und der Kaiserin Iha-no-hime

Die Erzählung vom Kaiser Nin-Toku in der Version aus dem Kojiki[55]

Diese Erzählung besteht aus zehn Episoden (B1-B10), die jeweils eine Überschrift haben, die deren Inhalt kurz wiedergibt. Sie befinden sich in einer Rahmenkonstruktion von genealogischer Aufzählung am Anfang (A1) und Todes- und Begräbnisumstände des Kaisers am Ende (C1). In den Prosateil sind einige Gedichte eingebaut, die vor allem die Funktion haben, die Emotionen und Meinungen der Charaktere auszudrücken (nur an wenigen Stellen sind Äußerungen in der direkten Rede nicht in Gedichtform zu finden). In der englischen Übersetzung wird ein solches Gedicht mit Phrasen wie „…and sang, saying:“[56] oder „…presented an august Song, saying:“[57] eingeleitet. In der folgenden Zusammenfassung werden die Gedichte nur zitiert, wenn sie Relevanz für die spätere Analyse haben oder unmittelbar der Erklärung eines Sachverhaltes dienen, die

53 Nishikawa und Abe 1990: 293-98, Tsunoyama 1983:299-301, Ishii, Tadashi 1986: 107-27.

54 Ishii 1972: 373-460, Nishikawa und Abe 1990: 293-98.

55 Die englische Zitate aus der Übersetzung von Aston: Nihongi, Chronicles of Japan from the Earliest Times to A.D. 697 (reprinted 1972).

56 Aston 1972: 337.

57 Aston 1972: 338.

übrigen werden nur der Bedeutung nach wiedergegeben. Ob es sich bei der Abfolge der Episoden um einen chronologischen, in sich logischen Zusammenhang oder ob es sich um eine nur teilweise chronologische Sammlung von Einzelberichten handelt, kann nicht abschließend geklärt werden.

Zusammenfassung der Erzählung

A1. Genealogies – Genealogien

Der Kaiser Oho-sazaki[58] regiert von Takatsu in Naniha aus das Reich und ist mit Kaiserin Iha-no-hime verheiratet, mit der er vier Kinder hat. In Laufe der Zeit heiratet er weitere Frauen, die zum Teil aus verschiedenen Sippen und Gebieten innerhalb seines Herrschaftsbereichs stammen, darunter zwei seiner Halbschwestern.

B1. Various deeds – Verschiedene Taten

Die Frauen des Kaisers erhalten unterschiedliche Stämme als kaiserliches Lehen. Innerhalb seiner Regentschaft wird mit Unterstützung verschiedener Stämme die Infrastruktur und (Bewässerungs-)Technik des Landes verbessert, beispielsweise durch Teiche, Dämme und Häfen.

B2. He remits the taxes – Er erlässt die Steuern

Eines Tages betrachtet der Kaiser sein Land von einem Berg aus und ihm fällt auf, dass kein Rauch von den Häusern aufsteigt,: „In the whole land there rises no smoke; the land is all poverty-stricken. So I remit all people's taxes and [forced labour] from now till three years [hance].“[59] Als Resultat muss der Kaiser persönliche Einbußen in Kauf nehmen, denn der Palast verfällt zusehends durch das fehlende Geld für die Instandhaltung, aber als deutliches Zeichen der wirtschaftlichen Verbesserung der Bevölkerung sieht man nun wieder rauchende Schornsteine. Als der Kaiser dies sieht, beginnt er wieder Steuern zu erheben. Durch eine solche weitsichtige Steuerpolitik schafft er Wohlstand in der Bevölkerung und seine Herrschaft ist beliebt.

B3. He loves Princess Kuro – Er liebt Prinzessin Kuro

Die Kaiserin Iha-no-hime ist sehr eifersüchtig auf die Nebenfrauen ihres Mannes und behandelt sie schlecht, so dass sie von ihnen gefürchtet wird. Eines Tages holt der Kaiser die für ihre Schönheit berühmte Prinzessin Kuro[60] in seinen Pa-

58 Das bedeutet „der große Spatz“; den Namen Nin-toku bekamt er posthum erst im 8. Jh., als alle Kaiser chinesische Namen erhielten.

59 Aston 1972: 336.

60 Kuro bedeutet „Schwarz“; vermutlich wegen der schönen schwarzen Haare, Motoori 1969: 167, 1974: 65 (ursprünglich 1798).

last, sie flieht jedoch aus Angst vor der Eifersucht der Kaiserin in ihre Heimat Kibi. Der Kaiser belügt daraufhin seine Gemahlin, um Prinzessin Kuro treffen zu können und sagt ihr, dass er zur Insel Ahaji reisen wolle. Von da aus reist er jedoch weiter nach Kibi. Diese empfängt ihn, und er schaut erfreut dem Pflücken von Kohl zu, aus dem Kuro ihm später eine Suppe kocht: „Oh! how delightful it is to pluck/ with a person of Kibi the cabbage / sown in the mountain fields!"/[61] Prinzessin Kuro bedauert, dass der Kaiser eine so eifersüchtige Frau hat, und sie trennen sich.

B4. The Empress retires to Yamashiro – Die Kaiserin zieht sich nach Yamashiro zurück

Nach einiger Zeit segelt die Kaiserin nach Ki, um Aralia-Blätter für ein Fest zu sammeln, und auf dem Rückweg trifft ihre Dienerin einen Träger, der erzählt, dass der Kaiser in Abwesenheit seiner Gemahlin seine Halbschwester Yata-no-waki-iratsume geheiratet hat. Die Kaiserin wird sehr zornig, als sie diese Nachricht vernimmt, wirft die Blätter über Bord und segelt am Palast vorbei den Fluss entlang zunächst an ihrer (alten) Heimat vorüber und dann nach Yamashiro. Dort verweilt sie einige Zeit in Tsutsuki im Haus einer Person namens Nurinomi aus Korea.

B5. He follows the Empress into Yamashiro – Er folgt der Kaiserin nach Yamashiro

Der Kaiser beauftragt einen Gefolgsmann mit Namen Toriyama[62] damit, der Kaiserin die Nachricht zu überbringen, dass sie zu ihm zurückkommen soll: „Reach [her] in Yamashiro, Toriyama! / Reach [her]! reach [her]! Ah! wilt thou / reach and meet my beloved spouse? /"[63]

Als der Gefolgsmann das Gedicht des Kaisers vor der Kaiserin wiederholt, regnet es heftig. Sie will ihm nicht zuhören, und da sie ihm ausweicht und er ihr hinterher gehen muss, wird er durchnässt, was seine Schwester, Prinzessin Kuchi, die zum Gefolge der Kaiserin gehört, zu einem Ausruf des Bedauerns bewegt. Nach einer kurzen Beratung, wie sie den Kaiser milde stimmen und das Ehepaar versöhnen können, schicken Prinzessin Kuchi, ihr älterer Bruder und der Gastgeber Nurinomi dem Kaiser eine Nachricht, in der sie als wahren Beweggrund für den Besuch der Kaiserin die Seidenwurmzucht ihres Gastgebers nennen: „The reason of the Empress's progress is that there are [some] insects reared by Nurinomi, – strange insects changing in three ways, once becoming creeping insects, once becoming cocoons, and once becoming flying birds – and it is only to go

61 Aston 1972: 338.
62 „Vogel-Gebirge".
63 Aston 1972: 344.

and look at them that she has entered into [Nurinomi's house]. She has no strange intentions."[64]

Als der Kaiser die Nachricht erhält, entschließt er sich, zu der Kaiserin zu reisen und sich diese seltsamen Insekten persönlich anzuschauen. Da hatte Nurinomi der Kaiserin bereits drei Insekten in den verschiedenen Entwicklungsstadien gezeigt.[65]

B6. He loves Yata-no-waki-iratsume – Er liebt Yata-no-waki-iratsume

Der Kaiser und seine Halbschwester Yata-no-waki-iratsume haben keine Kinder und der Kaiser gründet den Yata-Tribe als ihr kaiserliches Lehen.

B7. Death of King Haya-busa-wake and Queen Medori – Tod von König Haya-busa-wake und Königin Medori

Der Kaiser will wieder eine seiner Halbschwestern zur Frau, Königin Medori[66], und nutzt seinen Bruder Haya-busa-wake[67] als Mittelsmann. Medori jedoch will den Kaiser wegen seiner eifersüchtigen Gemahlin nicht heiraten und wird stattdessen die Frau seines Bruders, der daraufhin den Kontakt zum Kaiser abbricht. Der reist dann selbst zu Medoris Palast und sieht sie beim Eintreten weben. Er fragt sie: „Oh! for whom may be the garments that / my Great Lady Medori weaves?/"[68]. Sie antwortet: „For an august veil for the high-going / Falcon-Lord /"[69]. Daran erkennt er, dass sie sich für seinen Bruder entschieden hat und kehrt in seinen Palast zurück. Medori bittet ihren Ehemann, den Kaiser zu töten. Daraufhin schickt der Kaiser seine Armee, vor der Haya-busa-wake und Medori auf einen Berg und weiter nach Soni in Uda flüchten, wo die Armee sie einholt und tötet.

B8. Queen Medori's armlet – Königin Medoris Armband

Der Oberste Befehlhaber der kaiserlichen Armee, Ohotate aus Yamabe, zieht der toten Königin Medori ein edelsteinbesetztes Band vom Arm und schenkt es seiner Frau. Nach einiger Zeit findet im kaiserlichen Palast ein Empfang statt, zu dem auch Ohotate mit seiner Frau eingeladen ist. Kaiserin Iha-no-hime[70] erkennt

64 Aston 1972: 345.

65 Es wird in der Chronik an dieser Stelle nicht klar, ob es zu einer Versöhnung kommt und Iha-no-hime zu ihrem Gatten zurückkehrt.

66 „weiblicher Vogel".

67 „Falke".

68 Aston 1972: 350.

69 Ibid.

70 Für den Fall, dass es sich um eine chronologische Abfolge handelt, würde dies natürlich bedeuten, dass Iha-no-hime nach der Episode B5 zum Kaiser zurückgekehrt ist.

das Armband und weist streng auf das Vergehen des Befehlshabers hin, die noch warme Leiche der Königin zu berauben. Daraufhin wird er hingerichtet.

B9. A wild-goose lays an egg – Eine Wildgans legt ein Ei

Zu einer anderen Zeit reist der Kaiser zur Insel Hime, wo er und sein Gefolge eine Wildgans ein Ei legen sehen, was noch nie beobachtet wurde, da die Tiere in Yamato nicht brüten. Der Kaiser fragt seinen sehr alten und langgedienten Minister Take-uchi, ob er so etwas schon gesehen habe, was dieser verneint und hinzufügt, dass dies ein Omen für eine lange Herrschaft des Kaisers sei: „Oh thou prince! the wild goose must have / laid the egg because thou wilt at last rule".[71]

B10. A vessel is made into a lute – Aus einem Schiff wird eine Laute

Während der Herrschaft des Kaisers gibt es einen ungewöhnlich großen Baum beim Fluss Tsuki. Nach dem Fällen wird aus ihm ein besonders schnelles Schiff gebaut, das dazu dient, morgens und abends frisches Wasser von der Insel Ahaji für den kaiserlichen Haushalt zu holen. Als das Schiff zu alt wird, wird es auseinander genommen und sein Holz bis auf ein Stück zum Brennen von Salz verwendet. Aus dem letzten Stück wird eine Laute gefertigt, die einen besonders schönen und weit reichenden Klang hat.

C1. His age and place of burial – Sein Alter und Begräbnisort

Der Kaiser stirbt mit dreiundachtzig Jahren, und seine Grabstätte liegt in Mozu no mimi-hara.

Analyse der Geschichten

Darstellung von Kaiser und Staat im Kojiki

Die Geschichte von Kaiser Nintoku im *Kojiki* konstruiert das Bild einer guten Herrschaft und eines idealen Herrschers. Dabei werden verschiedene Elemente von Herrschaft und Gesellschaft dargestellt, wie Gesetzgebung, Steuerpolitik, Machtausübung zur Sicherung des Systems und des Territoriums, und die Erzählung spiegelt ein komplettes Wirtschaftssystem (als Entwicklung hin zu Arbeitsteilung, Spezialisierung und Handel) wieder. Die folgende Tabelle zeigt die wesentlichen Elemente und Einflussbereiche in den einzelnen Episoden danach unterteilt, ob sie zur Sphäre des Kaisers oder der der Kaiserin zu rechnen sind.

71 Aston 1972: 353.

Episoden	Kaiser Nintoku	Kaiserin Iha-no-hime
A1 Genealogien	Kontakt mit Provinzen durch Sippenbeziehungen (Polygamie) Er ist Sohn eines Kaisers, und er hat viele Nachkommen; allein alle drei Kinder von Iha-no-hime werden nach ihm Kaiser.	
B1 Verschiedene Taten	Bewässerung (Korn/Reis)	
B2 Er erlässt die Steuern.	Steuerpolitik (Korn/Reis)	
B3 Er liebt Prinzessin Kuro.	Eifersucht der Kaiserin Kontakt mit Provinzen durch Sippenbeziehungen Reise	Kaiserin ist eifersüchtig auf Konkurrentinnen und übt aus ihrer Stellung heraus Druck auf sie aus. Kaiserin setzt sich gegenüber Konkurrentinnen und dem Kaiser durch.
B4 Die Kaiserin zieht sich nach Yamashiro zurück		Reise Organisation des Kultes und auch praktische Arbeit Verantwortung für den Kult abhängig von Loyalität zu Hof/Ehemann Bereitschaft, Altes zu verlassen und Neues zu entdecken
B5 Er folgt der Kaiserin nach Yamashiro.	Kaiser kommt durch Kaiserin (Frau ihres Gefolges, Mann seines Gefolges, der mit Frau verwandtschaftlich verbunden ist und Koreaner, der das Wissen hat) in Kontakt mit Grundlage für Webwaren. *Hierbei ist es wichtig, die Struktur der Übermittlungskette zu beachten.*	Charakterstärke/Starrsinn Kommunikationsfähigkeit mit anderer Kultur (Korea) und Lernbereitschaft Entdeckung neuer Technik
B6 Er liebt Yata-no-waki-	Relevanz einer zahlreichen	

iratsume.	Nachkommenschaft; Relevanz der Sippenbeziehungen	
B7 Tod von König Hayabusa-wake und Königin Medori	Antastung der Hierarchie wird hart bestraft. Kaiser will Frau mit guten Webkenntnissen. Frau entzieht sich ihm; sie wird mit militärischer Gewalt getötet. Parallele zu B3: Kaiser verliert Frau u. a. wegen Eifersucht der Kaiserin.	
B8 Königin Medoris Armband	Beamter muss sich korrekt verhalten. typische Hofgeschichte	Kaiserin besteht auf Bestrafung eines Mannes, der eine Frau verfolgt und sie ihres Besitzes beraubte. Ambivalenz: Medori wäre eine Konkurrenz für sie (Stellung und Können) gewesen, oder: Medori wäre eine Ergänzung gewesen (Seidenraupenzucht – Weben).
B9 Eine Wildgans legt ein Ei.	Idealbild eines Beamten (klug, gelehrt und loyal)	
B10 Aus einem Schiff wird eine Laute.	Natur => Zivilisation => Kultur Relevanz von guten Verkehrsmitteln und -wegen für Wirtschaftsbeziehungen und Tributforderungen und Versorgung eines Zentrums	
C1 Sein Alter und Begräbnisort	langes (erfülltes) Leben; größtes Grabmal dieser Art (=Überlegenheit der Technik und Organisation der Arbeit des Kaiserreiches)	

Darstellung der (propagierten) Organisation des Staates

Wenn man die Seite des Kaisers betrachtet, so sieht man, dass das Idealbild eines zentralistischen Herrschers entworfen und für die noch relativ neuen Reformen und die neue Organisation des Staates geworben wird, denn der Kaiser herrscht sehr erfolgreich. Die Bereiche, nach denen man die einzelnen Elemente der Episoden gliedern kann, sind also Legitimierung der Reformen, Aufgaben des Herrschers und Darstellung des Wirtschaftssystems.

Legitimierung der Reformen:

In A1, der Genealogie und durch die erfolgreiche Zusammenarbeit der Zentralmacht mit den Sippen bei der Verbesserung der Infrastruktur des Landes findet eine Legitimierung eines zentralistischen Staates auf der Basis von Sippenbeziehungen statt.

Die Wirtschaftsreformen werden im Hinblick auf die zentrale Verwaltung des landwirtschaftlichen Bereiches durch die kluge und wohlwollende Steuerpolitik des Kaisers und ebenfalls durch die Verbesserung der Infrastruktur legitimiert.

Die Legitimierung der Wirtschaftsreformen im Hinblick auf die zentrale Verwaltung (der Entwicklung) der Technik findet durch Hinweis auf den technischen Fortschritt durch die Konstruktion eines sehr schnellen Schiffes statt, das auch zeigt, dass nicht nur die Verkehrswege, sondern auch die Verkehrsmittel zum Wohle aller die (wirtschaftliche) Kommunikation zwischen verschiedenen Orten verbessern.

Die Verwaltungsreformen werden zum einen dadurch legitimiert, dass in der Episode B9 eine idealer Hofbeamter vorgestellt wird und zum anderen Verfehlungen und Fehltritte der neuen Klasse nicht ohne Folgen bleiben, auch wenn der Täter aus einer einflussreichen Familie stammt, wie die Episode mit dem Armband (B8) zeigt. Dadurch soll auch gezeigt werden, dass – nach chinesischem Vorbild – nicht Geburtsprivilegien, sondern Qualifikation und Fähigkeiten für die Stellung als Hofbeamter zählen.

Aufgaben des Herrschers:

Eine der Aufgaben des Herrschers ist die Organisation aller Elemente des Herrschaftsbereichs, wofür er dank dessen, dass er alle Elemente des Herrschaftsbereichs in seiner Person vereint und einen guten Überblick hat, prädestiniert wird. Dies wird bildlich in der Episode mit der erhöhten Position auf dem Berg, die Überblick und damit eine Grundlage für eine gute Entscheidung verschafft. Diese sehr wichtige Episode zeigt auch ein weiteres wichtiges Werkzeug der Organisation des Staatswesens, das dem Herrscher unterliegt: die Steuerpolitik. Sein Überblick und die Machtposition erlauben es ihm auch, große Projekte zum allgemeinen Wohl zu initiieren und durchzuführen (wie die Verbesserung der landwirtschaftlichen, verkehrsmäßigen und technologischen Infrastruktur).

Eine weitere wichtige Aufgabe ist die Durchsetzung und Absicherung des Systems, wofür dem Herrscher Instrumente wie Befehlsgewalt, um Gesetze einzuführen und ihre Befolgung sicherzustellen und ein (idealerweise moderater) Einsatz miltärischer Mittel zur Verfügung stehen. Dies wird exemplarisch ausgedrückt in den Episoden B7 und B8, in denen Königin Medori und König Hayabus-wake und der Hofbeamte bestraft werden.

Die Bewahrung des inneren Friedens wird durch Reisen des Herrschers erreicht, wodurch er Präsenz demonstriert, aber auch zu einem großen Teil durch Heiratspolitik. Durch diese kann er verschiedene Sippen und Volksgruppen an sich binden. Unter dem Aspekt kann man seine Reise zur in Unfrieden abgereisten Prinzessin Kuro nicht nur als Liebesgeschichte sehen, in der ein Mann zu seiner Geliebten fährt, sondern als Besuch eines Herrschers, der die Beziehungen zu einer mächtigen Sippe in Ordnung bringen will.

Die Absicherung und Vergrößerung des Territoriums schließlich wird ebenfalls durch Reisen, Kontrolle und militärische Mittel erreicht.

Darstellung des Wirtschaftssystems:

Die Chronik zeigt exemplarisch verschiedene Elemente eines sich entwickelnden modernen Wirtschaftslebens mit Verbesserung der Anbautechniken (z.B. Bewässerung) und der Verarbeitung von Rohstoffen, Tauschhandel und Arbeitsteilung und betont die Wichtigkeit einer guten Verkehrsinfrastruktur.

In der Episode B10, in der aus einem Baum zunächst ein sehr gutes Schiff und dann ein sehr gutes Musikinstrument entsteht, wird eine Konzeption von Stufen gesellschaftlicher Entwicklung gezeigt: Natur => Zivilisation => Kultur.[72] Die kulturellen Leistungen sind die Spitze und ruhen auf den Schultern der Fähigkeit, Rohstoffe abzubauen und sie dann zu verarbeiten; erst wenn dies gesichert ist, kann kulturelle Leistung folgen.

Darstellung der Frauen und ihre symbolische Bedeutung

In den Einzelepisoden haben die Frauen auch eine symbolische Bedeutung. So repräsentiert Prinzessin Kuro die Landwirtschaft, Prinzessin Yata die Sippen und deren Relevanz für dieses Staatssystem (mindestens gleichgestellt mit direkter Nachkommenschaft), Kaiserin Iha-no-hime die Seidenraupenzucht und damit Rohstoffgewinnung und Organisation des Kultes, Königin Medori die Weberei

72 Der Begriff *Kultur* wird als Differenzierung zum Begriff *Zivilisation* verwendet, wobei das eine künstlerische, das andere handwerkliche Fertigkeiten und Tätigkeiten ausdrükken soll.

und damit das Handwerk. Dabei haben die beiden letzten einen anderen Stellenwert, denn man kann sie als Realisierungen eines Prinzips sehen. Beide haben mit dem Bereich Seide und Weben zu tun, und beide entziehen sich dem Kaiser, zeigen einen eigenen Willen und haben eigene Vorstellungen vom Leben. Während er die anderen Bereiche durch Kuro und Yata „besitzt", sie also direkt zu ihm gehören, gehören die Elemente, die durch Iha-no-hime und Medori repräsentiert werden, nicht originär zu ihm, sondern er muss versuchen, sie auf verschiedene Arten an sich zu binden. Diese Machtstellung, die diese Situation den beiden Frauen gibt, ist nicht erwünscht und gefährdet das System des zenralistischen Herrschers, der alle Elemente seines Herrschaftsbereich in sich vereinigen soll, da das System sonst destabilisiert werden könnte.

Die Bedeutung der Heiratspolitik erschließt sich noch mehr, wenn man betrachtet, aus welchen Sippen und Landesteilen die Frauen stammen.[73]

Kaiserin Iha-no-hime gehört nicht zur Sippe des Kaisers und stammt aus einem Gebiet innerhalb der Hauptprovinz => Vergrößerung des Einflussbereiches auf der Ebene der Sippe und Stabilisierung auf der Ebene des Territoriums.

Prinzessin Kuro gehört nicht zur Sippe des Kaisers und stammt nicht aus einem Gebiet innerhalb der Hauptprovinz => Vergrößerung des Einflussbereiches auf der Ebene der Sippe und auf der Ebene des Territoriums.

Prinzessin Yata (Halbschwester des Kaisers) gehört zur Sippe des Kaisers und stammt aus einem Gebiet innerhalb der Hauptprovinz => aber durch die Vergabe einer Volksgruppe als Lehen kann man auch innerhalb der Sippe seinen Einflussbereich vergrößern.

Königin Medori (Halbschwester des Kaisers) gehört zur Sippe des Kaisers und stammt aus einem Gebiet innerhalb der Hauptprovinz => durch Hinzugewinnung von neuem Wissen und Technik kann man seinen Einflussbereich auch vergrößern.

Zusammenfassung

Die in diesem Teil dargestellten Zusammenhänge können folgendermaßen grafisch dargestellt werden:

73 Hall 1968: 37: „Natürlich gab es noch andere Stabilisierungsfaktoren in der Staatsstruktur Yamatos. So oft es möglich war, wurde die gesamte Hierarchie der Mächtigen durch tatsächliche oder vorgebliche Familienbande zusammengeschmiedet. Durch geschickte Methoden der Wechselheirat oder indem es von den Vasall-uji Männern und Frauen ‚als Tribut' in Dienst nahm, schuf das Sonnengeschlecht enge Bindungen zu seinen unterworfenen und verbündeten Familien und fand Mittel der Überwachung im privaten Bereich. Autorität wurde, soweit möglich, innerhalb der Familien geltend gemacht und auf verwandtschaftlicher Basis gerechtfertigt."

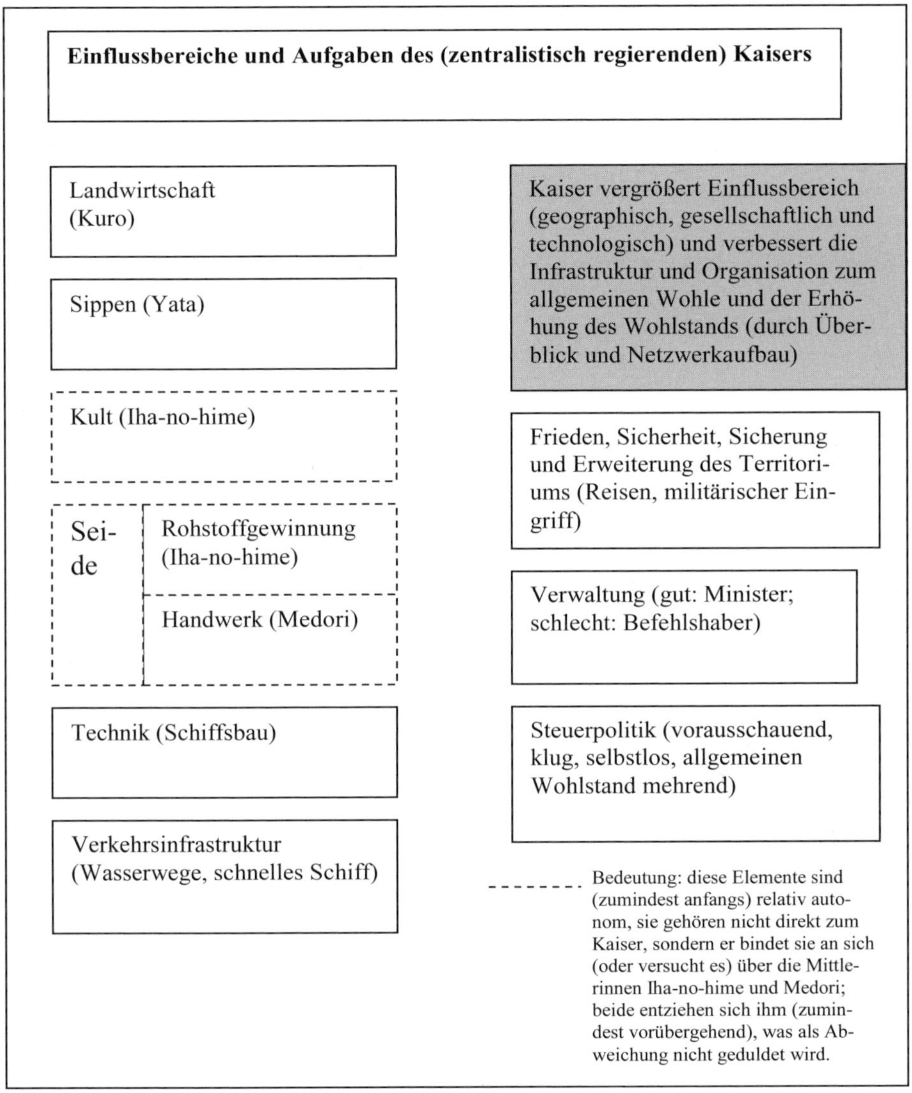

Abbildung 2: Einflussbereiche und Aufgaben des Kaisers

Unterschiede zwischen Kojiki *und* Nihonshoki

Im *Kojiki* (712) und im etwas später verfassten *Nihonshoki* (720) finden wir bei der Erzählung über das Leben und Wirken von Kaiser Nintoku im wesentlichen dieselben Grundelemente und Episoden. Stilistisch, in der Ausführlichkeit und in der Setzung der Schwerpunkte finden sich jedoch zum Teil wesentliche Unterschiede, ein gewichtiger Grund dafür ist sicherlich, dass das *Nihonshoki* im chronologischen Stil verfasst ist und Ereignisse nicht thematisch gruppiert werden, sondern in ihrer zeitlichen Abfolge.[74] Im Fall der Erzählung über Kaiser Nintoku ist die Gliederung so, dass sich an eine längere Vorgeschichte über die Umstände seiner Thronbesteigung Beschreibungen darüber, was in den einzelnen 87 Regierungsjahren geschah,[75] anschließen.

An dieser Stelle soll nicht ein erschöpfender Vergleich der beiden Versionen durchgeführt werden, sondern einige Punkte aufgezeigt werden, die von Relevanz für das hier behandelte Thema sind.

Kojiki	***Nihonshoki***
Vorgeschichte entfällt	Vorgeschichte über die Thronbesteigung des Kaisers (bei beiden Brüdern Bereitschaft, auf den Kaiserthron zu verzichten)
Wird kurz in Form einer Genealogie dargestellt	In den ersten Jahren seiner Herrschaft will er seine Kaiserin wählen; als er den Palast baut, sagt er, dass man das Volk nicht für private Zwecke nutzen soll.
Kaiser erscheint in gutem Licht, Reaktion der Kaiserin wird nicht überliefert (was eher ein Einverständnis suggeriert).	Episode über den Rauch aus den Schornsteinen und der folgende temporäre Verzicht auf Steuereinnahmen ist viel ausführlicher dargestellt; dabei erscheint Kaiserin Iha-nohime im schlechten Licht, nämlich als selbstsüchtig, Kaiser Nintoku im guten, nämlich als selbstloser und treusorgender (Ideal-)Regent: “7th year, Summer, 4th month, 1st day. The Emperor was on his tower, and looking far and wide, saw smoke arising plentifully. On this day he adressed the Empress, saying: “We are now prosperous. What can there be to grieve for?” The Empress answered and said: “What dost you mean by prosperity?” The Emperor said: “It is doubtless when smoke fills the land, and the people freely attain to wealth.” The Empress went on to say: “The Palace enclosure is crumbling down, and there are no means of repairing it; the buildings are dilapidated so that the coverlats are exposed. Can this be called prosperity?” The Emperor said: “When heaven establishes a Prince, it is for the sake of the people. The prince must therefore make the people the foundation. For this reason the wise sovereigns of antiquity, if a single one of their sujects was cold and starving, cast the responsibility on themselves. Now the people’s poverty is no oth-

74 Augenfälligstes Merkmal dafür sind die Anfänge der Ansätze, die eine detaillierte zeitliche Einordnung der berichteten Ereignisse geben und formal folgendermaßen aufgebaut sind: Jahr, Jahreszeit, Monat, Tag (Beispiel: 12th year, Autumn, 7th month, 3rd day (Aston 1972: 297, 282).

75 Abweichung: laut den Angaben aus dem *Kojiki* ist er mit 83 Jahren gestorben.

	er then Our poverty; the people's prosperity is none other than our prosperity. There is no such thing as the people's being prosperous and yet the Prince is in poverty."[76]
Einige Angaben zur Verbesserung der Infrastruktur für die Landwirtschaft (Anbau, Bewässerung, Weiterverarbeitung und Distribution) und die Verkehrswege und -mittel	Sehr ausführliche Darstellung der Verbesserung der Infrastruktur der Landwirtschaft und der Verkehrswege; starke Betonung der führenden Rolle des Kaisers und Wohltäters; „The Emperor commanded his ministers, saying: „Viewing this land, the moors and marshes extended far and wide, and the cultivated fields are few and rare. [...] Therefore do ye our ministers examine this together, and having ascertained the source of the divergence, make a channel for them to the sea, and, staying the contrary flow (of the tide) preserve the fields and houses." (Aston, p. 280-281) Sogar ein Menschenopfer wird für den Flussgott gebracht, um ein Gelingen der Maßnahmen sicherzustellen und die Wahl der Opfer geschieht aufgrund eines Traumes des Kaisers. Beispiel für Bewässerung: großer Kanal, um Reisfelder zu bewässern; Resultat: „By this means the peasants of that district had always years of abundance." (Aston, p. 282); Beipiel für Verarbeitung und Distribution: Einrichtung offizieller Kornspeicher und Gründung der *be* (=Arbeitergemeinschaften[77]) der Reisschäler[78]. Beispiel für Verkehrsinfrastruktur: Konstruktion einer Brücke, einer breiten Straße und mehrerer Kanäle Resultat: „Therefore the peasants of those places enjoyed abundance, and there was no longer the plague of bad years." (Aston, p. 283)
Keine Verbindung von Kaiser und Kult (zwischen Kult und Kaiserin schon, wie sich im Sammeln der Blätter zeigt)	Der Kaiser lässt selbst eine sehr alte Grabstätte (die dem Ahnenkult dient) auf Kosten des Abzugs von Arbeitskräften aus anderen Bereichen bewachen; Achtung vor dem Ahnenkult wird als ein wichtiger Charakterzug für einen guten Herrscher erachtet.
Keine Erwähnung von Tributzahlungen Keine Erwähnung von Aufständen	Wiederholte Erwähnung von geleistetem und nicht geleistetem Tribut; Beispiel: „This year men of Silla came to the Court with tribute, and were made to labour at this public work (i.e. Arebit Mamuta-Damm, Anm. d. Verf.)." (Aston, p. 282).

76 Aston 1972: 297.

77 Hall 1967: 34 übersetzt *be* mit diesem Begriff, während bei Florenz (1919: 155, n. 6) folgende Ausführung zu finden ist: „Unter *be* „Volksgruppe" versteht man eine Gruppe von Leuten, welche, ohne miteinander blutsverwandt zu sein oder sein zu müssen, seitens der Obrigkeit (ev. des Kaisers) zu einem bestimmten Zwecke vereinigt und meist an einem bestimmten Orte angesiedelt wurden. Sie führen ihren Namen meist nach ihrem Berufe [...]."

78 Usu-me, was Aston mit *millers* übersetzt (Aston 1972: 282).

	Wiederholte Erwähnung von Auständen von sich der Macht des Kaisers wiedersetzenden Volksgruppen
	Beispiele für die Eifersucht der Kaiserin: Der Kaiser bemüht sich um die Prinzessin Kuga, aber seine Gefolgsleute können sie nicht überzeugen, da sie die Eifersucht der Kaiserin fürchtet; Resultat: Kuga bleibt bis zu ihrem Tod allein. Der Kaiser will Prinzessin Yata zu seiner Konkubine machen, doch die Kaiserin erlaubt es nicht. Als die Kaiserin beim Blättersammeln erfährt, dass der Kaiser Prinzessin Yata in ihrer Anwesenheit geheiratet hat, wirft sie zornig die Blätter über Bord und segelt am Palast vorbei nach Yamashiro, baut sich dort einen Palast, weigert sich, zum Kaiser zurückzukommen und stirbt einige Jahre später dort; Prinzessin Yata wird Kaiserin. Das Verlassen des Palastes hat keinen weiteren Sinn als eheliche Eifersucht, denn das Seidenwurmzucht-Element fällt weg, und Iha-no-hime wird auf die eheliche Eifersucht reduziert.
Die Kaiserin als tätige und produktive Frau, Seidenwurmzucht wird mit ihr verbunden.	Die Kaiserin wird auf die eheliche Eifersucht reduziert, aber ein Schatten ihrer Bedeutung im Kojiki findet sich in einem Gedicht, das der Kaiser beim Anblick eines Maulbeerbaumes spricht, denn die Blätter dieses Baumes sind die Hauptnahrung der Seidenraupe: The mulberry tree Which Iha no Hime Will not listen to even absently May not reach (the bank), But by the bends of the river It seems to go tossing on – Oh! that mulberry tree![79]
Der Kaiser will Königin Medori zur Frau.	Diese Episode ist ähnlich berichtet, und folgendes Gedicht ist hier zu finden: The Metal loom of heaven – The everlasting – The metal-loom where Medori is weaving Stuff for an august cloak For Hayabusa wake![80]
Iha-no-hime entlarvt den Obersten Befehlshaber als Dieb des Armbandes von Königin Medori.	Bei der Episode um das Armband von Königin Medori findet man die gleiche Handlung, allerdings ist Yata die Kaiserin, die den Obersten Befehlshaber entlarvt.

Wie man an diesen Unterschieden erkennen kann, wird die Rolle der Kaiserin bis hin zur Bedeutungslosigkeit auf die Elemente ehelicher Streit, Eifersucht und

79 Aston 1972: 288.
80 Aston 1972: 291.

Eigennützigkeit reduziert, während beim Kaiser, der auch im *Kojiki* bereits als sehr guter Herrscher dargestellt ist, der Grad der Idealisierung verstärkt wird. In der Tat wird auch in der Folgezeit vor allem die Episode mit den nicht rauchenden Schornsteinen und dem Verzicht auf Steuererhebung weiter rezipiert, während die Kaiserin Iha-no-hime als selbstsüchtige Figur konstruiert wird, um die Selbstlosigkeit und das Wohltätertum der Kaisers in umso strahlenderem Licht erscheinen zu lassen. Sie dient als Beispiel für eine eifersüchtige Ehefrau, und stirbt als Resultat ihrer Einstellung allein.

Diese Wendung in der Betrachtung und Bewertung der Rollen dieser beiden historischen Figuren findet, wenn man das *Kojiki* und das *Nihinshoki* betrachtet, innerhalb nur weniger Jahre statt.

Geschichtsbild des Kaisers Nintoku

Interessanterweise wird im Hinblick auf die Betrachtung der Herrschaft des Kaisers Nintoku für die weitere Rezeption auf das Bild zurückgegriffen, das das *Nihonshoki* zeichnet, während die Version des *Kojiki* und da vor allem die Rolle von Kaiserin Iha-no-hime in Vergessenheit gerät.

Ein Beispiel finden wir in einem Gedicht[81] des hohen Hofbeamten Fujiwara-no-Tokihira (871-909) aus dem 6. Jahr des Engi (906), das den Moment einfängt, an dem Kaiser das Ergebnis seiner Steuerpolitik betrachtet:

> Vom Turm (des Palastes) sehe ich / aus allen vier Richtungen Rauch aufsteigen / jetzt ist mein Volk wohlhabend.

Ein weiteres Beispiel ist ein Gedicht, das eine leichte Variation des oberen darstellt, etwa einhundert Jahre später datiert ist und damals dem Kaiser Nintoku selbst zugeschrieben wurde:

> Ich gehe den Turm hinauf / und sehe Rauch / der Herd meines Volkes gedeiht.

81 Gedichte dieser Art wurden in der Heian-Periode verfasst und stellen durch die Umstände ihrer Verfassung ein kanonisiertes Geschichtsbild dieser Zeit dar: „In dieser Periode wurde während der Regierungszeit eines jeden Kaisers einmal am Hofe eine Lesung und Erklärung des *Nihonshoki* durch dafür berufene Professoren vorgenommen, wobei alle höheren Beamten, von den Ministern bis zu den Beamten 6. Grades herab, anwesend waren. Nach Beendigung der Erklärung fand ein Bankett statt, wobei jeder Anwesende sich einen Kaiser oder eine andere im *Nihonshoki* erwähnte hervorragende Persönlichkeit zum Gegenstand eines Gedichtes wählte. Diese Gedichte, die man „Gedichte bei Beschließung des Banquetts (Nihongi-kyouen-waka)“ nannte, wurden gesammelt und die Sammlung, manchmal noch mit einer chinesischen Vorrede versehen, dem betreffenden Kaiser überreicht.“ (Sato 2003: 465-466, vgl. Florenz 1906: 124-144), die Textquelle (Wakashi-kenkyûkai 1977: 877-884, 1479-1480).

Diese Variation des Gedichtes wird in der Folgezeit häufig zitiert. Die Figur des Kaisers Nintoku wird so fest mit dem Bild, das in diesem Gedicht kreiert wird, verbunden und tradiert. In der Heian-Zeit wurde ein Abriss des *Nihonshoki* verfasst, in der die Geschichte von Kaiser Nintoku ebenfalls enthalten ist, allerdings sehr stark auf diese Episode des Steuerverzichtes fokussiert, die sich im Laufe der Zeit als die erweist, die am ehesten mit dieser historischen Figur verbunden ist und exemplarisch seinen Charakter darstellt und seinen Ruhm als guten Kaiser festigt.

In der (Kaiser-) Chronik *Mizukagami* („Wasserspiegel"),[82] die die Geschichte von den Anfängen bis kurz vor der Abfassung zusammenfasst und alle bisherigen Kaiser chronologisch beschreibt, ist über Kaiser Nintoku folgendes zu finden: (kurz): Umstände seiner Thronbesteigung (Rivalität mit Bruder), der gute Minister mit den Vogeleiern, (ausführlich:) Schornsteine und Steuerpolitik. Dies zeigt noch einmal, dass dies immer mehr als Hauptzug und Hauptleistung dieser Figur angesehen wurde.[83]

Gedichte aus dem Nihonshoki *und aus dem* Man'yôshu

Gedichte aus dem *Nihonshoki*[84]

In diesen Gedichten aus dem *Nihonshoki*, die einen Argumentaustausch zwischen Kaiser und Kaiserin zeigen, ist vor allem die Analogiebildung interessant. Diese lässt sich durch eine Analyse der Metaphern und ihrer Herkunft untersuchen, denn beide Gesprächspartner versuchen ihre Position dadurch zu stützen, dass sie Analogien aus allgemein anerkannten Bereichen der äußeren Welt ziehen, die jeweils mit ihrer Person zu tun haben. Abgesehen davon, dass die Wahl verschiedener Bezugssysteme bei einer Argumentation nicht zu einer Einigung führen kann und so das Ende der Debatte bereits in diesem strukturellen Element vorweggenommen wird, lassen die Bereiche, die gewählt werden, Rückschlüsse auf die Charakteristika der Personen zu. Zum einen kann man sehen, welche Le-

82 Die Chronik *Mizukagami* wurde vermutlich zwischen Ende des 12. Jh. und Anfang des 13. Jh. durch Nakayama, Tadachika (?) verfasst; diese Chronik berichtet über die Zeit von Kaiser Jimmu bis Kaiser Nimmyô (vgl. *Mizukagami* von Yûhôdô 1929: 23-27).

83 Unterstützt wird dies durch Schulbücher, in denen von Kaiser Nintoku nur noch ein ideales Bild vermittelt und die Vorgeschichte der Thronbesteigung und die Schornsteingeschichte als einzige Episoden und repräsentative Geschichten für Kaiser Nintoku gelehrt werden. Durch Schulerziehung findet dieses Bild weite Verbreitung. Ein Beispiel dafür ist im folgenden Schulbuch für die Grundschule zu finden, *Jinjô-shôgakkô dokusho-kyôhon*, Bd. 7, Lektion 23 und 25,"Tama no miyai" (Imaizumi und Sunaga (Hrsg.) 1894: 32f).

84 Der englische Erklärungstext und das Gedicht stammen von folgender Webseite: http://womensearlyart.net/reference/poets/iwanohime.html.

bensbereiche die Personen als zu ihnen gehörig sehen, und in einem zweiten Schritt kann man die Organisation dieser Bereiche, wie sie in der Einschätzung dieser Person funktioniert, erkennen. Man kann so Elemente herausarbeiten, die in der hier erfolgten Analyse des *Kojiki* bereits aufgezeigt wurden.

Poems by Empress Iwanohime (?-347)

Sources: (a) A WAKA ANTHOLOGY: Volume One: The Gem-Glistening Cup, tr. by Edwin A Cranston, Stanford University Press, 1993. (b) WOMEN POETS FROM ANTIQUITY TO NOW, ed. by Aliki and Willis Barnstone, Schoken Books, 1980/1992.

Iwanohime (Iwa no Hime) was empress consort of Emperor Nintoku (Prince Osazaki), and in 314 was proclaimed empress (b). The following exchange is a marital dispute between the Empress and Emperor in regard to Nintoku's desire to bring his half-sister Princess Yata no Waki-iratsume into the palace as his consort. The layers of the silkworm mentioned by Iwanohime refer to its cocoon. The Emperor's final remark alludes to Iwanohime's birthplace in Asazuma (lit. 'morning wife') at the foot of the Kazuraki mountains. Iwanohime was a member of the Kazuraki clan. (a).

In the first month of spring, in the twenty-second year of his reign, the Emperor spoke to the Empress saying: 'I intend to bring Princess Yata into the palace as my consort.' But the empress would not allow it. And so the Emperor sang a song pleading with the Empress that went:

Gedichttext	*Metaphernfeld*
[Emperor: (Anm. d. Verf.)] Oath of a noble, Hear the words now lifted high: For an extra string To string my bow in case of need I'd lay her in beside you.	Macht durch Worte Macht durchWaffe Funktion der Frau: Vergleich mit Saite am Bogen Absicherung der Lage durch Ersatz => Gebiete des Kaisers: Gesetzgebung, Befehlsgewalt; Militär; es ist seine Aufgabe, sein Territorium und seine Herrschaft abzusichern, er darf da kein Risiko eingehen
The Empress sang in reply, saying: To have your wardrobe Double layered would be fine, No doubt of that – But you frighten me, my lord, Who would line up beds at night!	Kleidung (feine Kleidung): durch Verdoppelung wird Kleidung hochwertiger. Möbel: man kann nicht mehrere Möbelstücke gleichzeitig benutzen. => Gebiete der Kaiserin: (hochwertige) Kleidung; Hausinventar
The Emperor sang again, saying: Out on the cape Of far-shining Naniwa	Natur Naturgegebene Zweiheit Territorium ist Machtbereich des Kaisers => Gebiete des Kaisers: er referiert hier mit

The double dunes: To be doubled up with you Must be why that child was born.	„Naniwa“ auf sein Herrschaftsgebiet; zieht ihm vertraute und zu ihm gehörende Elemente der Natur als Analogie herbei
The Empress sang in reply, saying: Summer crawlers, Silkworms that make double clothes: Wearing two layers, Sleeping snug and bundled up – Oh, no, that can't be right!	Seidenraupen machen eigenes Haus (Kokon) und Kleidung für Menschen Kleidung Möbel => Gebiete der Kaiserin: Seidenraupen, Herstellung von (hochwertiger) Kleidung; Haus; Hausinventar
The Emperor sang again saying: Puffing her way, Sniffing up the Hika slope At Asazuma – Of a morning a wife'd be Better off with company.	Natur Heimat (Territorium) von Kaiserin Hier referiert der Kaiser auf den Herkunftsort der Kaiserin, also auf ein ursächlich zu ihr gehörendes Territorium.
The Empress was silent and did not reply again, for she had no intention of ever giving in.	

In diesen Gedichten aus dem *Nihonshoki* findet sich noch eine Verbindung zwischen Seidenwürmern und Kleidung und der Kaiserin Iha-no-hime. Diese ist jedoch sehr indirekt, denn sie wird erreicht durch die Konstruktion eines Bezugssystems für die Figur der Kaiserin durch Metaphern und Analogiebildung. Da diese Verbindung nur im Lyrikteil der Chronik auftaucht und so indirekt ist, hat sie auf den Rezipienten eine ungleich geringere Wirkung für das Bild, das er sich von einer Figur macht, als Informationen, die konkret und direkt im Prosateil gegeben werden. Und da die Informationsvermittlung durch die Gattung Prosa besser funktioniert, macht sie im Vergleich zum Anteil der Lyrik fast den gesamten Text aus.

Gedichte aus dem *Man'yôshu*[85]

Four Poems Longing for the Emperor

Text from the MAN'YOSHU (Collection of Ten Thousand Leaves, 8th cent.). These four poems are the earliest to appear in the Man'yoshu; the first poem is contained in the RUIJU KARIN of court noble Yamanoue no Okura no Omi. (a) tr. by Geoffrey Bownas and Anthony Thwaite (b).

> My lord has departed /And the time has grown long./ Shall I search the mountains, / Going forth to meet you, /Or wait for you here?
>
> No? I would not live, /longing for you. /On the mountain crag, rather,/ Rock-root as my pillow, /Dead would I lie.

85 Der englische Erklärungstext und die Gedicht stammen ebenfalls von der Webseite http://womensearlyart.net/reference/poets/iwanohime.html.

Yet even if it be so/ I shall wait for my lord/ Till on my black hair – Trailing fine in the breeze – /The dawn's frost shall fall.

In the autumn field, / Over the rice-ears, / The morning mist trails, Vanishing somewhere... / Can my love fade too?

In diesen vier Gedichten findet man die Iha-no-hime aus dem *Kojiki* nicht wieder. Statt einer keine Nebenbuhlerinnen duldenden, neuen Dingen und Wissen gegenüber aufgeschlossenen und beschäftigten Frau, die aktiv in der Organisation des Hofes tätig ist und das Wohlverhalten der Hofbeamten überprüft, findet man hier eine Frau, die darauf reduziert wird, dass sie liebend und vollkommen auf ihren Gatten fokussiert dessen Ankunft erwartet. Wo er sich befindet ist unklar, wobei sich aufgrund der zwangsläufigen Assoziation von Iha-no-hime und eifersüchtiger Frau das Bild aufdrängt, dass der Gatte nicht auf Reisen sondern eher bei einer anderen Frau ist. Es gibt jedoch keinen Hinweis auf Wut oder Eifersucht in diesen Gedichten, außer man möchte die letzte Zeile des letzten Gedichtes „...Can my love fade too?“ dahingehend interpretieren, dass die wie auch immer begründete Abwesenheit des Gatten zu einem Erlöschen ihrer Liebe führen kann.

Diese Gedichte unterstreichen, dass nicht das Bild der produktiven Kaiserin aus dem *Kojiki* das Bewusstsein der Rezipienten prägte, sondern das aus dem *Nihonshoki*, auf das Gebiet der Liebe und die Fokussierung auf den Kaiser Nintoku, der einen immer größeren Anteil an der Gesamtgeschichte übernimmt und die Bedeutung von Iha-no-hime verdrängt.

Summary:

Silk as the source of technology and techno-ethics in Japanese culture and society

The development of the textile industry by the state organization since the introduction of the state model of the Tang Dynasty

1. Introduction

Silk production, its technologies and its secondary influences in the socio-cultural field were particularly advanced through the introduction of the tax system under the early state in seventh and eighth Century in Japan. Such production became particularly important under the Chinese world empire system under the Tang dynasty. Japan shaped its centralized state system adopting the principle of the Tang government model.

According to the historical sources of the early eighth Century, the state apparatus entered the high technology of silk weaving through the distribution of highly qualified level instructors into the provinces; they were paid and secured by the central government. This administrative action was effective in promulgating the mechanisms of sericulture, silk reeling and weaving countrywide; since then it developed as a major craft and high technology, not only under the early state system but also as the early state system was deconstructed and further into the Middle Ages; sericulture was carried out through the fiefdoms of the feudal lords or in independent villages.

These technologies connected male strength to female productive craft; technology needs essentially innovative and individual mentality, as contrasted to the paddy field rice agriculture which was based on the homogeneous socio-cultural background. In the Japanese ancient chronicles there is a legend in which a kind of female archetype of the jealous character appeared; this was the underside of the glowing report about setting up the institutional process.

On the occasion of focusing on 'techno-ethics' I would like to trace the technology of silk weaving in Japanese history from the socio-cultural aspect; on the foundation of this long tradition the modern state and the Japanese industrial revolution began in the nineteenth Century; silk as an export industry earned outside and built up the social infrastructure on its foundation.

2. State and silk in the early institutional system in Japan – The development of textile manufacturing by the state institution under the organization of the model of the Tang Dynasty

Some silk fragments have been found among the remains from the Yayoi culture, approximately between the third Century BC and the third century AD, which archeologists have discovered. At this time, rice cultivation was also spreading. According to the *Wei chih* (written before the year 297 AD) and the Japanese chronicle the *Nihonshoki* (compiled in 720) silk was exchanged as 'tribute' in the Chinese world empire. In the fourth or the fifth Century, some immigrants who escaped from the Chinese continent or the Korean peninsula brought the advanced techniques of sericulture and textiles: thus began a new era of silk production in the central provinces under the so called Yamato hegemony. After the development of the state system, textile products were incorporated into the tax system as an important source of finance; this can be seen in the census by the centralized state at the end of seventh century.

The Sino-Japanese word 'Chô' is read in Japan as 'tsuki' (tribute). This tax was paid mostly in textiles according to the Yoro Code, so I will translate 'Chô' here as 'weaving tax.' However, actually other home textile products are implied in the word. There were also differences between the tax rates of each province, depending on their level of production and population density. This tax was sent (paid) directly to the central government in the capital and not at the provincial level in any case; this was the essential difference between the weaving tax and the grain tax, which was collected and used in the province itself.

The products which were taxed were woven fabric and raw silk. Moreover, the silk had differences in quality, so the silk was divided into two quality classes; these were called fine silk and coarse silk. Silk and cotton were also used for payment by the government; they were the currency paid as salaries to officials of the ministries. The officers were able to barter the silk for other using things in the market. The woven fabrics were popular as a means of exchange or payment in the markets. From the poems of the oldest anthology *Man'yoshu*, in the 8th century, we can know that such trading was permitted in the markets on the east and on the west end of the capital.

The raw silk and silk thread from the provinces were sent directly to the official weaving centers; only there could high quality textile products be produced with advanced techniques. These silk ateliers were under the control of the Ministry of Finance after the *Yoro Code* was instituted in the eighth century; these workshops were called 'silk brocade craft centers,' 'Chinese silk weaving centers' and 'broad silk weaving centers.' These names indicate the high quality in the period. According to historical sources, the demand for high quality silk fabric by the local population outstripped supply at the beginning of the 8th century. Therefore, in 711, the state sent some experts to several provinces, where they taught the people how to improve technical skills. In 712, luxury silk brocade and colorful silks were woven in 21 provinces.

Historians have concluded that in order to satisfy the need for high-quality silk, the government brought more and more official workshops under its control, to increase production of high-qualified silk products. The government selected the common people who had the best techniques, and launched them into workshops and supplied silk for remuneration. Thus, the government of the province employed simple peasants for the official workshops and their weaving skills further developed there; the ministry of the central government in the capital could ensure the supply of high quality products, although the technical level of ordinary weavers in the country was low.

Contradictory trends developed; demand for quality goods from the central government increased; this reflected the needs of the capital city, i.e. the aristocracy and bureaucracy, which demanded higher quality silk. However, the provinces had limited ability to produce such silk. Most peasants could not produce enough of the high-quality goods demanded. To meet the demand, the governments of the provinces used the tax revenue earned from grain to pay for high quality silk goods.

Usually a farmer would give a fixed percentage of his harvest to the provincial government. A portion of this tax was stored for a rainy day, a part was used by the provincial government for its own purposes, and another part was issued to the farmers again for reseeding. This portion was issued to the farmers as a loan, called the 'Rice bond.' The farmer had to repay about five sacks of grain (rice) to the provincial government as loan repayment and interest for a sack of seed after the harvest. The actual tax burden remained unaffected.

Finally farmers needed to repay not five sacks of rice but ten sacks. Rice bonds were issued not only by the provincial government, but also by newly rich individuals. In *Nihon Ryôiki* (the Buddhist history collection 'Wondrous Tales of Japan,' about 810-824), we find stories of catastrophic conditions in issuing and redeeming rice bonds by private individuals, but we can imagine that not too many people escaped the repayment of government loans to the provinces.

The tax was set up to tax quantity rather than quality. The provincial officers collected the products of high quality to meet the central demand, and diverted the grain tax. Of course, this infringed on the statutory provision; it put at risk the stability of the centralized state system. The grain tax was levied based on the land-tax system and had to be held in storehouses in villages which had the purpose of retaining; the deviation increased more and more and led finally to the complete destruction.

Here is an example where we can follow the problem, even if the historical source belongs to a slightly later time: 'The supplementary precedents and regulations' from the year 927, which meant the instructions of the administrative institutions, listed the names in detail of all for textile products to be taxed. On this list were also the names and the number of 'alternative goods' that were allowed to pay by the grain tax in trade; these were called 'the various goods to be procured through trade;' what the government demanded of local officers should be carefully looked at; required items, even large amounts of silk, had to be paid; the difference between paying the ordinal textile produce and to pay by the trade of the grain tax was approximately 20-25%.

Since in 701 the centralized state government enacted its legal system, the system was entirely concentrated in the Emperor. Thus, the government tried to impose a system of state tax system, which was based on three measures:

1. Full control over the workforce (based on the census).
2. An equitable distribution of productive base (through land allocation).
3. Unitary taxation and equal distribution of income.

In the middle of the ninth century control of land by the government was relinquished in favor of control by the powerful private landowners; the decay of the financial system of the central government consisting of the textile product tax occurred within the same framework; as a result, the formal machinery of government embodied in the solid institutional system became increasingly superfluous. The centralized control over the country began to weaken; ultimately a military aristocracy began to take over in the provinces.

3. Jealousy and handicrafts in the pre-modern society

3.1. Jealousy as a social mobilizing power over handicrafts?

Now we will go back in time to the early Yamato hegemony in the 4th Century. In the chronicles of the *Kojiki* and the *Nihoshoki* completed at the beginning of the eighth Century, i.e. the same era when the tax based on the code legal system was introduced by the centralized government, we find a story series about an empress who was well known for her extraordinary passion for textile products, and especially for silk. In the legend was the empress Iha-no-hime, depicted also as the obese jealous wife of Emperor Nintoku (who reigned probably in the middle of the 4th Century). Her jealousy was also well known in her poems in the *Kojiki* and *Nihonshoki*, and also in the oldest anthology, *Man'yoshu.*

At the beginning of the legend she visited a house in another province because of her extraordinary interest in the rare silkworms that lived only in that certain house; on the other hand she also went to make sacrifices in the distant province. Her reputation as the jealous Empress preceded her; also attributed to her were creative determination to support the ceremonial court cult and in the production of silk, not as the material of a costume but rather its productive process and handicraft.

As we have already seen, in the early state system textile production was connected directly to the central government by the tax system; in this system, the production of textiles united society just as it united work and individual. Under the allotment system, cultivators were assigned equal portions of paddy land according to certain categories: a male six years old and over received two *tan*, a female received 2/3 of the male allotment, etc. Those who received the allotment were obliged to keep the fields cultivated and to pay taxes in the form of a grain tax, textile produce tax etc.

The system ran by cooperative work and the tax fell upon the census group; the production of textiles was handled by female members of households. But the production of textiles meant that the goods which the state demanded could not be produced by the conventional technological level at the time, and it was therefore necessary for the government to increase productivity: this required skilled weavers, and they were brought into the textile mills and trained there. For this continuous change of social structure, the jealous spirited character of the Empress symbolized the tension of female skilled weavers and the dynamic power of the changing social organization.

3.2. Theoretical insertion: Lévi-Strauss

In his work 'The Jealous Potter' Claude Lévi-Strauss described a logical context in myths, legends and popular folktales in occupations which deal with technology or handicrafts. Lévi-Strauss said that there was a link which connected the physiological stuff of excrement and the technological material of clay. The link was jealousy. What, precisely, did Lévi-Strauss mean by jealousy? Lévi-Strauss discussed the curious legends of the Sébillot people which contained personalities and characteristics which were associated with the traditions of the practice of various occupations of technological handiwork. In this context, Lévi-Strauss presented various North and South American myths, which contained the elements of pottery and jealousy together, and his presumption of a relationship between them.

There is also a Jíbaro (Puerto Rican) myth in which the sun and moon shared a wife, but were estranged by jealousy. The wife followed the moon as it departed the sky with a basket of clay, but she fell down from the sky and the whole earth was distributed from her hand; she turned into a whippoorwill. In this myth can be found the item of (marital) jealousy between woman and pottery, and a mythical explanation for the existence of clay, and also the sun and moon, which are never seen together in the sky. Lévi-Strauss emphasized the elements in life and myths which are connected by pottery, and raised the position in society and structural mythical content.

We are interested in Levi-Strauss' observations on pottery; for this craft is similar to weaving, as Lévi-Strauss himself points out: "… the pottery [is] combined with the weaving, one of the major arts of civilization." And Lévi-Strauss defined pottery and its position in the social process of production. He also presented a structural difference between pottery and other handicrafts which can also be expanded to weaving: "[The potters]... impersonate any personalized and connected with no function to certain community." He analyzed that all demiurges, from Prometheus to Mukat, have jealous natures. The link between pottery and marital jealousy is 'a leitmotiv that has been our guiding thread throughout his pointing.' And he tells us why: "Clay comes from a woman whose two husbands fight in order to possess her; the fight can also be between her husband and a suitor." Furthermore, there is a link between pottery and cosmic or theological jealousy: "The Earth does not like to be used for making clay pots."

One element of this connection between pottery and jealousy is the identification of the woman with the pot and with the fire that makes cooking and pottery possible. Here Lévi-Strauss gave a classical example: "And doesn't Pandora, herself modeled from clay, become one with her jar? She may not be a jealous potter, but her pottery is marked by jealousy, for it contains all the plagues that will afflict mankind." "The Woman as efficient cause of pottery transforms into their product, [...] between the woman and the clay pot is a metonymic relationship that turns into a metaphorical relationship."

Lévi-Strauss tried to find the relationship between jealousy and pottery using the metaphorical relationship of love and jealousy; it may be in the fact that agricultural activity and handicraft activity are opposites: the former is characterized by teamwork, the later by individual labor. The work of handicraft requires individual ability and skill, which implies competition and that drive for improvement and progress; on the other hand, this can lead to envy and jealousy. To construct mythical characteristics for certain professions, such as Lévi-Strauss found constructed in pottery, elements of professional rivalry, envy and jealousy, which also implies competition and jealousy in matters of love can be seen as important features.

3.3. Empress Iha-no-hime as a jealous woman and silk-weaver-breeder

When we consider the element of jealousy, which is connected to the Empress Iha-no-hime, it makes sense to start with an analysis of her name. The Chinese character for jealousy or envy (there is no distinction as in English) is as follows: 妬 while the left radical (女) is itself woman, the right radical (石) means stone, rocks, etc. The following table shows the distribution of the name Iha-no-hime in the (meaning) elements and their meaning.

Iha	no	hime
stone/rock	of	princess /lady

The Empress who was characterized as jealous was symbolized by the Chinese character 妬; the elements of her name combined woman and stone. The legend described 'jealous wife' as her nature. Therefore, her name, symbolized by the Chinese character and her symbolic personal character, were explained in the legend; the symbol affected written and narrative, the written character symbolized the code and the narrative legend symbolized in her character; the code focused on her jealous character. There was no element in ancient Japanese language which contained envy, stone and woman, so this word reflected the highlights of the Chinese influence, especially its written culture.

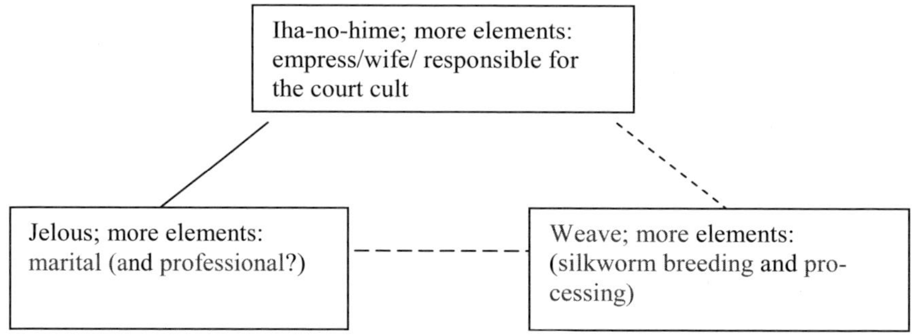

We could perhaps find why this Empress was constructed; her poems are recorded in the chronicles of the *Kojiki* and the *Nihonshoki*. The following poem has the theme of love for her husband, the emperor Nintoku. However, she is waiting: it could be also interpreted that the poem is connected with the legend in the chronicles that showed her envy of the women who were loved by her husband.

> Long now are the days/ Since my lord has gone away;/ As elder leaves meet/ So shall I go and meet him/ And not wait an endless wait/

The Empress symbolized the tension of female skilled weavers and the changing social organization since the introduction of textile production to the tax system: the ancient chronicles indicated the epoch of Emperor Nintoku, Iha-no-Hime's husband; there was a period in which he stopped the collection of taxes, which meant that even ordinary repairs to the palace were also deferred. The meaning of the Emperor's name, benevolence, written in Chinese characters, symbolized Confucian virtue and denoted virtuous human experience. It is considered the inward expression of Confucian ideals, which were idealized under the Emperor; under his sovereignty, the state was centralized and the institutions based on the taxation system and his bureaucracy were organized; the legendary Emperor and his jealous Empress symbolized the beginning of the early Japanese state.

4. The economic development of the textile industry since the downfall of the state system – A brief summary and Conclusion

At the start of the early state according to the myth social structure was developed. There was a change in the tax law which increasingly favored the aristocratic classes and the great Buddhist temples. Handicraft production had different levels of quality, with consumers demanding higher quality products. A province could not afford debt, so the people of a province had to buy goods from other provinces for which revenues from the grain tax were used as remuneration. Later, textile products tax could be exchanged or payments could be made in cash.

These and other developments led to a virtual collapse of the old state system in the middle Ages. There were a lot of changes to the level of production, and the processing of silk increased productivity. The state concentrated on a few selected locations and on improvement of the technology.

The most developed and the most specialized processing of silk occurred in the vicinity of the capital. The purchase and sale of silk was organized by guilds whose merchants were already organized over long distances as well, so more distant provinces could be supplied with high-quality silk. The direct processing of silk (dying and sewing) also took place in the capital. Since the sixteenth and seventeenth centuries fine quality wool fabrics were imported from Europe.

In the Edo period, in order to increase the production and the technology, the state could build on the solid basis of the middle Ages and develop it. Advanced technology and procedures led to new weaves and threads of different thicknesses. Under the Shogunate and the long period of peace, lots of individual provinces pushed for the development of purchasing power and the demand for luxury goods increased. Shortly before the end of the Shogunate, modern weaving machines were imported from Europe, which gave an impetus to the expansion of industry for the production of weaving machines.

During the Meiji Restoration, there was a reorganization of the state towards centralization and foreign policy, and economic competition with other countries became important. To be competitive, Japan needed to develop general infrastructure, for which much capital was needed. To get this capital, loans were taken and ways sought to boost exports to get foreign capital so that Japan could build or buy railroads, new frigates and shipyards. Cotton and silk products were considered as the most suitable products for export.

In 1873 at the Expo in Vienna, France and Italy showed its leading position in the weaving industry by the presentation of the latest machines, which were bought by the Japanese merchants. As before, this meant importing technology which was an impetus for domestic machinery production. European-style governments equipped factories with new machines to make silk thread, and the factory workers were predominantly female. The workers were recruited for this production and with their new knowledge and skills they went back to their home regions and there also introduced such production with the availability of skilled labor. With government support, organization, coordination, and the help of some wealthy merchants domestic production and overseas exports flourished.

This development also had negative effects. To compete with other countries, Japan had to reduce costs; the farmers as primary producers delivered less and less of their products and the situation of the workers in the regional factories also visibly deteriorated. With decreasing production despite the extended working hours, stress and poor working conditions led to the epidemic-like spread of tuberculosis and other diseases. The development of weaving led the early twentieth century world to full automation in the textile industry. In Japan Sakichi Toyota manufactured a fully automated loom, but later re-engineered his factory to the production of cars; he thus became one of the worldwide leading manufacturers. By this machine the production of textiles and related products would be developed further and mass production of the products made production cheaper. This also stimulated other industries (such as the chemical industry which produced paints). Until World War II the textile industry was competitive and earned capital through exports.

Through the expansion of textile production in the country the employment of women increased and fine workmanship could be seen as typical women's work. The business segments of the textile sector were prominent shortly after the end of the war. The areas of technology, synthetic fiber and electronic components developed in this way. Women set new standards for innovative new production. Thus, on the basis of silk production as a craft, social development from ancient times to the present had an impact on the development of society.

References

Aoki, Kazuo und Iyanaga, Teizô 1965. „Kodai keizai-shi sôron". *Nihon keizai-shi taikei* 1. kodai, Iyanaga, Teizô (ed.). Tôkyô: Tôkyô daigaku Shuppankai.

Aoki, Kazuo 1962. „Rituryô-zaisei". In: *Iwanami-kôya-Nihon-rekishi*, kodai 3. Tôkyô: Iwanami-shoten.

Asaka, Toshiki 1971. *Nihon-kodai shukôgyô-shi no kenkyû.* Tôkyô: Hôsei-daigaku shuppankyoku.

Aston, W.G. 1972. *Nihongi, Chronicles of Japan from the Earliest Times to A.D. 697.* Rutland/ Vermont, Tôkyô: Charles E. Tuttle Company.

Endô, Yoshimoto & Kasuga, Kazuo (eds.) 1967. *Nihon koten bungaku taikei*, Vol. 70 *(Nihon-ryôi-ki).* Tôkyô: Iwanami-shoten.

Florenz, Karl 1906. *Die Geschichte der Japanischen Literatur.* Leipzig: Amelangs.

Florenz, Karl 1919. *Die historischen Quellen der Shinto-Religion, Aus dem Altjapanischen und Chinesischen.* Göttingen: Vandenhock & Ruprecht.

Hall, John W. 1968. *Fischer Weltgeschichte* Vol. 20. *Das japanische Kaiserreich.* Frankfurt a. M. Fischer Taschenbuch Verlag.

Hayakawa, Shôhachi 1965. „Ritsuryô-zaisei no kôzô to sono henshitsu". In: *Nihon keizai-shi taikei*, 1. Kodai, Iyanaga, Teizô (ed.). Tôkyô: Tôkyô daigaku Shuppankai.

Hayakawa, Shôhachi 1974. *Nihon no rekishi*, Vol. 4. *Ritsuryô-kokka.* Tôkyô: Shôgakukan.

Imaizumi, Teisuke & Sunaga, Wasaburô (eds.) 1894. *Jinjô-shôgakkô dokusho-kyôhon* Vol. 7. Tôkyô: Fukyûsha.

Ishii, Kanji 1972. *Nihon sanshi-gyô-shi bunseki.* Tôkyô: Tôkyô-daigaku shuppann-kai.

Ishii, Kanji, Ôishi, Kaichirô, et al. 1972. *Shinpojiumu nihon rekishi* Vol. 18. *Nihon no sangyô-kakumei.* Tôkyô: Gakuseisha.

Ishii, Kanji 1983. „Kindai bôseki-gyô eno tenkan". In: *Nihon gijutsu jo shakaishi*, Nagahara, Keiji, et al. (eds.). Tôkyô: Nihon hyôronsha.

Ishii, Tadashi 1986. „Sen'i-kikai-gijutsu no hatten-katei". In: *Kindai-nihon no gijutsu to gijutsu-seisaku,* Nakaoka, Tetsurô et al. (eds.). Tôkyô: Kokuren-daigaku.

Kagoyama, Takashi (ed.) 1970. „Jokô to kekkaku". *Seikatsu koten sôsho*, Bd.5. Tôkyô: Kôseikan.

Kishi, Toshio 1966. *Nihon kodai seiji-shi kenkyû*. Tôkyô: Hanawashobô.

Kudô, Kyôkichi, Negishi, Hideyuki, Kimura, Harutoshi 1983. "Kinsei no yôsan seishigyô". In: *Nihon gijutsu jo shakaishi*, Nagahara, Keiji, et al. (eds.). Tôkyô: Nihon hyôronsha.

Kudô, Kyôkichi, Negishi, Hideyuki, Kimura, Harutoshi 1983. " Kinsei orimono-gyô no tenkai". In: *Nihon gijutsu jo shakaishi*, Nagahara, Keiji, et al. (eds.).Tôkyô: Nihon hyôronsha.

Kuroita, Katsumi (ed.) 1966. *Shintei zôho Kokushi-taikei Shoku-nihongi zen-pen*. Tôkyô: Yoshikawa kôbunkan.

Kuroita, Katsumi (ed.) 1972. *Shintei zôho Kokushi-taikei Ruijû-sandaikyaku*. Tôkyô: Yoshikawa kôbunkan.

Kuroita, Katsumi (ed.) 1972. *Shintei-zôho Kokushi-taikei Ryô no shûge*, No. 2. Tôkyô: Yoshikawa kôbunkan,

Kuroita, Katsumi (ed.) 1972. *Shintei-zôho Kokushi-taikei; Engi-shiki,* Yoshikawa.

Lévi-Strauss, Claude 1987. *Die eifersüchtige Töpferin* (trsl. Hans-Horst Henschen). Nördlingen: Franz Greno (French1985).

Miki, Tarô 1979. *Gishi-wajinden no sekai*. Tôkyô: Yoshikawa kôbunkan.

Motoori, Norinaga 1969. *Kojiki-den*, Vol. 11, *Ôno, Susumu* (ed.).Tôkyô: Chikuma-Shobô.

Motoori, Norinaga 1974. *Kojiki-den*, Vol. 12, *Ôno, Susumu* (ed.).Tôkyô: Chikuma-Shobô.

Nakayama, Tadachika (ed.) 1929. *Mizukagami*. Tôkyô: Yûhôdô.

Nishikawa, Shunsaku & Abe, Takeshi (eds.) 1990. *Nihon keizai-shi*, Vol. 4. *Sangyô-ka no jidai jô*. Iwanami-shoten: Tôkyô.

Nunome, Junrô 1988. *Kinu to nuno no kôko-gaku*. Tôkyô: Yûzankaku.

Ôkôchi, Kazuo (ed.) 1970. „Shokkô jijô". In: *Seikatsu koten sôsho*, Vol. 5. Tôkyô: Kôseikan.

Saeki, Arikiyo 1986. *Nihon-kodai-kokka to higashi-azia*. Tôkyô: Yûzankaku.

Sakamoto, Tarô, et al. (eds.) 1967. *Nihon koten bungaku* taikei, Vol. 67 (*Nihonshoki jô*). Tôkyô: Iwanami-shoten.

Sakamoto, Tarô, et al. (eds.) 1965. *Nihon koten bungaku taikei*, Vol. 68 (*Nihonshoki ge*). Tôkyô: Iwanami-shoten.

Sakaue, Yasutoshi 2001. „Chôzei-ronri no tenkai." In: *Nihon no rekishi*, Vol. 50, *Ritsuryô-kokka no tenkan to nihon*. Tôkyô: Kôdansha.

Sasaki, Ginji 1983. „Chûsei-iryô no seisan to ryûtsû". In: *Nihon gijutsu jo shakaishi*, Nagahara, Keiji, et al. (eds.). Tôkyô: Nihon hyôronsha.

Sato, Masako 2003. „Der Palast des Meeresgottes. Die Rezeption und der Wandel des Motivs in der japanischen Literatur." In: *Asiatische Studien / Etudes Asiatiques*, 65(2) Bern/Berlin: Peter Lang.

Sekine, Shinryû 1974. *Narachô fukushoku no kenkyû honbun-hen*. Tôkyô: Yoshikawa kôbunkan.

Takeda, Yûkichi (ed.) 1966 (first 1954). *Manyôshû (jô)*. Tôkyô: Kadokawa-shoten.

Takeuchi, Rizô (ed.) 1962. *Nara-ibun*. Tôkyô: Tôkyô-dô.

Takeuchi, Sôkichi 1983. „Kindai seishigyô e no ikô" In: *Nihon gijutsu jo shakaishi*, Nagahara, Keiji, et al. (eds.). Tôkyô: Nihon hyôronsha.

Tôno, Haruyuki 1992. *Kentô-shi to shôsô-in*. Tôkyô: Iwanami-shoten.

Tsunoyama, Yukihiro 1981. „Orimono". In: *Sanseiki no kôko-gaku, chû-kan*, Mori, Kôichi (ed.), Tôkyô: Gakuseisha.

Tsunoyama, Yukihiro 1983. „Kodai no senshoku". In: *Nihon gijutsu jo shakaishi*, Nagahara, Keiji, et al. (ed.). Tôkyô: Nihon hyôronsha.

Wakashi Kenkyûkai 1977. „Nihongi-kyôen-waka". In: *Kokka-taikan*, Vol. 5. Tôkyô: Kadokawa-shoten.

Yoshie, Akio 1976. „Kokuga-shihai no tenkai“. In: *Iwanami-kôza nihon rekishi*, kodai 4. Tôkyô: Iwanami-shoten.

Ho Chi Minh's Ideas of the Relationship Between Technology and Ethics

Lương Văn Kế

Introduction

Ho Chi Minh (1890-1969) – the leader of the New Vietnam – has been regarded by UNESCO as a "Vietnamese hero of national liberation and great man of culture." Many of his ideas still have a global value.

While leading the Vietnamese people in the nation's resistance war, Ho Chi Minh presented very realistic ideas, which are modern and global, about the relationship between technological science and ethics. Many of his concepts were even ahead of his time. The study of Ho Chi Minh's thoughts on the moral foundation of science and technology can contribute positively to the development of science and technology for human happiness, for social progress and protection of our earth – the home of humanity.

In this paper, based on Ho Chi Minh's articles and statements, the author will analyse several scholars' studies at home and abroad about Ho Chi Minh and his ideas about the relationship between technological science and social ethics.

Generally, Ho Chi Minh's thoughts about the relationship between technological science and ethics is a development of Marxist views on science and technology under the specific conditions in Vietnam. This paper will analyse Ho Chi Minh's ideas on technological science in the following key aspects:

- Social function of technological science
- Economic function of technological science
- Keeping peace and friendship among nations
- Protection of the ecological environment
- Ethics of the scientist and technologist

1. The function of science and technology: liberation and development of the people in material and mental life

President Ho Chi Minh stated that science and technology are responsible for the development of society, along with lifelong activities for happiness and for the liberation from colonialism. He voted for a 'modified' society, which means developing a comprehensive culture, preserving the nation's cultural identity, as well as having the quintessence of world culture, eliminating outdated traditions, and stepping forward towards civilization. Science and technology are parts of culture, and they have an important influence on spiritual life, which contributes to building a progressive spiritual civilization of the country.[1] Science and technology support the development of each person as well as the conditions for the freedom of development for all.

In an era of international integration and strong comprehensive globalization, Vietnam needs to promote Ho Chi Minh's ideology on science and technology, mainly to reach scientific achievements for the world and contribute to general knowledge and culture. Ho Chi Minh said that we became accustomed to receiving the culture of others, but we should not only receive without paying. We have to create a culture based on the identity of Vietnam in order to contribute to the general culture of humanity.

From time to time, Ho Chi Minh's teachings prove to be true. Vietnam has not contributed much to the general science and technology of humanity. There are so many reasons for this truth: objective reasons (the long war, human resources and natural destruction) and subjective reasons (lack of experience in science and technology, lack of creativity in production). However, in recent decades, Vietnam's younger generation has contributed to national fame when high school students reached high achievements in the international Olympiads, in mathematics, chess, music, etc. Some Vietnamese scientists and artists became famous all over the world, like Professor Ngo Bao Chau in mathematics, Professor Trinh Xuan Thuan in astronomy, Professor Tran Van Khe in music, or the pianist Dang Thai Son. Thanks to great progress in science and technology, Vietnam's society has overcome stagnation and underdevelopment to become an average developed country, striving to be an industrial modern society by 2020.

1 *Ho Chi Minh a whole*, Episode 9, Truth Publishing House, 1959, Speech to students and employees staff, DHND III (09/18/1958), p. 22.

2. The function of science and technology: building the basics for economic development through enhancing productivity and living conditions

Marxism pointed out that higher labor productivity is the decisive factor for the triumph of this society over the others. Lenin said that socialism would defeat capitalism because it achieves higher labor productivity. According to Ho Chi Minh, science and technology are closely associated with the development of production, and production is also a driving force of scientific and technological development.[2] In 1911, Ho Chi Minh decided that the West (Europe and America) was the destination to find out the way to liberate the country. His decision was determined by his belief that a superior level of development of science and technology brought about prosperity in economics and military superiority in the West, and helped them to impose colonialism on the oriental countries. In 1963, in the period after North Vietnam's liberation, President Ho Chi Minh complained that the level of science and technology in Vietnam was still low; that production did not improve much; that labor productivity was low; and that the people's customs and habits were out of date.[3]

Ho Chi Minh indicated that sciences come from the experience of class struggle and the struggle between man and nature; that science and technology in the world had been developed and experienced great achievements; that science is from and for production; that science is for the public, in order to improve labor productivity and continue improving the standard of living, ensuring the victory of socialism. Ho Chi Minh emphasized that Vietnam was in the period of transition to socialism, which has an important meaning. Science and technology were important for Vietnam, because Vietnam was a backward agricultural country devastated by war. Therefore, Vietnam needed to enlist the best achievements of science and technology in the world, and gradually build its own scientific potential towards modern technology.[4] The application of scientific achievements is the result of a rapid development of manufacturing, improving the productivity of labor not only in industry and services, but also in agriculture: farming, feeding and fishing. Today, compared to the developed countries, Vietnam's science and technology is still weak, but compared to developing countries, and especially compared to Vietnam in the past, Vietnam's science and technology have made significant achievements; for example, the foundation and development of the university system and research institutions,

2 *Ho Chi Minh a whole*, Episode 10, Truth Publishing House, Talks at a conference to summarize the movement of agricultural, forestry and fishery (02/16/1960), Talks with the Socialist Youth Peace University (17 / 8/1962), p. 46.

3 The talk in Congress of the First National Conference of Popular Science and Engineering in Vietnam, led by Vu Dinh Cu, ibid.

4 See http://sta.soctrang.gov.vn/Default.aspx?tabid=75&NDID=261.

including institutions of large corporations. Vietnam also founded many scientific enterprises in energy, oil and gas, construction, transport, agriculture, and information technology. Therefore, Vietnam, having overcome famine, has become one of the leading exporters of agricultural and fishery products, of rubber, coffee, rice, and also of computers and mobile phones. Social sciences and humanities also make a great contribution to the economic, social and political development. The achievements of Doi moi (1986) were devoted to the leader of the Communist Party of Vietnam.

3. The function of science and technology (from a political viewpoint): national independence, peace and friendship between nations

According to the resolutions of the General Conference of UNESCO in 1990, President Ho Chi Minh is a symbol of "national spirit, who has devoted his life to the liberation of Vietnamese people, contributed to the struggle of the world's peoples for peace, national independence, democracy and social progress."

Ho Chi Minh is the convergence of many ideological aspirations of the peoples of the world. Researchers said that Ho Chi Minh always embraced universal values which have a meaning for all mankind.[5] In his political life, Ho Chi Minh primarily fought for human rights and the rights of nations. On September 2, 1945, declaring the independence of the Vietnam Democratic Republic, Ho Chi Minh began his declaration by quoting the words of the Declaration of Independence of the United States: "All men are created equal, they are endowed by their Creator with certain unalienable rights, among these are life, liberty and the pursuit of happiness." Fifteen years later, in 1960, the United Nations gave this statement in the Declaration on the Granting of Independence to Colonial Countries and Peoples: "The domination, oppression and exploitation of the colonial people, which deny the basic rights of human beings and are contrary to the UN Charter, effect on the struggle for peace and cooperation in the world."[6] We have to recall that until 2010, UNESCO chose the International Year to promote the getting together of cultures.

During the first decade of the 20th century, Ho Chi Minh received abilities on three or four foreign trips that made him a teacher of life among cultures. At the end of 1923, the famous Russian Jewish poet Osip Mandelstam (1891-1938) considered Ho Chi Minh the symbol of the culture of the future:

5 http://www.viet-studies.info/kinhte/NgoTranDuc_CuHoConNguoiNhanCach.htm.

6 Speech by Hans D'Orville during the celebration of the 120th birthday of President Ho Chi Minh in Paris, 2010: http://tutuonghochiminh.vn/examine/tu-tuong-ho-chi-minh-van-giu-gia-tri-thoi-dai.d-812.aspx.

"Through noble demeanor, his deep voice, it seems to me that I see tomorrow, as well as the prospect that the sky will be stable with warm friendship such as the vast world ocean."[7]

Ho Chi Minh and his comrades were peace-loving in their revolutionary activities. However, Ho Chi Minh was aware that peace does not come from itself, and humans have to fight for peace. Therefore, Ho Chi Minh always calls upon the patriotism and sacrifice of intellectuals for human progress and friendship among peoples.

With such a motivation, Ho Chi Minh condemned the application of modern technology in war. Ho Chi Minh strongly opposed the application of scientific and technological achievements in a war of aggression and enslavement. People cannot forget the images of Ho Chi Minh in 1946 rubbing his hands over the barrel of a cannon on a modern French warship when he was invited on board the French naval fleet, in order to intimidate the fighting spirit for the national independence of Vietnam.

During the peaceful period of nation building, Ho Chi Minh wholeheartedly cheered cooperation and support of science and technology of countries friendly to Vietnam. Maybe deep down he placed great hopes on cooperation, and scientific and technological assistance from developed countries in order to construct Vietnam into a prosperous socialist country, skipping the stages of capitalist development. Modern construction industry, science and research institutions, and key universities in North Vietnam after 1954 were built with the help of socialist countries, especially the Soviets and Chinese.

4. The function of science and technology: protection of ecological environment and sustainable development

The views of Ho Chi Minh on the issue of science and technology for environmental protection were based on the practical situation of Vietnam. These ideas were formed early, before the worldwide environmental movement. With the soul of an oriental artist, Ho Chi Minh developed a profound philosophy of not only a 'close', but also a 'loving' relationship between man and nature. Human and nature blend inseparably together; clouds, water and plants are gestures of human love.

Ho Chi Minh initiated a tree planting campaign beginning in 1959:

> Each year 15 million new trees are to be planted. From 1960 to 1965 we will have 90 million trees, and in ten years our country will have an increasingly beautiful scenery, and a more regulated climate. This will contribute significantly to improve the life of the people.

7 http://www.sggp.org.vn/chinhtri/2011/5/258001/.

The thoughts and work of Ho Chi Minh on forestation beginning in the 1950s were the basis for UNESCO to recognize him as a pioneer of humanistic ideology in 1990. Thus, Ho Chi Minh's ideology of environmental problems is, firstly, to focus on the planting of trees, and then focus on the vegetation and the forest in general. Environmental problems in poor countries can only be resolved if they are associated with raising the standard of living.

Forest exploitation and impoverishment, widespread building of hydroelectric power plants, accompanied by the destruction of millions of hectares of forest, leading to repeated floods and even earthquakes with devastating effects on the environment is against the wish and instruction of Ho Chi Minh. In order to follow the teachings of Ho Chi Minh, the Vietnamese government recently implemented a number of specific measures to protect forests. Thus, deforestation in the country has slowed down. A tree planting campaign on 5 million hectares has been maintained and extended. Today, industrialization poses many environmental problems; therefore, we need to follow the teachings of Ho Chi Minh to keep Vietnam's landscape looking fresh and beautiful.

Science and technology not only help to protect the environment, they also actively overcome the consequences of natural disasters. As a result of that, science and technology need strong and comprehensive international cooperation to defend the earth, the common home of humanity, and to protect people all over the planet.

5. Ethics of Scientists and Technologists

Until this day, and probably for a lot longer, Ho Chi Minh has been a symbol of moral nobility, sacrifice, commitment, and dedication to the people, and to friendship among peoples. Ho Chi Minh's ethics are not only famous in the communist world, but throughout the whole of mankind.

As a man of action, on the basis of oriental ethics, Ho Chi Minh always set an example before the entire population, including the scientific community. Ho Chi Minh's ethics are a kind of moral revolution into which the sublime qualities of both the East and the West, both traditional and modern, were cast. His most typical qualities include humanity, mindfulness, courage, and integrity.

Ho Chi Minh said that the development of science and technology must be associated with the role of the intelligentsia. He encouraged the intellectuals to contribute to the construction process and national defence.[8]

8 *Ho Chi Minh a whole*, Episode 10, Truth Publishing House, Talks at a conference to summarize the movement of agricultural, forestry and fishery (02/16/1960), Talks with the Socialist Youth Peace University (17 / 8/1962).

Responding to Ho Chi Minh's call for the nation's independence, most intellectuals took to resistance. On his official visit to France in 1946, President Ho Chi Minh attracted a number of Vietnamese scientific patriots, including weapons expert Professor Tran Dai Nghia, Prof. Dr. Tran Huu Tuoc, Nguyen Khac Vien, and philosophy Professor Tran Duc Thao. All of these came back to Vietnam to support the war for national independence.

Ho Chi Minh, with his special style, was not only attractive to the intelligentsia of Vietnam, but also awakened the conscience of many famous intellectuals and scientists around the world. The famous culture expert Quach Mat Nhuoc praised Ho Chi Minh as "the cleverest, the most human, the bravest person." Indian Prime Minister J. Nehru – an intellectual and popular state leader – regarded Ho Chi Minh as his big brother. The world-renowned British mathematician and philosopher, Bertrand Russell, established an international tribunal to condemn the Vietnam War in the years 1960-1970. Many poets, writers and philosophers all over the world praised Ho Chi Minh profoundly.

Thus, it can be said that Ho Chi Minh was always working for the struggle for national independence, for peace, freedom and happiness of the people and for the construction of friendship between the peoples of the world.

6. Conclusion

Ho Chi Minh's ideas on the functions of science, technology and ethics were based on a lofty humanism, consistent with the ideology of national humanity. Vietnam succeeded in the liberation war and national defence, and developed a market economy-oriented society. Ho Chi Minh's humanistic ideas on the role of science and technology are still of great value for the protection of the ecological environment, and for peace and friendship between nations.

According to Ho Chi Minh, there should be cooperation and mutual assistance between countries and scientists. Through such international cooperation, friendship and peace among nations will be strengthened and developed for the benefit of a common good future for our planet and for future generations.

References

Ho Chi Minh a whole, Episode 9, Truth Publishing House, 1959, Speech to students and employees staff, DHND III (09/18/1958).

Ho Chi Minh a whole, Episode 10, Truth Publishing House, Talks at a conference to summarize the movement of agricultural, forestry and fishery (02/16/1960), Talks with the Socialist Youth Peace University (17 / 8/1962).

Ho Chi Minh a whole, Episode 11, Truth Publishing House, Talks at a conference to summarize the movement of agricultural, forestry and fishery (02/16/1960).

Vu Dinh Cu: Learning Ho Chi Minh ideology on science, technology, report of the Vietnam Post and Telecommunications (2010).

http://www.ictnews.vn/home/Kinh-doanh/8/Hoc%C2%A0tu-tuong-Ho-Chi-Minh%C2%A0ve-khoa-hoc%C2%A0cong-nghe/24751/index.ict.

http://www.viet-studies.info/kinhte/NgoTranDuc_CuHoConNguoiNhanCach.htm

http://www.sggp.org.vn/chinhtri/nam2004/thang10/19613/.

http://www.sggp.org.vn/chinhtri/2011/5/258001/.

http://tutuonghochiminh.vn/examine/tu-tuong-ho-chi-minh-van-giu-gia-tri-thoi-dai.d-812.aspx.

http://sta.soctrang.gov.vn/Default.aspx?tabid=75&NDID=261.

http://www.ictnews.vn/home/Kinh-doanh/8/Hoc%C2%A0tu-tuong-Ho-Chi-Minh%C2%A0ve-khoa-hoc%C2%A0cong-nghe/24751/index.ict.

Section Three
Techno-Ethics and the Media

Ethics of Entertainment Media in Vietnam
The Socialite phenomenon

Do Thu Ha

This article mentions four issues in the ethics of entertainment media in Vietnam when they create the images of socialites including:

1. The depiction of violence and sex, and the presence of strong language.
2. Product placement. An increasingly common marketing tactic is the placement of products in entertainment media. The producers of such media may be paid high sums to display branded products. The practice is controversial and largely unregulated.
3. Stereotypes. Both advertising and entertainment media make heavy use of stereotypes. Stereotypes may negatively affect people's perceptions of themselves or promote socially undesirable behaviour. The stereotypical portrayals of men, affluence and ethnic groups are examples of major areas of debate.
4. Taste and taboos. Entertainment media often question our values for artistic and entertainment purposes. Normative ethics is often about moral values, and what kinds should be enforced and protected. In media ethics, these two sides come into conflict. In the name of art, media may deliberately attempt to break with existing norms and shock the audience. That poses ethical problems when the norms abandoned are closely associated with certain relevant moral values or obligations. The extent to which this is acceptable is always a hotbed of ethical controversy.

The author also tries to interpret the causes behind this phenomenon based upon the political and socioeconomic setting in Vietnam in contemporary time.

1. General introduction

1.1. Some basic concepts

The mass media are diversified media technologies that are intended to reach a large audience by mass communication. The technology through which this communication takes place varies. Broadcast media such as radio, recorded music, film and television transmit their information electronically. Print media use a physical object such as a newspaper, book, pamphlet, or comic,[1] to distribute their information. Outdoor media is a form of mass media that comprises billboards, signs or placards placed inside and outside of commercial buildings, sports stadiums, shops and buses. Other outdoor media include flying billboards (signs towed by airplanes), blimps, and skywriting.[2] Public speaking and event organising can also be considered as forms of mass media.[3] Digital media comprises both Internet and mobile mass communication. Internet media provides many mass media services, such as email, websites, blogs, and internet-based radio and television. Many other mass media outlets have a presence on the web, through such means as having TV ads that link to a website, or distributing a QR Code in print or outdoor media to direct a mobile user to a website. In this way, they can utilise the easy accessibility that the Internet has, and the outreach that Internet affords, as information can easily be broadcast to many different regions of the world simultaneously and cost-efficiently.

The organisations that control these technologies, such as television stations or publishing companies, are also known as the mass media.

1.2. Characteristics of mass media

There are five characteristics of mass communication that have been identified by Cambridge University's John Thompson[4] which we should look over before getting to the point with our topic:

- "[C]omprises both technical and institutional methods of production and distribution". This is evident throughout the history of the media, from print to the Internet, each suitable for commercial utility.
- [I]nvolves the "commodification of symbolic forms", as the production of materials relies on its ability to manufacture and sell large quantities of the work. Just as radio stations rely on its time sold to advertisements, newspapers rely on space sold for the same reasons.
- "[S]eparate contexts between the production and reception of information".
- Its "reach to those 'far removed' in time and space, in comparison to the producers".

1 Riesman, David and Gitlin, Todd and Glazer, Nathan: *The Lonely Crowd,* 1950, Ch. 2, p. 50.

2 *Mass Media*, Oxford English Dictionary, online version November 2010, accessed November 28, 2011.

3 Manohar, Uttara: *'Different Types of Mass Media'*, Buzzle.com; accessed November 26, 2011.

4 Thompson, J.: *The Media and Modernity*, pp. 26-8, 74.

– “[I]nformation distribution” – a “one to many” form of communication, whereby products are mass-produced and disseminated to a large audience.

1.3. What are socialites?

1.3.1. *Socialite* is a term for a member of a social elite or someone aspiring to be a member. According to Merriam-Webster the word was first used in 1928, probably a coinage among writers and editors at ‘Time’ magazine in the US, perhaps as a contraction of social light, in imitation of words ending in *-ite* (dictionary.com).[5] A socialite participates in social activities and spends a significant amount of time entertaining and being entertained at fashionable events attended by others of similar standing.[6] According to this, a socialite is (a) a socially prominent person; (b) one prominent in fashionable society.

American members of the establishment, or an American ‘Society’ based on birth, breeding, education, and economic standing, were originally listed in the Social Register, a directory of the names and addresses of the ‘preferred social contacts’ of the prominent families in the 19th century. In 1886, Louis Keller started to consolidate these lists and package them for sale.[7] Members of true ‘society’ were distinguishable from members of post World-War I “cafe society,” from whom are further distanced ‘socialites,’ who are considered aspirational members of true ‘society,’ but with no substantive social credentials or personal achievements.

1.3.2. There are four types of socialites:

– From notable family backgrounds, born rich and of high social and economic status in society.
– Famous through marriage (real-life Cinderella story).
– Celebrities and models.
– Publicists of luxurious brands.

In Vietnam, such people as Quoc Cuong ‘Dollars’ – with about 952,000 results (0.25 seconds) on the net, Nguyen Huu Thuong, etc., belong to the first type; ‘hot girl’ Thanh Van, Quynh Chi, Phi Thanh Van ‘Plastic Surgery Queen’, etc., belong to the second type; fashion model and singer Ho Ngoc Ha, Ngoc Trinh ‘Underwear Queen’ (Illustration 1), Dam Vinh Hung ‘Vietnam’s Musical Prince’, pop star, etc., belong to the third type; and Nguyen Cao Ky Duyen (MC), Ngo Thanh Van (actress), Ly Nha Ky ‘Vietnam’s Tourism Ambassador’, etc., are in the fourth type.

5 *Socialite, Merriam-Webster Online*; accessed October 28, 2010.
6 *Socialite definition*, Reverso Dictionary; accessed October 28, 2010.
7 *Social Registry History,* Social Registry; accessed October 28, 2010.

So what makes one a 'socialite'? They should be beautiful, famous, rich (or at least appear rich), frequently show up in public, be aware of the fashion trends and… mass media!

1.4. Mass media and society

Thanks to the characteristics mentioned above, mass media has a crucial impact on society. There are three theories to describe the influence of mass media. The website CliffNotes explains in detail the theories which examine the role that mass media play in modern society. The *limited-effects theory*, which was originally tested in the 1940s and 1950s, states that "because people usually choose what media to interact with based on what they already believe, media exerts a negligible influence." The *class-dominant theory* states that "the media reflects and projects the view of a minority elite, which controls it." It continues by explaining that the people who own and control the corporations that produce media comprise this elite. The *culturalist theory*, which was developed in the 1980s and 1990s, combines the other two theories and claims that "people interact with media to create their own meanings out of the images and messages they receive." This theory states that audience members play an active, rather than passive role in relation to mass media.[8]

In 1997, J. R. Finnegan Jr. and K. Viswanath identified three main effects or functions of mass media. *The Knowledge Gap*: The mass media influence knowledge gaps due to factors including 'the extent to which the content is appealing, the degree to which information channels are accessible and desirable, and the amount of social conflict and diversity there is in a community." *Agenda Setting*: People are influenced in how they think about issues due to the selective nature of what media choose for public consumption. After publicly disclosing that he had prostate cancer prior to the 2000 New York senatorial election, Rudolph Giuliani, the mayor of New York City (aided by the media) sparked a huge priority elevation of cancer in people's consciousness. This was because news media began to report on the risks of prostate cancer, which in turn prompted a greater public awareness about the disease and the need for screening. This ability for the media to be able to change how the public thinks and behaves has occurred on other occasions. In the mid-1970s, for example, when Betty Ford and Happy Rockefeller, wives of the then-President and then-Vice President respectively, were both diagnosed with breast cancer. J.J. Davis states that "When risks are highlighted in the media, particularly in great detail, the extent of agenda setting is likely to be based on

8 *The Role and Influence of Mass Media,* John Wiley & Sons, Inc.; accessed November 26, 2011.

the degree to which a public sense of outrage and threat is provoked." When wanting to set an agenda, framing can be invaluably useful to a mass media organisation. Framing involves "taking a leadership role in the organisation of public discourse about an issue." The media are influenced by the desire for balance in coverage, and the resulting pressures can come from groups with particular political action and advocacy positions. Finnegan and Viswanath say, "groups, institutions, and advocates compete to identify problems, to move them onto the public agenda, and to define the issues symbolically" (1997, p. 324). *Cultivation of Perceptions*: The extent to which media exposure shapes audience perceptions over time is known as cultivation. Television is a common experience, especially in places like the United States, to the point where it can be described as a "homogenizing agent" (S.W. Littlejohn). However, instead of being merely a result of the TV, the effect is often based on socioeconomic factors. Having a prolonged exposure to TV or movie violence might affect a viewer to the extent where they actively think community violence is a problem, or alternatively find it justifiable. However, the resulting belief is likely to be different depending of where people live.[9]

When cinema, radio and TV began to be the primary or the only source of information for a larger and larger percentage of the population in the 1950s, these media began to be considered as central instruments of mass control,[10] up to the point that the idea emerged that when a country has reached a high level of industrialization, the country itself "belongs to the person who controls communications".[11]

Mass media play a significant role in shaping public perceptions on a variety of important issues, both through the information that is dispensed through them, and through the interpretations they place upon this information.[12] They also play a large role in shaping modern culture, by selecting and portraying a particular set of beliefs, values and traditions (an entire way of life), as reality. That is, by portraying a certain interpretation of reality, they shape reality to be more in line with that interpretation.

9 *Mass Media*, Oxford English Dictionary, online version November 2010; accessed November 28, 2011.

10 Vipond, Mary: *The mass media in Canada,* James Lorimer & Company, 2000, p. 88.

11 Eco, Umberto: *Per una guerriglia semiologica* (English tr. *Towards a Semiological Guerrilla Warfare*), first given as a lecture at the conference *Vision '67* in New York, 1967.

12 Vipond, Mary, loc. cit., p. 90.

2. Research Method

Because of the huge number of materials available, we will do the survey on rather limited sources. As we know, the subdivision of applied ethics dealing with the specific ethical principles and standards of media, include broadcast media, film, theatre, the arts, print media and the internet. This field covers many varied and highly controversial topics.

That is the reason why we will mention only the news online (namely Tuoi Tre online, VNExpress, Vietnamnet, and Dan Tri online) and broadcasting on mass media (VTV 1, 2, 3, 4, and Voice of Vietnam) from January 2010 to March 2013 in Vietnam about the Top 10 socialites in Vietnam (Ho Ngoc Ha, Dam Vinh Hung, Phi Thanh Van, Ly Nha Ky, Tra Ngoc Hang, Ngoc Trinh, Nguyen Cao Ky Duyen, Ngo Thanh Van, Quoc Cuong 'Dollar', and Hong Que).

We will analyse the material to find out some characteristics of the phenomenon and try to explain the reasons behind it.

3. Media ethics.

Media ethics is the subdivision of applied ethics dealing with the specific ethical principles and standards of media, including broadcast media, film, theatre, the arts, print media and the internet. The field covers many varied and highly controversial topics, ranging from war journalism to Benetton advertising.

3.1. Mass media system in Vietnam

The media in Vietnam are tightly regulated by the Vietnamese government. First and foremost, the media are a tool for government information and propaganda. The government views the media as 'the voice of the party and of the masses,' and sees its main function as being 'to propagate the party's lines and policies'. Though market competition has caused the Vietnamese media to embrace popular culture, the newspapers, radio and television are still compelled to reflect on the fundamentals of Marxism-Leninism and the ideals of Ho Chi Minh.

Vietnam Television. The first television broadcasts in Vietnam were in the 1960s when the United States set up two channels (one in the Vietnamese language and one in English) in Saigon.

The national broadcaster *Vietnam Television* (VTV) was established in Hanoi with technical assistance and training from Cuba in September 1970. VTV is now (March 2013) the largest television network in the nation, broadcasts on nine FTA channels and is available internationally via satellite. VTV also operates the largest cable network (VCTV) and a DTH satellite service. These carry the nine FTA VTV channels: VTV1 – VTV9 (no VTV7, VTV8), 16 Vietnamese subscription channels: VCTV1 (Fansipan Television), VCTV2 (Phim Việt – Vietnamese movies), VCTV3 (Thể Thao – Sports TV), VCTV4 (M4Me), VCTV5 (RealTV), VCTV6, VCTV7 (D Dramas), VCTV8 (BiBi), VCTV9 (InfoTV), VCTV10 (O2TV), VCTV11 (TV Shopping), VCTV12 (Style TV), VCTV14 (Lotte Đất Việt Homeshopping), VCTV15 (Invest TV), VCTV16 (Bóng Đá TV), VCTV17 (Du Lịch), and about 45 local and international channels.

Vietnam Multimedia Corporation (VTC). VTC operates five national channels and is the only provider of digital terrestrial television (DTT) in Vietnam. VTC's DTT service is a subscription service though piracy of the signal is rampant.

VTC is a Vietnamese state-owned corporation operated under the Ministry of Post and Telematics. It has three FTA channels VBC-VTC5 – the entertainment channel, TodayTV – VTC7 – the movie channel, and Let's Viet – VTC9 – the Vietnamese culture channel, and a number of subscription channels including VTC2 – the IT and ICT channel, VTC3 – the sports channel, VTC4 – the fashion and style channel, and VTC6 – the movie channel. Three new channels now broadcast for examination are VTC7 – the second VTC1, VTC10 the interactive channel and VTC11 – kid's TV, VTC12 advertising channel, VTC14 Natural Disaster, and VTC16 Agriculture.

VTC Mobile TV, one of the world's first subscription TV services for mobile phones, using DVB-H, became available in 2006. It is operated by Vietnam Multimedia Corporation, owners of VTC.

Local stations. These include Hanoi TV and Ho Chi Minh City Television (HTV). The latter is available throughout most of the Mekong Delta.

Other subscription TV. Hotels, restaurants, clubs, government offices, and diplomatic organizations in Vietnam have been permitted under licence to install and operate satellite dishes to bring in foreign programming since 1991. Nowadays, most of people in large cities (such as Hanoi and Ho Chi Minh City) subscribe to a cable network. The largest network is VCTV (a division of VTV), followed by that of Ho Chi Minh City Television (HTV), Hanoi TV (HCTV), and Saigon Tourist Cable Service (SCTV) – a joint venture between VTV and Saigon Tourist company. The latest payTV supplier is K+ – a joint venture between Vietnam Cable Television (VCTV) and Canal+, first broadcast via Direct To Home (DTH) in late-2009.

Radio. The first Vietnamese-language radio transmission was made on September 2, 1945, when Ho Chi Minh read out the Declaration of Independence. Prior to 1945, Vietnamese people were banned from owning radio receivers, and broadcasting was under the control of the French colonial government, which established the first radio station in Vietnam, Radio Saigon, in the late-1920s.

Vietnam's national radio station, now called the Voice of Vietnam, started broadcasting from Hanoi just a week after the declaration of the Democratic Republic of Vietnam. During the Vietnam War, Radio Hanoi operated as a propaganda tool of the Democratic Republic of Viet Nam. South Vietnam set up its own network in Saigon in 1955.

Following Reunification, all of the radio stations were combined into the Voice of Vietnam, which became the national radio station in 1978.

Today, VOV strives to offer diverse, high-quality programming and in every aspect of mass media. It broadcasts on many channels, repeated on Medium wave (MW) AM, FM and shortwave (SW) AM bands throughout Vietnam and the rest of the world:

– VOV1 (MW and SW) – news, current affairs and music
– VOV2 (MW and SW) – cultural and artistic programmes
– VOV3 (FM) – music and entertainment
– VOV4 (MW) – ethnic minority language programming
– VOV5 (MW) – world service broadcasts in 11 foreign languages
– VOV News – a website containing news and other aspects
– VOVTV (Television Channel) – nationally broadcast which aims at delivering up-to-date news every 30 minutes per programme
– VOV newspaper "the Voice of Vietnam" – a printed version with more in-depth contents of the VOV News website
– VOV transportation – up-to-date information during rush hours to help people travel smoothly through traffic jams.

As of 2004, it was estimated that VOV's programmes reached more than 90% of all households in Vietnam. In addition, most cities and provinces have their own radio stations.

Newspapers. As Vietnam moves toward a free-market economy with its *doi moi* measures, the government has relied on the print media to keep the public informed about its policies. The measure has had the effect of almost doubling the numbers of newspapers and magazines since 1996.

The first Vietnamese-language newspaper was the French-sponsored *Gia Định Bao*, established in Saigon in 1869. In the years that followed, both the nationalistic and the colonial sides relied on newspapers as a propaganda tool. During the final period of French colonialism many reporters were arrested and imprisoned and several newspaper offices closed by the authorities.

Vietnamese journalists covered the First Indochina War from Ho Chi Minh's revolutionary side. After the war, presses were set up in Hanoi and the basis for the country's newspaper industry as it exists today was formed, with the main Communist Party organ, *Nhan Dan* (*The People*), established in 1951.

Currently, large Vietnamese-language newspapers include *Tuoi Tre* (*Youth*, published in Ho Chi Minh City, described as a 'reformist' newspaper), *Thanh Nien* (*Youth*), *Nguoi Lao Dong* (*Labour* or *The Worker*), *Tien Phong* (*Vanguard*), *Sai Gon Giai Phong* (*Liberated Saigon*), and *Ha noi moi* (*New Hanoi*). Prominent French language newspapers include Saigon Eco and Le Courrier du Vietnam. There are other, smaller provincial newspapers, such as the Ba Ria Vung Tau Daily Newspaper.

The largest online newspapers are VNexpress, Vietnam Net, Tuoi Tre, 24h.com.vn, and Dan Tri. The largest online news aggregators in Vietnam are Baomoi.com, Chaobuoisang.net, and Xahoi.com.vn.

The popularization of mass media in Vietnam. As stated in an article in 2010,[13] though faced by many difficulties, the mass media of Vietnam in particular and the world in general have made remarkable achievements: Vietnam has around 745 mass media units with 1,003 publications, 67 broadcasting stations, 46 online newspapers, and 287 online websites of mass media units as well as thousands of websites posting news on activities of the Communist Party, the State, the Government, associations and enterprises. The mass media sector has played an important role in successfully implementing the national social-economic tasks, boosting democracy, objecting to wrong opinions and enhancing the country's relations with countries and territories worldwide, promoting the country's image and people in countries all over the world.

The sector has especially gained fruitful results in dialogues with foreign partners. Exchanges have been launched between Vietnamese mass media with those from Laos and Cambodia. The Ministry of Information and Communications had held many conferences and invited many international press delegations of more than 100 journalists to Vietnam to write about the country. Many photo contests and documentary festivals have drawn the participation of hundreds of reporters worldwide. Many press delegations of ministries and agencies have actively joined international press conferences, as well as press dialogues on human rights and press freedom.

An online survey carried out by TNS Media Vietnam on September 13, 2012, released a report, the first of its kind in the country. This report was based on 4,800 face-to-face interviews with people aged 15 to 54 in most localities nationwide. The goal of the report was to meet the rising demand of media owners, traders and producers, advertisers, and researchers according to

13 Marr, David G.: *Boosting the Role of Mass Media in Vietnam,* Department of Political and Social Change, Research School of Pacific and Asian Studies, The Australian National University Press, 6/2011.

VNA, Vietnam News Service Agency. Through the report, we have got very interesting figures about the popularization and the role of mass media in Vietnam nowadays.

Television remains the most powerful and effective form of mass media in Vietnam, with 85% of the population watching TV every day, according to a report released by Kantar Media's TNS Media Vietnam. Television is also the most common household appliance and communications vehicle in Vietnamese families with 27% of the population owning two or more televisions and 95% who say they respect the medium, according to the survey. Television maintains the highest daily reach, with nearly 83% of people aged 15 to 54 watching TV for at least two hours a day.

The Internet's average daily reach ranks second compared with television, except in the Cuu Long (Mekong) Delta region. However, the Mekong Delta and south-eastern regions lead the country in the number of people who listen to the radio and read print newspapers and magazines. The number of people who use video-players is higher in southern provinces than that in the northern provinces.

In the past, TV aerials were used by Vietnamese households to receive broadcast television signals, but now many families receive television signals by cable, satellite and terrestrial digital services instead. The percentage of people who use TV aerials has dropped to only 39%. However, 57% of families use TV aerials in the Mekong Delta region.

The strong development of cable and digital television has enabled households to watch at least 20 TV channels. National TV channels VTV1 and VTV3 can cover all localities nationwide. Some local TV channels, such as HTV and THVL1 (the latter in southern Vinh Long Province), can even penetrate remote areas like the Central Highlands (Tay Nguyen) and northern mountainous regions. Families have access to more foreign TV channels than Vietnamese channels in some localities in the Hong (Red) River Delta, such as Hanoi, and south-eastern region, such as HCM City.

Residents in the south-eastern region spend more time listening to radio, reading newspapers and using the internet, compared with other localities in the country, with the amount of time averaging 224, 44, 28 and 76 minutes, respectively. Meanwhile, people in the Mekong Delta region lead the country in spending time watching television and using video players, with 256 and 49 minutes, respectively.

Young people tend to spend more time using the Internet, which will likely make it a competitive media form with television in the future. Thirty-eight percent of the young people in the south-eastern region use the Internet regularly. However, according to TNS Media Vietnam, although the use of the Internet is increasing among Vietnamese, especially the youth, it has not replaced television.

With the strong development of technology, mobile phones are becoming a multi-media means threatening to rival the role of television in the future. Up to 85% of the population aged 15 to 54 own mobile phones. The percentage of people using mobiles to listen to radio and music stations and access the internet has increased sharply every year.

Regarding the advertising area, television is still the most powerful way to advertise in Vietnam. At least 77% of those polled said they like to watch advertisements on television because of both images and sounds.

According to Nguyen Thanh Son, Deputy Minister of Foreign Affairs, the successful role of the mass media is attributed to the fact that the sector has always conformed to the Party's policies and guidance, taking the initiative in global integration, having determined to fight against enemies' distortion, effectively carrying out propaganda programs on the sea and islands to assert sovereignty over the country's territorial waters.

Moreover, delegates at the meeting discussed and pointed out shortcomings of the mass media sector in 2010. The laws on mass media have not met the requirements of the current situation; the knowledge and professional skills of staff in the sector remain poor and weak; loose cooperation between functional agencies in the management of activities of the mass media has still been seen, leading to many regrettable wrongdoings in the field.

With such a large network, surely Vietnam's mass media have influenced the whole population strongly and deeply.

3.2. Ethical issues of entertainment media in Vietnam

If you log on to the net, you can find something very interesting about the socialites mentioned above that the Vietnamese audience has been very eager to know. Here are some figures about that phenomenon.

1/2010- 3/2013 on line	*Results*	*Time*
Ngoc Trinh	6,200,000	0.27 seconds
Ho Ngoc Ha	5, 000, 800	0.24 seconds
Ly Nha Ky	4,180,000	0.22 seconds
Dam Vinh Hung	1,970,000	0.24 seconds
Phi Thanh Van	990,000	0.24 seconds
Tra Ngoc Hang	2,560,000	0.30 seconds

These are the two main ways in which mass media influence our opinion. There is what is generally called 'psycho-sell'. It is a system used by advertising agencies and media outlets, such as television channels and radio stations, to 'convince' their audiences to do or act in a certain way. It appeals to the vulnerability of the desired target (you or I). A good example is mouthwash. How many people do you know who really suffer from bad breath? However, I bet you have a little bottle of mouthwash stashed in your bathroom, somewhere. If not, then you are probably one in hundreds of people who do not fall victim to 'psycho-sell'. One must not forget this is not only applicable to product advertising.

On the other hand, we have what are called 'cultural icons'. In this case, we are talking about a famous person or people who are recognised and admired by whole communities. These individuals have the 'power' to convince their followers or fans into taking any kind of action or decision. Or just by giving their 'opinion' they are truly suggesting. These 'cultural icons' are usually linked to or work for some media outlet and are used to influence the community accordingly.

It is impossible to underestimate the impact of modern mass media on each person and a society as a whole. For many centuries, starting with the invention of the first printing machine, public opinion has been extensively exposed to the influence of mass media; but who influences mass media? Ideally, mass media should be an independent body, whose main function is to reflect reality and provide people with new information concerning economic, political and cultural aspects of life. However, as everything in the world is influenced by something, mass media is also being influenced, which causes it lose the main purpose which it serves. It is well-known that people's behaviour and beliefs can be adapted to the goals of certain individuals or organisations by means of mass media. However, the dramatic effect of mass media may seem small initially, because it is a long slow process of adding up all the necessary information in order to modify public opinion. With the invention of the Internet, the interaction between public opinion and mass media has become even stronger; hence, the influence on public opinion has also become more intense.

We all know that news programs on TV provide us with the current events going on worldwide; however, it is already a fact that the same events are interpreted and shown differently in different countries. Before the news is shown on TV, it can be altered in order to satisfy somebody's needs. Thus, it is possible to say, that a process of 'inventing reality' really does exist.[14]

Who and what influences modern mass media and takes part in the process of 'inventing of reality' (herewith the socialites in Vietnam) will be discussed further in the study.

14 See Fan, David P.: *Predictions of Public Opinion from the Mass Media: Computer Analysis and Mathematical Modelling*, Greenwood Press, 1988.

In my opinion, current issues regarding the ethics of entertainment media in Vietnam with the entertainment socialites include:

3.2.1. The depiction of violence and sex, and the presence of strong language.

Ethical guidelines and legislation in this area are common, and many media (e.g. film, computer games) are subject to ratings systems and supervision by agencies. An extensive guide to international systems of enforcement can be found under the motion picture rating system.

While most people argue that a corporate elite controls the media, a variation on this approach argues that a politically 'liberal' elite controls the media. They point to the fact that journalists, being more highly educated than the general population, hold more liberal political views, consider themselves 'left of centre' and are more likely to register as Democrats. They further point to examples from the media themselves and the statistical reality that the media more often label conservative commentators or politicians as 'conservative' than liberals as 'liberal'.

Media language can be revealing, too. Media use the terms 'arch-' or 'ultra-conservative', but rarely or never the terms 'arch-' or 'ultra-liberal'. Those who argue that a political elite controls the media also point out that the movements that have gained media attention – the environment, anti-nuclear and anti-Vietnam – generally support liberal political issues. Predominantly conservative political issues have yet to gain prominent media attention, or have been opposed by the media. That is why Matthew P. McAllister in his book *The Commercialization of American Culture*, says that, "A well-developed media system, informing and teaching its citizens, helps democracy move toward its ideal state."[15]

Mass media play a crucial role in connecting the world of individuals. They have the ability to reach wide audiences with strong and influential messages which impact upon society. Television and radio have been influential in people's daily lives and routines, affecting the content and times that audiences watch and listen. The mass media have at least three important roles to play: to inform, to educate and to influence opinion. These distinctive features of traditional media have been challenged by new media, which is changing the participation habits of the audiences.

However, Vietnam mass media's topics focus especially on the '4Ses' (Sex, Shock, Sensuality, and Sentiment) to catch the viewers (especially online newspapers). To be famous at any cost, many actors and actresses cause scan-

15 *Mass Media*, Oxford English Dictionary, online version November 2010, accessed November 28, 2011.

dals just to appear in the public eye as much as possible: Hong Nhung – singer, Yen Vy – movie actress, Hoang Thuy Linh – sitcom actress even appeared in sex clips in some instances. Hong Que – a very young fashion model – has been through ten scandals although she was only 18 years old in 2013. She turns up for important events wearing see-through dresses to draw attention, even though she is not invited or fights with other models until arrested. (Illustration 2)

Following the examples of such kinds of socialites, some Vietnamese girls have been posing provocatively on websites and in foreign magazines to attract attention and hopefully get a foothold in the entertainment industry. A Google search for 'Elly Tran', for example, turns up 366,000 results. The 22-year-old Vietnamese-American, who now lives in Vietnam, can be seen mostly revealing her ample bosom and tiny waist in pictures distributed widely on the net. Some of her most revealing photos have found their way into adult magazines under headlines such as "the Paris Hilton of Vietnam" and "the hottest girl in Vietnam". Thanks to this publicity, she has achieved a certain success in the fashion and film industries and was invited to act in Vietnam's first 3D movie *Bong Ma Hoc Duong (School Ghosts*) that was released during the Lunar New Year Holiday in February 2013.

Another starlet who has flaunted her curves is 21-year-old 'Thuy Top'. Boasting 135,000 results on Google, the Hanoi girl, whose real name is Huynh Minh Thuy, got her nickname after netizens dubbed hers to be the biggest breasts in Vietnam. Thuy Top, like Elly, poses in titillating positions, revealing as much as possible without completely shedding her clothes.

3.2.2. Product placement

An increasingly common marketing tactic is the placement of products in entertainment media. The producers of such media may be paid high sums of money to display branded products. The practice is controversial and largely unregulated.

There are a lot of political and economic factors that exert corrupt influence on mass media. Money as a source of power has a great impact on mass media. When a certain TV company is profit-oriented and is paid money to attract as many people as possible, it will do its best to attract the audience by fair means or foul. The owners and top managers of mass media companies may be then referred to as an authoritative body, which is equal to higher political or economic bodies. It is also considered that 'press lords', such as Rupert Murdoch in Great Britain or Conrad Black in Canada, have full control over the content of the news, and show mainly conservative views in their press.

Mass media are influenced by the commercial activities of some of the corporations and businesses. The aim of commercially oriented mass media is to attract as large an audience as possible in order to gain profits for their advertising accounts. Thus, the information given in the news should be interesting for the audience. The presence of such commercial restrictions is evidence that the market can introduce rather effective censorship into mass media. As a result, commercial mass media are characterized by certain obstacles to be faced while reflecting some radical or progressive opinions. However, other researchers believe that mass media do not reflect all the variety of views, but only the views of the representatives of institutional authority: politicians, governmental officials, economic leaders, etc. This concept assumes that the authorities determine a general set of themes which should be discussed by the media, outlines the main principles of perceiving the reality and determines the rate of possible digressions in views.

In Vietnam nowadays, like in many other countries, the producers of branded products pay a lot to advertise their goods. It is the socialites who make a phenomenon called *Symbolic Consumption* in which mass media become a conductor. Through mass media, consumers receive a sense of self-confidence and self-identification through buying symbols to reach an ideal self.

Through the lifestyle of socialites, name brand clothes, shoes, accessories, etc., are advertised. The socialites often participate in fashion shows, parties, etc., and show off their high quality lifestyle with pedicure, manicure, facial, spa, fitness, expensive food, cars, yachts, and luxurious travel. They even hold a lot of press conferences and appear in newspapers or magazines to do so. It is here that we can observe the functions of symbols in consumption as follows: 1) Showing what kind of merchandise an individual will and should purchase; 2) by doing so, showing an individual's social status; and finally, 3) people will copy their choices.

So how do socialites influence consumption? Socialites are pioneers in conspicuous consumption because they give symbols meaning with their fame and high social status, which causes continual effects on common people. Socialites become ideal symbols for people to follow: Some consumers copy their fashion styles and believe that some products are better than others because of the socialites' promotional activities. That is the reason why mass media and their news about socialites are the best promotions to evoke people's desires, and/or it is a way to sell products!

3.2.3. Stereotypes.

Both advertising and entertainment media make heavy use of stereotypes. Stereotypes may negatively affect people's perceptions of themselves or promote socially undesirable behaviour. The stereotypical portrayals of men, affluence and ethnic groups are examples of major areas of debate.

Another important view on what might influence mass media is the influence of ideology on the reflection of reality. As many researchers believe, ideology determines all standards of the production of news: professional criteria, the value of information, and especially the rate of 'objectiveness'.

According to Rowland Lorimer and Mike Gasher, the authors of the book *Mass Communication in Canada*, the nature of mass media has changed due to the growing popularity of the Internet and its applications. The Internet is now used in all spheres of life; however, its usage in mass communication is probably most extensive. By means of the Internet, people are able to receive and distribute information, which of course has a dramatic effect on mass media as well as society as a whole. To prove this, Lorimer and Gasher write that the "transmission of messages made by many is far surpassing the production and distribution of a limited set of products made by a few…"[16] Thus, it is necessary to emphasise that the advent of the Internet into Canadian mass communication has changed the roles and functions performed by all mass media organisations and the public.

As has been mentioned above, mass media influences vast numbers of people, while it is influenced by a certain group of people who own some sort of power. Politicians, owners of corporations or millionaires can influence the quantity and quality of reality that are reflected by mass media, thus making the latter 'invent the reality'. What is the purpose of doing that? The purpose is well-described in the book by George Ritzer, *The McDonaldization of Society*. The author treats McDonald's as the result of bureaucracy influencing society – the same bureaucracy which effects mass communication worldwide. From Ritzer's viewpoint, managers of McDonald's aim at gaining full control of their employees, and for this reason they hire young people who are perhaps more easily influenced and controlled than adults.[17]

In Vietnam, with national integrity finally secured in 1975, it was not long before the artistic community began to explore themes in their work which had largely been set aside during the long struggle for self-determination. This trend received a boost with the implementation of *đổi mới* ('renovation') in 1986, which afforded Vietnamese artists a measure of creative freedom, allowing them to look at life from an individual point of view rather than focusing on the role of society as a whole. Since that time, Vietnamese artists have be-

16 Lorimer, Rowland and Gasher, Mike: *Mass Communication in Canada*, 4th ed., Toronto: Oxford University Press, 2001.

17 Ritzer, George: *The McDonaldization of Society,* Thousand Oaks, CA: Pine Forge Press, 1996.

gun to question established views and to tackle such sensitive issues as the enormous cost of victory in terms of human suffering, the problem of official corruption, the disappointments of the post-war era, and the social effects of the change from a subsidized to a market economy, including 'social evils' such as prostitution and drug addiction. Such themes have provided the raw material for some of the most exciting contemporary works emanating from modern Vietnam.

During this period, Vietnam was transiting from war to peace, from a divided country to a unified one and carrying out open door policies and market economy. These shifts have brought about great changes in Vietnam's society and system of thought.

The ideological aspect

- Studying the artistic ideas of classical authors more comprehensively and systematically
- Trying to fully uncover the dimensions neglected or hidden in the previous periods
- While the art policies of the Communist Party emphasised the basic principles, their historical limitations were, in fact, already being pointed out

The human aspect

- An awareness emerges of the need to discover the heritage of Vietnamese arts in both its classical and modern forms, eastern and western traditions, from Chinese classical artistic theory to modern and post-modern artistic theory
- Studies from new angles have opened up many new issues, such as the features and functions of arts, and the relationship between arts, politics and reality
- Contents of artistic thinking of artists are not restricted within images but extended to poly-logical thinking and fuzzy logic containing factors of unconsciousness and intuition

While Marxism-Leninism and Ho Chi Minh ideology are still at the core, Vietnamese arts do not stop at this standpoint.

Vietnamese arts have grown further to establish a steady and diversified field: Hot issues emerge in the contemporary period and have many achievements. Compared to the earlier and much longer period, Vietnamese arts in this period have contained crucial differences that marked the transition of modern Vietnamese arts. The works appearing in great numbers showed how arts are gradually turning away from political service as the guideline for writing.

The principal of faithfully reflecting '*new life and new people*' inspired by the praise of the Party's guidance and revolutionary ideology was now replaced by the inspiration of criticism. The picture of life is no longer radiant with bright colours, but is a mixture of black and white, dark and bright colours. Artists have independent points of view, unlike those of the majority of the 'orthodox' group. That is why arts have not stood apart from social progress, they have been directly involved in the renovation process. Arts now respond spontaneously without abiding by any command, and sometimes even go against commands. Arts during this period have witnessed the birth of a new artistic conscience, in which elements of the post-modern arts emerged alongside non-Marxist modernity. The new artistic consciences, the changes in language and the narrative skills have made works of this period unique in the development of Vietnamese arts since 1975, marking the integration of Vietnamese arts into regional and international arts.

Beside the positive aspects, however, mass media in Vietnam have also caused many scandals interfering with personal life or because of political purposes; they have tried to smear the good name of socialites, or exaggerate the reality, making a storm in a tea-cup so that they can put a stain on somebody and dishonour them.

There have been so many cases like that, therefore I will just give two of the most notorious examples just happening to clarify this point.

Ly Nha Ky. (Illustration 3) Model-turned-actress and businesswoman, Ly Nha Ky, the first tourism ambassador of Vietnam, on attending the Golden Kite awarding ceremony, the annual Vietnamese film awards, held in Ho Chi Minh City on March 9, 2013, announced her decision to quit the 2013 tourism ambassador race through a heartfelt letter and even refused to talk to media. "My health condition is not good… Slanderous words against my position last year have had a tremendous influence on my family and relatives", she wrote. In the letter, Ky also reassessed her work as last year's tourism ambassador:

> I did my utmost not to betray trust and expectations from people and the state leaders. Some supported and some did not when I officially took the position. Some people even tried to hurt me in different ways. But then the mission to promote the country was most important to me. My greatest happiness is that I have contributed to making people more interested in promoting the country's image to the world as well as to helping raise public awareness of Vietnam's tourism development.

She also remembered good memories "which helped her live a more meaningful life" when Ha Long Bay was named one of the world's seven new wonders of nature and Hanoi was granted the right to host ASIA 2019 last year. Ky hoped the country will find a more worthy candidate who is able to fulfil all the expectations of the Vietnamese people.

Luong Trong Nghia, her manager, confirmed with Tuoi Tre on Thursday, 14 March 2013 that, "She is too tired [for the position]. Mixed public opinions regarding her position really upset Ky's mother and hurt her family. She does not want to be a disrespectful daughter." Nghia said Ky will continue to run her own business and is happy to give assistance to promote the country's tourism any time. He added that Ky will be willing to be contacted by local media in the coming days, but not today.

Despite mixed public opinion on her performance as last year's ambassador, Ky, who is one of those credited with successfully promoting Ha Long Bay in the race to gain worldwide recognition as one of the new natural world wonders, stands a very good chance of becoming the new tourism ambassador, which is a voluntary and unpaid position, said a VnExpress report.

Armed with attractive looks, great popularity, excellent foreign language skills, and good relations in art and business circles, Ky is capable of calling for financial support for Vietnamese tourism, as well as making tourism promotion products on her own, Tran Nhat Hoang from the Ministry of Sports, Culture and Tourism noted on Monday, March 12, 2013. The high-profile beauty is also very dedicated to the job, as she spent a considerable amount of time and her own money in promoting Ha Long Bay and helping Vietnam become the host of the Asian Games (ASIAD) in 2019, Hoang elaborated.

However, local press voiced concerns about the possibility of Ky's reelection that her scandalous lifestyle may taint Vietnam's tourism reputation. The hesitation mostly stemmed from some shocking recent public statements and scandals, including showing too much skin and showing off her wealth and deluxe costumes on the internet. They have been continuing to smear her in many ways. Here are some pictures showing the cases, which proved later to be fake and leading to some serious fines from the mass media side.

"We're only responsible for Ky's public statements as the tourism ambassador, we don't care much about her personal life or scandals", said Nguyen Van Tinh, Head of the Ministry's International Cooperation Office.

The audience are also supportive of Ly Nha Ky when they still voted her as 2013 Vietnam's Tourism Ambassador.

Dam Vinh Hung – Pop star. (Illustration 4) Hung was also accused of faking a married in order to migrate to America, which turned out to be a photoshop trick.

3.2.4. Taste and taboos

Entertainment media often questions our values for artistic and entertainment purposes. Normative ethics is often about moral values, and what kinds should be enforced and protected. These two sides come into conflict in media ethics. In the name of art, media may deliberately attempt to break with existing norms and shock the audience. That poses ethical problems when the norms abandoned are closely associated with certain relevant moral values or obligations. The extent to which this is acceptable is always a hotbed of ethical controversy. Some socialites have been taking advantage of those elements to make themselves popular, but sometimes they cannot predict the results of their actions.

Pop star is a monk kisser. (Illustrations 5 and 6) As you might know, nowadays in Vietnam, Buddhists make up about 55% of the population. The most controversial scandal of 2012 was the kissing scene between singer Dam Vinh Hung and two monks. On November 4, at a charity auction at HCMC's 'Khong Ten Lounge', male singer Dam Vinh Hung auctioned a Western wine bottle at a starting price of VND 20 million (US$ 960). The winners were Venerable Thich Phap Dinh of Phuoc Son Monastery in Dong Nai and Venerable Thich Giac An of Quan Am (Avalokiteshvara) Pagoda in Dong Thap. They bid the highest price of VND 55 million (US$ 2,640). As he promised to kiss the winners as a thank you before the auction, Hung kissed the lips of the Venerable Thich Phap Dinh. The other monk refused, instead letting him kiss his left hand. The photos showing the kiss were spread on the internet and aroused fury among many people who called them offensive. After the incident, the two monks were banned from leaving their monastery for three months as of November 7.

Meanwhile, Thich Phap Dinh has asked to be unfrocked and, as of November 16, is a normal, secular man. For his part, the singer has released a handwritten letter to the media, saying he acted with good intention while expressing his "honest apology" to local Buddhist monks and the public.

When traditional dress goes sexy. In February, Mai Phuong Thuy, Miss Vietnam 2011, had to send an official apology to her fans for a controversial photo shoot featuring her in the traditional *ao dai* – national costume four years ago. Taken two years after Thuy claimed the crown, the photo collection captured Thuy donning a sleek and transparent white *ao dai* in different sexy poses. The shoot, ten black-and-white photos of Thuy, accessorized with Vietnamese *non la* – conical hat and symbolic lotus flowers, was carried out by photographer Quoc Huy. A number of netizens strongly criticized the photos, saying Thuy's erotic poses damaged the traditional and beautiful image of *ao dai* – Vietnam's traditional costume.

Thuy, in her apology letter, wrote that she was too young when she modelled for the shoot and her lack of modelling skills probably sent the wrong message about the purpose of the photos.

3.3. What has Vietnam's government done as official measures?

In March 2012, model Thai Ha was fined VND 5 million for exposing most of her breasts in a skimpy outfit in an advertising event. Two months later, the

HCMC Culture, Sport and Tourism Department announced a VND 3.5 million (US$ 175) fine against local pop singer Thu Minh for wearing a skimpy costume at a show in April. Model Hoang Yen also received an equal sanction for the same reason in December. Besides costumes, local authorities have tightened the regulations on other performing acts. Pop singer Cao Thai Son in July received a VND 4.5 million (US$ 225) fine for lip-syncing at the show in HCMC. Son became the first performer to be fined for lip-syncing a performance, in accordance with the Government's Decree No. 75. However, to some people, the lenient penalties are just a light slap on the wrist that serves as a poor deterrent compared with the fame the singers attracted after the scandal.

Vietnam's government has also secured many other decisions and decrees to enforce the law in terms of the information being released in the mass media.

Decision 1755/QD-TTg 22/09/2010	Approving the scheme to make Vietnam a country strong in information and communication technologies earlier	Published Date: 22/09/2010 Validated Date: 22/09/2010
Decree 25/2011/ND-CP 06/04/2011	Detailing and guiding the implementation of a number of articles of the Telecommunications Law	Published Date: 06/04/2011 Validated Date: 01/06/2011

4. Some interpretation of the phenomenon

Michael Parenti's book *Inventing Reality* gives the definition of mass media as a "weapon" that can be used to protect people and against them.[18] He exposes the dissimulation of the absence of censorship of mass communication media, and the prevalence of right wing forces in the creation of news today. Parenti convinces the readers that the entire mass media are serving the interests of political and corporate leaders, rather than the interests of average people, whom it should have served indeed. The author is convinced that modern mass media are misleading public opinion and shifts it in the necessary direction.

Mass media should actually be a mirror of reality, reflecting objectively and independently the information given. Obviously, it is not so, and there are multiple factors influencing the process of reflecting information, and the rate of influence of certain factors varies in accordance with the alteration of information. Mass media tries to control people's minds, thus it does not need independent people. In *Understanding Power: The Indispensable Chomsky*, the au-

18 See Parenti, Michael: *Inventing Reality: The Politics of the Mass Media,* New York: St. Martin Press, 1986.

thors of the book write that mass media, together with the educational system, "weeds out people who are too independent, and who think for themselves, and who don't know how to be submissive, and so on – because they're dysfunctional to the institutions".[19] According to Chomsky, people cannot use their brains while working for mass media, because they should be submissive, rather than independent.

'Renovation' (*đổi mới*) in 1986 has afforded Vietnamese artists a measure of creative freedom, allowing them to look at life from an individual point of view rather than focusing on the role of society as a whole.

4.1. Art characteristics of this period are as follows:

4.1.1. Artistic renewal and new human spirit in the global integration of human conscience

- Artistic renewal is a part of the overall process of renovation under Doi Moi which was initiated and concretized in 1986.
- Man is not an instrument of history but the ultimate goal of every reform and every social renovation.
- Artistic renewal is closely related to the democratic spirit in arts.
- Democracy is a nationwide set of events that effects all artistic movements whose result and nature are the foundation of new *human values*.

4.1.2. The assertion of the self and the awareness of the individual

Based on this principal idea, a series of topics emerged in the arts: man of history, man of war, man losing himself, man in harmony with nature, man questioning himself and the human values in the market economy, man and aspects of his esteem, instinct… Those topics have been mentioned under different aspects of life.

4.2. Four different aspects of life

- The exploration of man's individuality has continued to be reflected in the relationship between human beings and society and/or community, and was indispensable in determining the values of human existence.
- Asserting the role of the individual, the creation of individual artistic worlds through the creation of the artist and the approach to ideology – aesthetics from an independent point of view.
- The new human spirit in the integration of global human conscience.

19 Mitchell, Peter R. & Schoeffel, John: *Understanding Power: The Indispensable Chomsky*, p. 16.

– Interaction and integration are an inevitable tendency of globalization. The widespread acceptance of artistic and cultural values of mankind is a fact and a practical aspect of democratizing artistic life.

Today, many Vietnamese artistic works have been acknowledged as contributions to the humanitarian ideology of mankind. Vietnamese arts is joining the global human conscience on many common issues. However, because 'one coin always has two sides', mass media in Vietnam on the way to recognising the road to advance have to face obstacles and have a lot of shortcomings, which takes time to mature, and needs common sense, conscience and good will from all the people involved.

Conclusion

Having spoken about Vietnam's modern mass media and the factors which influence the process of reflecting the images of socialites, it is necessary to draw a conclusion. From the author's point of view, the main function of mass media should be just the reflection of reality, without any interpretations, adaptations and other means of misleading the people. With the development of such sciences as psychology and political science, politicians and other authoritative individuals have learned how to control people's minds by means of mass media.

With a very big network, mass media in Vietnam have had crucial impacts on the whole country with both positive and negative aspects. The author of this article mentions four issues in the ethics of entertainment media in Vietnam when they create the images of socialites, including the depiction of violence and sex, and the presence of strong language; product placement that is made full use of by business people; stereotypes with both advertising and entertainment media which may negatively affect people's perceptions of themselves or promote socially undesirable behaviour; and lastly, taste and taboos which media may deliberately use to break existing norms and shock the audience in the name of art.

The author also tries to interpret the causes behind this phenomenon based upon the political and socioeconomic setting in Vietnam in contemporary times.

More References

Blanchard, Margaret A. (1998): *History of the mass media in the United States: an encyclopedia*. Fitzroy Dearborn.

Finkelhor, D., Mitchell, K., & Wolak, J. (2000): *Online victimization: A report on the nation's youth.* Washington, DC: National Center for Missing and Exploited Children.

Fourie, Pieter J. (2008): *Media Studies: Media History, Media and Society*. Juta and Company.
Hargreaves, D. (2002): *Idealized women in TV ads make girls feel bad*, Journal of Social and Clinical Psychology, 21, 287-308.
Kilbourne, J. (1999): *Can't buy my love*, New York, NY: Simon & Schuster.
Khidekel, M. (2008): *What is sexy?* Cosmo girl magazine, p. 153-156.
Kosicki, G. (1993): *Problems and opportunities in agenda-setting research,* Journal of Communication, 43, 100-127.
Smith, L. (2004): *Fabulous Tom Ford tells all,* New York Post; accessed March 23, 2008.
Tiggemann, M., and Pickering, A. S. (1996): *Role of television in adolescent women's body dissatisfaction and drive for thinness. International Journal of Eating Disorders*, 20, 199-203, *USA Today*, 1996, August 12, p. 1.
Martin, James B. (2002): *Mass Media: a bibliography with indexes*. Nova.
Wilke, Jürgen (2011): *Media Genres*, Institute of European History.

Impact of Television on Distance Education in India
Insights on Literacy

Kasturi Dadhe

Introduction

For the years 2010-2011 UNESCO conducted a study in which it researched the propagation and use of information and communications technology (ICT) in schools in five countries – Rwanda, Namibia, Uruguay, Jordan and Singapore. The objective was to assist them in formulating effective ICT strategy in education policies and, at the same time, reinforce their national capabilities. In a 2011 UNESCO publication following the research it was noted that

> The dissemination and use of information and communications technologies (ICT) in schools has come to be seen by education policy-makers as a significant opportunity. They are attracted to the prospect that ICT can improve student achievement, improve access to schooling, increase efficiencies and reduce costs, enhance students' ability to learn and promote their lifelong learning, and prepare them for a globally competitive workforce.[1]

In the first part of the symposium in Germany, I discussed the invasion of the satellite television in India, heavily criticising the onslaught of 24-hour news channels on the masses in India. I wish to again take up the issue of media and technology, but mainly for the purpose of investigating and observing its impact on the education sector in India.

The first section of this paper will deal with the current literacy scenario in India with a focus on distance education (DE). In the second section, the paper deals with the relationship between mass media, with special regards to television, and education. I highlight the measures undertaken by the Indian government towards this cause and compare it with a non-governmental organization PlanetRead, which has also been working consistently towards using mass media as part of a literacy drive in India.

1 Kozma: 4.

Right to Education in India

Previously, in the 1990 world conference of *Education For All,* also organized by the UNESCO, it was declared that

> All available instruments and channels of information, communications, and social action could be used to help convey essential knowledge and inform and educate people on social issues. In addition to the traditional means, libraries, television, radio and other media can be mobilized to realize their potential towards meeting basic education needs of all.[2]

It was in the path founding conference in Jomtien that the need for education for those excluded and unreached through the formal and non-formal education systems was addressed. The members stressed on the importance of expanding skills and competencies of illiterate youth and adults, turning them in to valuable human resources for any society.[3] On a governmental level in India, the issue of 'education for all' gained much prominence after a rough draft on a constitutional amendment on education was composed in 2005 making education a fundamental right. Subsequently, the Right of Children to Free and Compulsory Education Act or Right to Education Act (RTE) was passed by the Indian Parliament on 4 August 2009. The Act describes the modalities of the importance of free and compulsory education for children between 6 and 14 in India under Article 21a of the Indian Constitution.[4] India is presently one of 135 countries to make *education a fundamental constitutional right* of every child.[5] In a speech released by the Press Information Bureau regarding education in India on the 1st April 2010, Dr. Manmohan Singh, the Prime Minister of India, stated that

> We are committed to ensuring that all children, irrespective of gender and social category, have access to education – an education that enables them to acquire the skills, knowledge, values and attitudes necessary to become responsible and active citizens of India.[6]

Despite this law being passed, the logistics of providing education to all is a herculean task, especially in a country with a population of 550 million children below the age of 24. One of the major obstacles between the youth and the education is the financial cost that needs to borne by families. In a survey undertaken in January 2013 by The Associated Chambers of Commerce and Industry of India (ASSOCHAM), it came across that 65 per cent of parents

2 UNESCO: Meeting Basic Learning Needs, Thailand, 1990.
3 Patel: 255.
4 http://mhrd.gov.in/rti_school.
5 Dhar: 2010.
6 Press Information Bureau: 2010.

spend more than half their take-home pay on their children's education and extra co-curricular activities placing significant burden on their family budget.[7]

Mass Media and Drive for Literacy

The existing educational system in India has shown itself to be unable to respond to the massive increase in demand for education. This holds true for many other developing countries with respect to meeting the substantial education needs of the rural poor. Consequently, various groups spread across the social strata continue to be denied access to information, knowledge, skills, and technology transfer.

One solution is to deploy Distance Education techniques and delivery systems such as radio and television based at the community level to directly address local issues and needs.[8] In a country like India, of course there is a huge potential for this medium of education to be imparted simply because of the high scale and density of population widespread across a large geographical distance. For perspective, please consider the following statistics:[9]

1. India's literacy rate is 64%, but for females it is just a little over 40%.
2. More than 190 million children in the 6 to 14-years age group are enrolled in the 23 million elementary schools.
3. A further 5.3 million school dropouts attend the 240,000 non-formal education centres.
4. However, there are still 70 million children, who miss out on their schooling. With these numbers, it needs to be taken into consideration that there are still around 400 million who are 'functionally' illiterate.

As if in connection to the existent condition of the current system, even the Indian Union HRD Minister Pallum Raju announced that in the 12th Plan the whole focus will be on quality of education for children. He also insisted that technology was playing a very key enabling role in education and it was important to consider how technology was used for personal and professional growth.[10] It is with reference to this observation that I base the next part of my paper on.

7 Majority of parents spend on average more than 1.8-2 Million Rupees in raising a child by the time their teen graduates from high school (Dhawan: 2013). http://economictimes.indiatimes.com/news/news-by-industry/services/education/rising-cost-of-education-worries-parents/articleshow/17950449.cms.

8 Dhanarajan & Walker: 32.

9 Panda and Chaudhary: 149.

10 PTI, Economic Times: 2013.

Distance Education: Salving Educational Voids?

Distance Education has been in existence since a considerable period of time and, in fact, a formalised approach to distance education programmes has been recorded for almost a century. What in Germany is commonly known as *Fernunterricht* bears the nomenclature 'Correspondence Education' in India.

What are the highlights of this form of education? It involves a separation between the teacher and the students and relies mainly on self-study. Distance Education strives to use several channels of communication between the tutor and the student. One of the major aims of Distance Education is to provide flexibility and opportunity for education to those, who were unable to access formal, conventional education.[11] To broadly define Distance Education I quote Rao:

> Distance education can be defined broadly as: Any educational or learning process or system in that the teacher and instructor are separated geographically or in time from his or her students; or in that students are separated from other students or educational resources; the learning is affected through the implementation of information and communication technologies to connect teacher and student in either real or delayed time or on need basis; and the content delivery may be achieved by integrating various technologies, including audio, video, computer, internet, multimedia, satellites, TV, cable TV, interactive video, electronic transmissions via telephone lines, postal service, etc.[12]

Use of Technology in Distance Education: SITE and EDUSAT experiments

Over the last two decades this non-formal mode of education has made rapid progress and has now gained widespread acceptance as a viable alternative delivery system.[13] Radio and television have been used extensively in several developed and developing countries for the last couple of decades. In this connection, so called 'tele-centres' have been established across the globe to provide for those in desperate need of education. These centres have been piloted and implemented by various governmental and developmental agencies across the globe. They can be considered to have potential to at least reduce and narrow the "digital divide" in remote, rural, and otherwise disadvantaged communities. Such centres help those disadvantaged get some access to the information economy, government information, healthcare and other services, and develop socially and economically.[14]

11 Kanjilal: 175; Krithivasan et al.: 1.

12 Rao 2006: 226.

13 Ibid.: 225

14 Sonja Oestmann and Andrew C. Dymond: 1.

On the counter side, it needs to be also taken into perspective that imparting education through such technology also poses some basic pre-requisites and challenges:

1. Easy access to technology for the tutor and for students;
2. Affordability and financing of the technology;
3. Regulatory and bureaucratic frameworks
4. Shortage of knowledge and skills to develop and implement ICT-based systems.[15]

To a certain extent, in India, the government is taking measures to expand the technological presence, especially in the rural areas, as rural development is a national priority. Governmental and non-governmental interventions are achieving perceptible improvements in rural social strata. These recognize that information and communications technology (ICT) and tele-learning centres (TLCs) could play a key role in supporting educational and socio-economic development. There have been occasional experiments in teleconference or computer-based rural education and training, and some states have developed strong networks of community volunteers and cooperatives providing voluntary community education and training.

Despite the physical, bureaucratic, political and geographic hurdles, the first experiment on a small scale was conducted in India using television almost five decades ago. It was a secondary school project, initiated in 1961, for the secondary schools of Delhi with an aim to improve the standard of teaching to compensate for the paucity of laboratories, space, equipment and dearth of qualified teachers. The lectures were syllabus-based and were telecast during school hours. Around 538 sets were installed in Delhi and 272 in and around Bombay (now as Mumbai).[16]

But what remains impressive to note is the first techno-social experiment on a truly mass scale followed shortly after the 1961 experiment. On 1st August 1975, the Satellite Television Experiment (SITE) was initiated for a period of one year. This was the first attempt anywhere in the world at using satellite technology for education and national development. The project was implemented with the help of the Indian Space Research Organisation (ISRO) in co-operation with NASA, UNDP, ITU and UNESCO.

In the memorandum that was signed between Dr. Vikram A. Sarabhai, the then Chairman of the Indian Space Research Organization (ISRO) and Dr. Thomas O. Paine, the then NASA Administrator, it was decided to cooperate in an unprecedented experiment using a space satellite to bring instructional

15 Ibid: 2.
16 Desai 2010: 32.

television programmes to some 5,000 Indian villages. Below are the objectives of this memorandum:

3.1 *General Objectives*

- Gain experience in the development, testing and management of a satellite-based instructional television system particularly in rural areas and to determine optimal system parameters.
- Demonstrate the potential value of satellite technology in the rapid development of effective mass communications in developing countries.
- Demonstrate the potential value of satellite broadcast TV in the practical instruction of village inhabitants.
- Stimulate national development in India, with important managerial, economic, technological and social implications.

Specific Objectives

3.2. Indian Instructional Objectives:

3.2.1. Primary

- Contribute to family planning objectives.
- Improve agricultural practices.
- Contribute to national integration.

3.2.2. Secondary

- Contribute to general school and adult education.
- Contribute to teacher training.
- Improve other occupational skills.
- Improve health and hygiene.[17]

This experiment was used to bring informational (educational and instructional) television programmes to rural India. The pilot project was launched in 2330 villages from 20 backward districts of six states with the help of the American Satellite (ATS-6). The programming was done in four Indian languages: Hindi, Oriya, Telugu and Kannada.[18] SITE, apart from providing general information on agriculture, health, family planning, etc., attempted to target rural school children by broadcasting programmes specifically designed for them and, simultaneously, also conducted multi-media teacher training programmes for approximately 40,000 rural science teachers.[19]

The SITE in a sense was a path-breaking experiment despite the serious pitfalls, for which it was criticised. Involving one-sided communication and a

17 Taken from Memorandum Of Understanding Between The Government Of India And The Government Of The United States Of America Regarding India-U.S.A. Itv Satellite Experiment Project, 18 September 1969; http://www.commonlii.org/in/other/treaties/ IN TSer/1969/16.html; accessed on 10.01. 2013.

18 Desai 2010: 33.

19 Patel: 257.

lack of proper infrastructure in context of audio-visual technical aids,[20] it was given upon the government and ISRO to further develop this technology and make it available for all. Nevertheless, SITE paved the way to Indian development of its own satellite network dedicated to education and educational broadcasting for higher school education.[21]

After the implementation of SITE several other parallel projects were also implemented. The Jhabua Development Communication Project (JDCP) was initiated to gain experience in satellite-based broadcasting and interactive networks for education, training, and development using one-way video and two-way audio conferencing.[22] The target audiences were the tribal population in 150 villages in the Jhabua district in the state of Madhya Pradesh. Customised programmes and programme formats were prepared to benefit the population on issues such as agriculture, watershed management, health, Panchayati Raj (local governance), education, socio-economic and human resource development, and cultural issues.[23] The project also faced technical issues similar to SITE.[24]

Other initiatives, which were implanted and have received significant response, have been undertaken by IGNOU (Indira Gandhi National Open University). The university, since its inception in 1987, has gained considerable experience in teleconferencing, in using the Internet and localising educational delivery, and serving learners through community-based centres. IGNOU introduced its virtual campus through a network of tele-learning centres (TLCs) in 1999.[25]

With the launch of EduSat (a satellite dedicated only to education) on 20th September, 2004, and the establishment of the Inter-University Consortium, IGNOU has ushered in a new era of technology-enabled education in the country. Currently, there are 134 active two-way video-conferencing centres; all the regional centres and high enrollment study centres have been provided with network connectivity, which has made it possible to transmit interactive digital

20 Panda, Chaudhary: 151f.

21 Paterson, Desai: 31; Desai, Agarwal: 56; Patel: 257.

22 Panda, Chaudhary: 152.

23 Ibid. 152.

24 SERVE as quoted in Panda, Chaudhary analysed the experiment and found out that: 'Acoustics and viewing conditions left a lot to be desired and there was often a lot of external noise distracting the trainees. In some cases, the TV sets had been stolen or were not working, and there were occasional failures of computers, audio systems and power supplies. The viewers also experienced difficulty in understanding the "bookish" Hindi language used by the resource persons.' (Panda, Chaudhary: 152).

25 Ibid.: 153.

content.[26] According to the IGNOU website, emphasis is now being laid on developing interactive multimedia and online learning capabilities and adding value to the traditional Distance Education delivery mode with modern technology-enabled education within the framework of blended learning,[27] for which several programmes are being offered full-time throughout the several IGNOU campuses. In addition to the educational programmes that IGNOU offers two public educational channels – Gyan Darshan I and Gyan Darshan II – in collaboration with the state-run Doordarshan, and a radio programme Gyanvani. These programmes are also available for online broadcasting on the IGNOU website.[28] Since 2008, an online portal Sakshat was created with the proposed mission towards scaling up of the existing Education Help Line which

> …shall take care of all the needs of the entire learning community including the students enrolled in various educational institutions and lifelong learners by extensively utilizing e-learning concepts and the ICT based methodology. "SAKSHAT" shall be fully equipped with intelligent navigation techniques for easy and smooth browsing.[29]

Effectiveness of Distance Education

Although this paper deals specifically with the use of technology and mass media in education, it is important to place it in the context of the overall education scene in India and the measures that the Indian government is taking towards making the country literate. Despite the strides that the Indian government has taken in terms of higher and vocational education, it remains a bitter reality that the problem of free elementary education for all still remains a challenge. Governmental agencies like the National Literacy Mission (NLM), Sarva Shikshan Abhiyan have come up with several schemes towards achieving the goal of total literacy for India but the implementation and productivity of the schemes still remains a bitter pill to digest.[30]

26 http://www.ignou.ac.in/ignou/aboutignou/profile/2.

27 Blended learning is a mix of traditional classroom instruction and instruction mediated by technology. The latter can be one student with a tablet or laptop, or small groups of kids working together on devices (John Merrow quoted in Strauss: 2012).

28 http://www.ignouonline.ac.in/Broadcast/.

29 Mission Document, Sakshat, 15.

30 http://www.economist.com/node/12749787?story_id=12749787. This article in The Economist states that in a survey conducted by an NGO (ASER) in 16,000 villages in India, it was noticed that despite an enrolment rate of 96% of children, the quality of education imparted was appalling. The survey concluded that half of ten-year-olds could not read to the basic standard expected of six-year-olds. Over 60% could not do simple division. One reason is that, according to a World Bank study, only half of Indian teachers show up to work and that half of Indian children leave school by the age of 14.

Evaluation of the governmental policies

In the table below, one sees the incremental progress of literate people in India from 1951 until 2001. The overall literacy in 2001 increased from 18.3% in 1951 to 65.4%. From the figures, it can be concluded that almost 268 million remain illiterate.

Year	*Literacy Percentage*	*Decadal Growth*	*Non-literates (millions)*
1951	18.3	–	–
1961	28.3	10.0	249.40
1971	34.4	6.1	283.03
1981	43.5	9.1	305.31
1991	52.5	8.7	328.88
2001	65.4	12.9	268.42†

2001 Census; †Extrapolation in NLM (2000)[31]

As per a study conducted by ASER[32] in 2011, 42.5% of rural India's children in Classes 3-5, cannot read a Class 1 level text (ASER 2011). In Class 5, more than half cannot read a Class 2 text. The education of India's rural children is being constructed on a foundation that cannot support it and it should be taken into consideration that 70% of India is rural.[33] The graphs below, inferences from the study conducted by ASER, show the stark disparity that exists amongst the so-called literate children.[34]

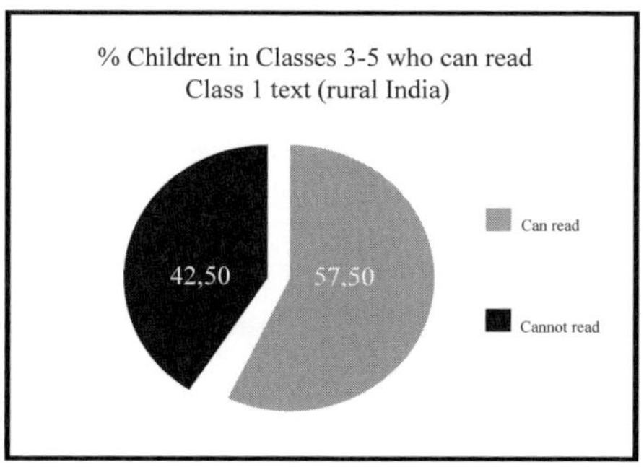

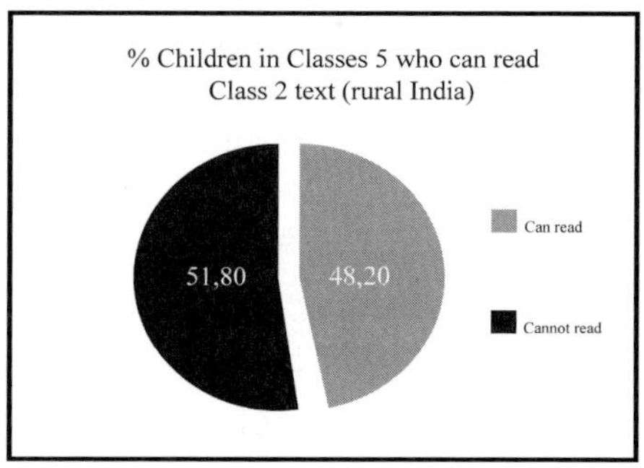

31 http://www.nlm.nic.in/literacy01_nlm.htm.

32 Annual Status of Education Report (ASER is an annual, nationwide survey of children's ability to read simple text and do basic arithmetic that would engage ordinary citizens in finding out whether their children were learning.

33 Kothari 2012: 3.

34 Ibid.

One major reason for this disparity could be the amount of government spending that goes behind education per annum, per person. This factors naturally also in to the quality of education that is reaching the masses. In the graph below, one sees a comparison between the public spending on education in India and Sub-Saharan Africa in 2005.[35] Yet with the Right to Education Act, since the year 2012, according to another article in The Economist, published in September 2012, the Indian government is now setting aside about $11 billion for education in 2012 (three-quarters for schools, the rest for universities), an 18% rise as of 2011.[36]

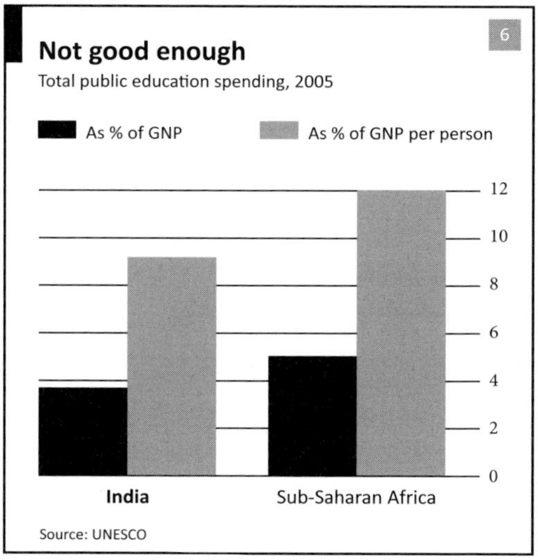

As per a World Bank report in 2010 on the school enrollment rate in the world, India ranks lower than China, Brazil and OECD countries.[37] Against this very backdrop, it becomes essential to question the effectiveness of government programmes in India targeted at education, use of technology in education, and accuracy of the Indian literacy rates.

35 http://www.economist.com/node/12749787?story_id=12749787.
36 http://www.economist.com/node/21563418.
37 http://www.economist.com/node/21563418.

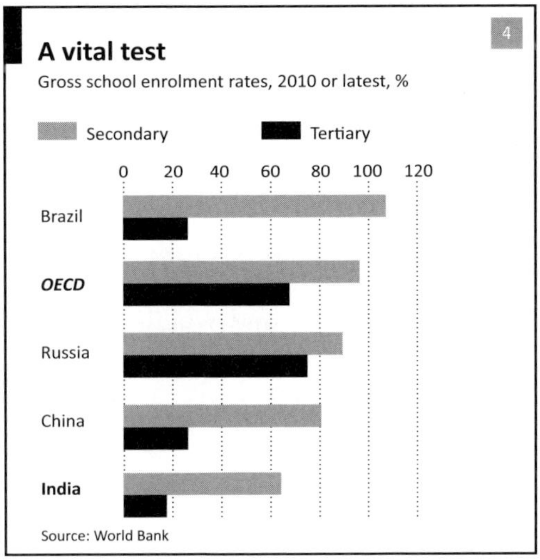

Dr. Brij Kothari, an Indian academic and founder of the NGO PlanetRead, credits the Total Literacy Campaigns (TLC) in adding around 100 million "neo-literate"[38] people, bringing the early literate population[39] to an estimated 300 million. But while defining the early literates, he observes that these are people 'whose literacy skills are at risk of gradual erosion or ultimately relapse into non-literacy.'[40] He continues that the TLC can be held responsible for not planning adequately for the continued improvement of early literacy skills.[41] Even the Post-Literacy Campaigns (PLCs) failed to enlist a majority of the neo-literates (NLM, 1994). In this respect, it needs to be recognised that literacy skills of early/neo literates needs to be further honed, and that too on a national scale and in a sustained manner. This, according to Kothari, is a challenge that can be successfully tackled only with the help of mass media, and

38 A neo-literate is an adult or an adolescent who did not or could not avail the available educational opportunities on time, and who at a later stage acquired the skills of literacythrough formal or non-formal Approaches (Joshi and Ghose: 78).

39 Early literacy can be broadly explained as early emerging literacy-relevant skills which include the capacity to recite the alphabet, to name and print letters, to spell simple words including one's own name, to recognize letters and signs in the environment, to identify books by their titles, and to handle books and other literacy artifacts appropriately (Snow: 5)

40 Kothari: 2001.

41 Ibid.

most specifically through the television with its reach and power to draw the masses.[42]

Bridging the Digital Divide

Keeping in consideration the role of the Indian government towards education at large in India there is the possibility of using technology as a viable tool to impart this on a national scale, especially with the rapid digitization of the world around us. The question that is still relevant today is whether technology can indeed be brought to the masses and whether it has the power to bring about a dynamic change in the lives of people, especially where the foundation of their lives is considered, and respectively, where their education is concerned. Can technology really affect the literacy quota of a community or village in a multi-lingual, multi-cultural India?

To discuss this valid concern, I come to discuss an extremely innovative phenomenon using television as its link to benefit literacy to the rural masses of India. This has affected the lives of thousands of rural illiterate people all over India. Statistically speaking, up until 1975, only seven Indian cities had a television service and Doordarshan remained the sole provider of television in India. Television services were separated from radio in April 1, 1976.[43] As per the Indian Readership Survey, in 2008, there were an estimated 103 million television sets, making Indian television a phenomenon that caters to the world's second largest market.[44] What makes television a herald of change is because, in John Fiske's words, 'television is a cultural agent, which is a provoker and circulator of meanings…its viewer and the ways it functions in society is so multifarious…'.[45] What can be a more potent medium than the daily television to instill and infuse social change? The next paragraphs discuss the utilization of the television towards the cause of literacy, especially in rural India.

Project 'Reading for a Billion': The Case for Same Language Subtitling (SLS)

A fairly common phenomenon of karaoke or subtitling used for entertainment or for the hearing impaired has been extended to benefit the functionally illiterate of India and has had a staggering impact on literacy. This is thanks to the innovation of Dr. Brij Kothari. The UNESCO project report on Same Lan-

42 Ibid.
43 Kamat.
44 Desai 2010: 4.
45 Fiske: 1.

guage Subtitling (hereafter referred to as SLS), as the project is called, describes it as

> Using song-based programmes to expose viewers to reading on a constant basis makes reading automatic and an enjoyable process. The biggest strength of this project is that it creates reading transactions on a mass scale at a fraction of the cost. In addition, song-based programmes provide an endless resource to build phonemic awareness.[46]

Leveraging Entertainment for education

In India, popular songs from Bollywood films appear on national television *Doordarshan* with PlanetRead's SLS. How does this affect and benefit the audience? This provides automatic reading practice to 300 million early literates.[47] With SLS the viewers subconsciously associate the songs with the text, so the familiar lyrics on screen reinforce their literacy skills. The idea is to use the popular culture to achieve 'scriptacy skill improvement and the motivation of non-scriptates by increasing viewers' exposure and interaction with print from early childhood, and increasing media access among the deaf'.[48]

How does SLS work?

According to the sources on the website of PlanetRead,[49] since 1997, many impact studies including eye-tracking experiments have resulted in this proven approach to reading skill improvement on a mass scale. Surveys which were also conducted by AC Nielsens' ORG Centre for social research found that SLS is preferred by 90% viewers and that it accelerates reading skill improvement among adults and children both in and out of school. 3 to 5 years of exposure to SLS enables a person with basic familiarity with the alphabet to become functionally literate.

Another experiment conducted concluded that if the subtitles are there, they will be read and simultaneously processed with the audio in a complementary

46 Reading for a Billion: Same Language Subtitling; http://www.unesco.org/uil/litbase/?menu=4&programme=62.

47 Uribe: 2012.

48 Kothari, Chudgar, Pandey: 23.

49 PlanetRead was founded to give the SLS innovation an additional organizational base to champion SLS from. Besides implementing SLS on 10 weekly TV programmes on Doordarshan, in as many languages, impact research on SLS are also conducted in collaboration with Indian Institute of Management, Amdavad. (Brij Kothari, founder of PlanetRead in an interview; http://yourstory.in/2011/08/brij-kothari-planetread-same-language-subtitling-on-tv-for-mass-literacy-in-india/).

manner.[50] The following diagrams taken from the PlanetRead website show how SLS can be effective for processing the script and then trying to identify, remember it.

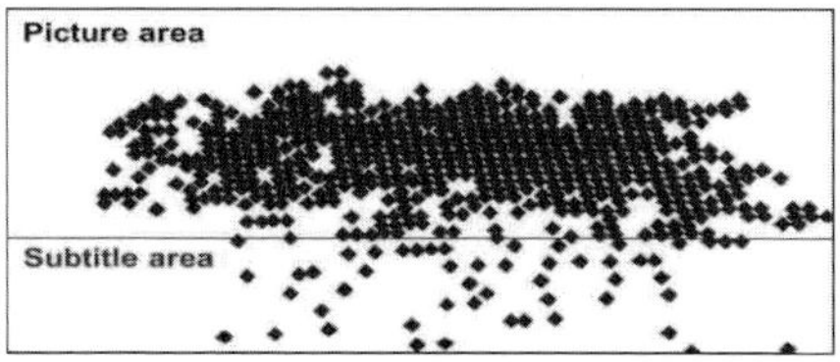

No SLS: Eye-Fixation on TV[51]

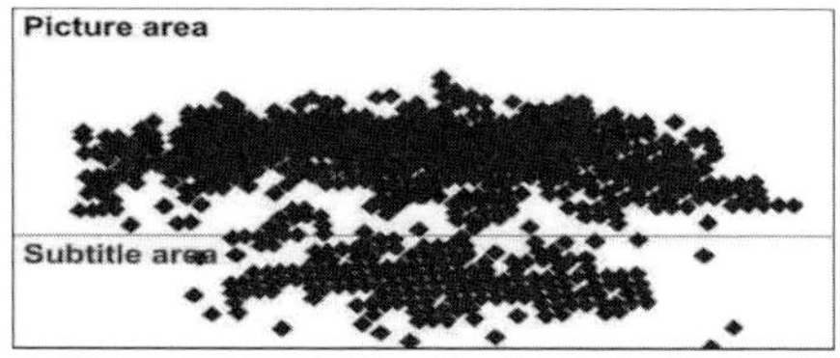

With SLS: Eye-Fixation on TV

Results by SLS Method Implementation

SLS undoubtedly has an effect on the reading skills by improving them. But at the same time, it was also noticed that SLS encourages a reading culture. A domino effect can be realized where one interested neo-literate/non-literate reader encourages another of his/her kind by reading and singing making it a communal affair thereby uplifting the literacy quota of the entire community.[52] Especially, in the Indian rural context, where one witnesses relatively fewer reading/writing transactions, an increasing number of people are transacting with television, primarily to derive entertainment. SLS taps into the reach and attraction for film-song programmes on television to create a more entertaining environment, in which reading transactions can be integrated.[53] The famous Indian passion for film songs and the enormous interest in knowing, confirming, clarifying, and memorizing song lyrics provide a powerful instrumental motivation from within. In other words, SLS of songs enables viewers to "take out" song lyrics,[54] aided by the inherently repetitive nature of songs and practice sustained through enhanced entertainment.[55]

It is a well-known fact that Indian languages are phonetic in nature. Therefore a clear by-product of trying to read and lip sync by the medium of SLS also has had a positive impact on the speech clarity and pronunciation of children and adults alike. Additionally, this has also had an impact for the im-

50 d'Ydewalle & Gielen quoted by Kothari, Chudgar and Pandey: 29.

51 As per the research conducted by member of PlanetRead. http://www.planetread.org/research.php, accessed on 18.01.2013.

52 Kothari, Takeda: 135.

53 Ibid.

54 Ibid. 30.

55 Ibid. 31.

paired hearers by being able to read and speak simultaneously by looking at the subtitles on the television.[56]

But what strikes SLS apart from most DE learning programmes or educational initiatives is that the main objective of SLS is not in creating 'educational' programmes, but in enhancing the entertainment quotient of the existing programmes. Literacy skill development is a sub-conscious by-product.[57]

Extent and Reach of SLS in India

Gujarat became the first Indian state where SLS was implemented expressly for the purpose of scriptacy.[58] The very first broadcast was initiated in 1999 on a film song program in Gujarat, 'Chitrageet'. The experiment worked with the use of the subtitles whose colour was designed to change in perfect timing with the songs to facilitate even a nonscriptate's identification of the individual words being sung. Through the integration of the subtitles within the programme a link was facilitated between popular television programming and education.[59] This encourages the growth of literate identities which is difficult to attain from pure formalised education.[60]

Currently, SLS programmes are broadcast in 10 regional languages nationwide. In fiscal 2012, PlanetRead's SLS programmes reached 216 million beneficiaries in eight languages, 42.3 million of whom were children. The program has grown by more than 56% since 2005.[61] India's national broadcaster Doordarshan has seen a 15% increase in viewership ratings on programmes with SLS. These programs are being sponsored by local education departments and through private donors.[62]

Economics and Challenges behind SLS

If one has to compare between the average per person spending by the Government of India towards basic literacy and the amount of funds that are needed for incorporating SLS in TV entertainment programmes the results would leave one astounded.

56 Kothari, et al. 2002: 64.
57 Kothari, Takeda: 132.
58 Kothari et al: 31.
59 Ibid. 39.
60 Ibid. 40.
61 Kothari 2012: 5.
62 http://www.planetread.org/tv.php.

Comparison of expenditure (US$) and coverage (Million)[63]

State	*Post Literacy Projects*			*Subtitling on TV*		
	Govt. Expenditure (pp/annum)	Neo-literate Coverage (MN)	%	Expenditure (PP/Annum)	Neo-literate Coverage (million)	%
Andhra Pradesh	1.50	1.158	5.6	0.0043	7.266	35
Gujarat	0.75	0.331	2.4	0.0066	4.903	35
Karnataka	1.55	0.678	4.5	0.0061	5.272	35
Madhya Pradesh	2.76	0.002	0.0	0.0043	7.335	35
Maharashtra	1.00	0.417	1.4	0.0030	10.500	35
Orissa	0.25	0.185	1.8	0.0091	3.517	35
Rajasthan	3.61	0.035	0.3	0.0068	4.743	35
Tamil Nadu	1.61	0.868	4.7	0.0050	6.489	35
West Bengal	1.27	0.522	2.2	0.0039	8.267	35
Hindi Belt	–	–	–	0.0007	42.689	35

Dr. Kothari discusses the cost effectiveness of this programme in several of his articles. The annual cost of subtitling one 30-minute programme of songs per week is approximately US$ 23,000. With these figures, the cost of giving 35% of the neo-literates in Gujarat half an hour of reading practice comes to US$ 0.0066 per person per year with SLS on TV (Refer to table). This compares rather favourably with US$ 0.75 per person per year for covering a mere 2.4% of the neo-literate population through Post Literacy centres.[64] This naturally makes the option of SLS attractive from a financial point of view. Since the above numbers display ease and the cost effectiveness of the programme, it is logical for one to assume and question the level of governmental cooperation with the programme and its implementation on national television.

This, unfortunately, has not been a happy story. Dr. Kothari, in his early endeavours to win over the government, especially after the first experiment in Gujarat, was disappointed by the negative or null feedback that was provided by the governmental authorities. Reasons such as the legitimacy of the film medium to promote literacy (read: vulgar), on whom should the onus of subtitling and its costs be, the equation of revenue generation and experimentation, etc.[65] By 2010, the governmental authorities, specifically the Prasar Bharati Board (Broadcasting Corporation of India), in principle, eventually realised the potential in the concept. Yet, until 2012, no policy changes have been under-

63 Source: Kothari et al. 2002: 63.

64 Ibid. 63; PlanetRead website.

65 Kothari 2000: 142.

taken to broadcast SLS for every song in every language that is telecast on the state-run Doordarshan (DD).

Despite the lack of governmental cooperation, SLS has been lauded by several important agencies worldwide, including UNESCO, USAID, World Vision, etc. PlanetRead is also supported by the Google Foundation, Sir Ratan Tata Trust, Mahindra Tractors, DELL Giving, amongst other organisations.[66]

Concluding Remarks

The paper has tried to prod into and bring to fore the role of technology and its history in the literacy campaigns in India, specifically the presence and impact of technology through the medium of television. Using the background of media and education, the paper tried to map and highlight the measures taken on the national governmental level and compare it with the efforts that were taken on by a non-governmental agency at the grass root level.

The key findings show that despite the enormous amount of government intervention towards the cause of literacy, also through the use of mass media and technology, the steps and efforts taken remain insufficient with more than 40% of the population having little or no access to education. On the other hand, initiatives such as Reading for a Billion, show massive potential in the aim to reach out to those without a possibility to enter and progress in formalised education, adult and children alike. It can be safely inferred that television and mass media have a huge impact on the lives of people. The research and findings discussed only further stress on how this medium should be tapped into to bring about socio-economic change and awareness where it is most needed. Its successful and efficient implementation can make a phenomenal difference, as seen in the PlanetRead experiment in the state of Gujarat. It also highlights the contradictory nature and perceptions of mass media and technology – the use of SLS in Bollywood song programmes is a perfect example – though it is driving a positive social change, the medium of Bollywood songs with its questionable content remains contentious and raises suspicions on validity of such an approach.

The ideal scene would naturally be when the several educational and human resource agencies: national & international; governmental & nongovernmental, collaborate and cooperate, use the power of mass media entertainment towards the cumulative cause of education and social and communal upliftment, at large. As Kofi Annan puts it:

> Literacy is a bridge from misery to hope… It is a platform for democratization, and a vehicle for the promotion of cultural and national identity. … it is the road to human progress

66 http://www.planetread.org/partners.php.

and the means through which every man, woman and child can realize his or her full potential.[67]

Bibliography

Primary Reading:

Desai, Mira K. and Binod C. Agarwal (2009). *Television and Cultural Crisis: An Analysis of Transnational Television in India*, Concept Publishing Company: New Delhi.

Desai, Mira K. (2010). *Television in India: Many Faces*, Authorspress: New Delhi.

Dhar, Aarti (2010). 'Education is a fundamental right now', http://www.thehindu.com/news/national/article337111.ece?homepage=true accessed on 09.01.2013.

Dhawan, Himanshi (2013). 'Rising cost of education worries parents', http://economictimes.indiatimes.com/news/news-by-industry/services/education/rising-cost-of-education-worries-parents/articleshow/17950449.cms accessed on 09.01.2013.

Economist, The (December 2008). 'Creaking, groaning: Infrastructure is India's biggest handicap', http://www.economist.com/node/12749787?story_id=12749787, accessed on 18.01.2013.

Economist, The (September 2012). 'A billion brains: A better education system calls for more than money', http://www.economist.com/node/21563418 accessed on 18.01.2013.

Fiske, John (1987). *Television Culture*. Routledge: London.

Joshi, Shalini and Malini Ghose. 'Reading Material For Neo-Literate And Semi-Literate Adults', in: *Learning Package on Participatory Adult Learning,Documentation And Information Networking (Paldin): Participatory Lifelong Learning And Information And Communication Technologies, Course 1,* http://www.unesco.org/education/aladin/paldin/pdf/course01/unit_07.pdf, accessed on 11.03.2013.

ICT in education. http://www.unesco.org/new/en/unesco/themes/icts/policy/policy-analysis/ accessed on 09.01.2013.

Kamat, Payal. 'Short essay on Development of Television in India', http://www.preservearticles.com/2012011821095/short-essay-on-development-of-television-in-india.html, accessed on 18.01.2013.

Kanjilal, Uma (1997). 'Information Technology and Libraries in Distance Education: Present and Future Prospects for India', in: *Journal of Distance Education* (In Library Services to Distance Learners in the Commonwealth: A reader edited by Elizabeth F. Watson and Neela Jagannathan), pp. 175-182.

Krithivasan, Saraswathi, Malati Baru and Sridhar Iyer (2005). 'Satellite Based Interactive Distance Education: A scalable and quality learning model' in: *Malaysian Journal of Distance Education* 7 (2), 1-20.

Kothari, B., (2000). 'Same Language Subtitling on Indian Television: Harnessing the Power of Popular Culture for Literacy.' in *Redeveloping Communication for Social Change: Theory, Practice and Power, Karin Wilkins* (ed.), pp: 135-146, New York: Rowman & Littlefield.

67 Message on International Literacy Day, 8 September 1997 by Kofi Annan. http://www.unesco.org/new/en/cairo/education/literacy-and-adult-education/, accessed on 18.01.2013, http://www.un.org/Pubs/CyberSchoolBus/dailyfax/df99ix.htm, accessed on 18.01.2013.

Kothari, Brij and Joe Takeda (2000). 'Same Language Subtitling for Literacy: Small Change for Colossal Gains', in Information and Communication Technology in Development, S. C. Bhatnagar and R. Schware (eds). New Delhi: Sage Publications, pp. 130-139.

Kothari, Brij (2001). 'Same Language Subtitling: Watch TV "and" Read' in *Information Technology in Developing Countries: A Newsletter of the IFIP Working Group 9.4,* Volume 11, No. 2, August 2001, http://www.iimahd.ernet.in/egov/ifip/aug2001/article1.htm accessed on 18.01.2013.

Kothari, Brij, Joe Takeda, Ashok Joshi and Avinash Pandey (2002). 'Same language subtitling: a butterfly for literacy?' in *International Journal Of Lifelong Education*, Vol. 21, No. 1 (January–February 2002), pp. 55–66.

Kothari, Brij; Avinash Pandey and Amita Chudgar (2005). 'Reading Out of the "Idiot Box": Same-Language Subtitling on Television in India', in *Information Technologies and International Development Volume 2, Number 1, Fall 2004,* Massachusetts Institute of Technology, pp. 23-44.

Kothari, Brij (2012). *PlanetRead Annual Report 2012,* http://www.planetread. org/pdf/ Annual %20Report-PR-2012.pdf, accessed on 18.01.2013.

Kozma, Robert. B. (2011). 'Economic, and Social Contexts for Educational ICT Policy', in *Transforming Education: The Power of ICT Policies*, Paris: United Nations Educational Scientific and Cultural Organization.

Mission Document. National Mission On Education Through Information And Communication Technology, http://www.sakshat.ac.in/PDF/Missiondocument.pdf, accessed on 18.01. 2013.

Oestmann, Sonja and Andrew C. Dymond (2001). 'Telecentres – Experiences, Lessons and Trends', in Colin Latchem and David Walker (eds.), *Perspectives On Distance Education Telecentres: Case studies and key issues,* The Commonwealth of Learning: Vancouver, pp. 1-17.

Panda, Santosh and Sohanvir Chaudhary (2001). 'Telelearning and Telelearning Centres in India', in Colin Latchem and David Walker (ed.), *Perspectives On Distance Education Telecentres: Case studies and key issues,* The Commonwealth of Learning: Vancouver, pp. 149-159.

Patel, Ila (2002). 'Information and communication Technology and Distance Adult Literacy Education in India', in *Indian Journal of Open Learning,* 11 (2), IGNOU, pp. 255-268.

Paterson, Chris. 'Satellite' http://www.museum.tv/eotvsection.php?entrycode=satellite accessed on 10.01.2013

PTI (2013). 'Focus to provide high quality higher education in the country', http://economic times.indiatimes.com/news/news-by-industry/services/education/Focus-to-provide-high-qua lity-higher-education-in-the-country/articleshow/17911583.cms accessed on 09.01.2013.

Rao, Siriginidi Subba (2006). 'Distance education and the role of IT in India', *The Electronic Library*, Vol. 24, Iss: 2, pp. 225-236, http://dx.doi.org/10.1108/02640470610660396, accessed on 08.01.2013.

Singh, Manmohan (2010). 'Prime Minister's Address to the Nation on The Fundamental Right of Children to Elementary Education', http://www.pib.nic.in/newsite/erelease.aspx?relid= 60001, accessed on 09. 01.2013.

Snow, Catherine. E. (2004). 'What counts as literacy in early childhood?' in: http://www.gse.harvard.edu/~snow/CV/Publication%20PDFs/SNOWWhat%20counts%20a s%20literacy%20in%20early%20childhood_final.pdf. – Published in Kathleen McCartney and Deborah Phillips (eds.): *Blackwell Handbook of Early Childhood Development (Blackwell Handbooks of Developmental Psychology)*, Oxford: Blackwell Publishing, pp. 274-295.

Strauss, Valerie (22.09.2012). 'Three fears about blended learning', in the Washington Post, http://www.washingtonpost.com/blogs/answer-sheet/post/three-fears-about-blended-learning/2012/09/22/56af57cc-035d-11e2-91e7-2962c74e7738_blog.html, accessed on 11.03.2013.

Uribe, Gustavo (16.09.2012). 'Celular e TV ajudam a alfabetizar na Índia, na Suíça e no Brasil', in *O Globo Educação*, http://oglobo.globo.com/educacao/celular-tv-ajudam-alfa betizar-na-india-na-suica-no-brasil-6112980#ixzz2I9XmEF1O, accessed on 16.01.2013.

Walker, David and Gajaraj Dhanarajan (2000). 'Education for All: The Mass Media Formula', in *TechKnowLogia*, May/June, 2000 © Knowledge Enterprise, Inc, www.Tech KnowLogia.org.

Secondary Reading:

'Education for All: Meeting basic learning needs', http://www.unesco.org/education/wef/en-conf/Jomtien%20Declaration%20eng.shtm accessed on 09.01.2013.

Polcyn, Kenneth A. (1981). 'The Role of Communication Satellites in Education and Training: the 1990s', in *Innovations in Education & Training International*, 18:4, 230-244.

Rao, Siriginidi Subba (2005). 'Bridging digital divide: Efforts in India' in *Telematics and Informatics* 22 (2005) 361–375.

Santosh Sharma (2000): 'Interactive Distance Education for In-service Teachers', in India, Educational Media International, 37:1, 68-72.

Sinclair, John and Mark Harrison (2004). 'Globalization, Nation, and Television in Asia: The Cases of India and China', in *Television & New Media* Vol. 5 No. 1, February 2004, pp. 41–54.

Zhang, Wei-Yuan and Namin Shin (2001). 'Imported or indigenous? A Comparative study of three open and distance education models in mainland China, India and Hong Kong', in: *Open Learning*, Vol. 17, No. 2, 2002, Carfax Publishing: Taylor and Francis Group, pp. 167-176.

Reference Websites:

ASER centre: http://www.asercentre.org/.

http://allchildrenreading.org/putting-children%E2%80%99s-reading-literacy-path-lifelong-practice-and-improvement.

Education Broadcast, IGNOU online: http://www.ignouonline.ac.in/Broadcast/.

IGNOU-The People's University: http://www.ignou.ac.in/.

PlanetRead: http://www.planetread.org/index.php.

Sakshat: http://www.sakshat.ac.in/.

Sarva Shikshan Abhiyan: http://ssa.nic.in/.

National Literacy Mission, India: http://www.nlm.nic.in/.

UNESCO: http://www.unesco.org/new/en/.

UNESCO, Education for All movement: http://www.unesco.org/new/en/education/themes/leading-the-international-agenda/education-for-all/.

United Nations: http://www.un.org.

Cyborg Ethics
The anti-utopian cinema of Shinya Tsukamoto

Marcus Stiglegger

Cyborg society

In Japanese cinema utopian and science fiction genres have a very distinct and unique position. The main tendency of science fiction is *the kaiju eiga, the giant monster film*, which arose out of a reflection of the nuclear holocaust in the end of the Second World War. Giant monsters became a metaphor for the destructive forces of humanity and nature alike. The second tendency of Japanese science fiction is *the intergalatic war film* – itself a metaphor for the cold war until the 1980s, resulting in films remaking the international success of George Lucas' blockbuster STAR WARS in 1977. Here extraterrestrial enemies become the stand-in for real ideological enemies. Third and finally *the cyborg fantasy* of the modified and transformed human body brought forth a series of anti-utopian feature films reflecting upon the alienation of the human being in a completely technizised world. Here the modern world itself becomes the enemy of the individual.

The cyborg entity is again subject to a new set of ethics – as developed in Donna Haraways "Cyborg Manifesto" (1991). The abbreviation cyborg refers in particular to the term "cybernetic organism". Haraway uses the word, however, ambiguously, since it referred to both technological and organic objects that are produced by scientific and technological processes, as well as, people living in the postmodern world are increasingly dependent on technology. Prostheses are extensions of the physis in the technological world – such as the World Wide Web. The best and most intense examples of cyborg cinema take these ideas into account: "A cyborg is a cybernetic organism, a hybrid of machine and organism, a creature of social reality as well as a creature of fiction. Social reality is lived social relations, our most important political construction, a world-changing fiction. […] Contemporary science fiction is full of cyborgs – creatures simultaneously animal and machine, who populate worlds ambiguously natural and crafted. Modern medicine is also full of cyborgs, of couplings between organism and machine, each conceived as coded devices, in an intimacy and with a power that was not generated in the history of sexuality."[1]

The ecstatic cinematography of Japanese filmmaker Shinya Tsukamoto is dedicated to the dark side of the human condition in the modern, post-industrial society. In his films, by bringing together traditional and post-modern motifs of Japanese culture, the afflicted individual must assert itself against a state that is forced upon him by the surrounding world. Usually it is the human body, which is the playing field of competing forces and energies; he never emerges unchanged from that conflict: the individual becomes a cyborg by merging with technology and nonorganic substances such as metal. Tsukamoto's protagonists are confronted with a merciless transformation of their allday-life into a new form of being – and are thus confronted with new ethical challenges. This paper will research traces of cyborg-ethics in the oeuvre of Shinya Tsukamoto.

Shinya Tsukamoto has based the central elements of his directorial oeuvre as a filmmaker on these theories. His still most effective and most radical model is the TETSUO-trilogy, which is based on an early short film (1988) and was completed in 2011 with TETSUO III – THE BULLET MAN. This trilogy is about the progressive fusion of a human with metal, machinery and weaponry. What superficially reminds of overboarding manga comic-fantasies (like TRANSFORMERS), in Tsukamoto's expressive and ecstatic staging turns out to resemble the post-industrial nightmare of 1971, which had begun with James G. Ballard's novel "Crash": There the protagonists are yearning for the merger of flesh and metal in provoced car accidents. In Tsukamoto's work this preset is no longer required from the outside, because his protagonists are transformed from the inside out into 'new flesh' or better 'metal' – an endogenous transformation caused by the postindustrial society. They are transformed into naturally grown cyborgs – beings who virtually live and embody the industrial nightmare. Thus, their transformation should be seen less utopian than the postmodern cyborg philosophy sometimes looks at transformed bodies but as a pessimistic dystopia which sees man at the end of an ongoing crisis.

Ethically, this (semi-)transformed creature, half man and half machine, is located beyond good and evil. For fully transformed cyborgs, the values of human society are not adaptable, they are virtually monsters and outlaws, condemned to marginalization, no longer compatible with their fellow men. The first victim of this state – Tsukamoto shows in his productions – is the relationship between man and woman. Their once loving encounters expand not

1 Donna Haraway, "A Cyborg Manifesto: Science, Technology, and Socialist-Feminism in the Late Twentieth Century," in *Simians, Cyborgs and Women: The Reinvention of Nature* (New York; Routledge, 1991), pp. 149-181, here p. 149.

only in the TETSUO-movies to archaic battles. And yet the men of TETSUO become beings ambivalent towards their environment, driven by fears, desires and love. This version of cyborgism destinctly rivals Haraways utopian idea of cyborgism annihilating the differences between the sexes. Yet, Tsukamoto is always ready to take a possible next step which might change it all…

Origins

Shinya Tsukamoto comes from a background equally inspired by the wild experiments in cinema and performance art during the Japanese 1960s, where Shuji Terayama mixed new body based performance techniques with surreal effects and avantgarde editing. Tsukamoto's direct teacher is the late Sogo Ishii, an independent filmmaker heavily inspired by the growing punk movement of the late 1970s, who left a remarkable impression with his apocalyptic post-industrial science-fiction-films CRAZY THUNDER ROAD (1980) and BURST CITY (1982). In 1986 he filmed the monumental industrial symphony ½ HUMAN for the legendary German experimental band *Einstürzende Neubauten* based on their album of the same title. Here music is derived from industrial waste, scrap metal pieces, chains and tools – merged with a suffering human voice. Ishii might be considered the one film maker predating and later rivaling Tsukamoto's cyborg cinema.

Shinya Tsukamoto himself is situated in both media: theatre and film since the late eighties. Mark Shilling describes the young director in his book "Contemporary Japanese Film" (1999) as the born filmmaker who has been nineteen years old, when his work was allowed to perform at a NTV-sponsored film festival. His first attempt of cinematic achievement he made in 1995 with the medium-length film (50 minutes) DENCHU KOZO NO BOKEN / ADVENTURES OF ELECTRONIC ROD BOY (1988). This dramatic farce about a boy (Nariaki Senba), with an electric arm growing out of his back, anticipates significant moments of the following film TETSUO. The film portrays the boy as a tragic figure, a loner, victim of general ridicule. One day he slips through a time warp into a parallel world dominated by a tyrannical vampire (Tomoroh Taguchi). In an idealistic struggle, he succeeds with the help of his special talent to frustrate the attempts of this vampire to eliminate the sunlight by a bomb. Some of the elements appearing in later films are already available, such as the interlude with a drill-penis, or the fact that both antagonists later transform into larger than life metal giants. What here appears like a game, a mannered albeit entertaining youthful finger exercise – the director and the actors at that time were just twenty – would already a year later become an iconic classic of cyberpunk science fiction: TETSUO. (Illustration 1) Tsukamoto managed to gather like-minded people around him, founding the Kaiju theatre company – referring to the giant monster films of the 1950s. All of his early work deals with cybernetic mutations of the human body.

TETSUO – THE IRON MAN (1989) and TETSUO II – BODY HAMMER (1991; Illustration 2) – these two fast-paced sci-fi films brought Tsukamoto worldwide attention and presented a new form of cyborg-fiction. Showing the transformation of the human body into metal, both movies offer a very similar story – only the size of the presentation varied. In the first part an average office clerk named Tetsuo (Tomoroh Taguchi) discoveres a small metal chip that seems to grow out of his cheek. In fact – it turns out on closer examination – his body is already in a further stage of the transformation, the transformation into a metal machine body. These mutations appear to be contagious and affect other people as well, such as in a bizarre sequence in which Tetsuo's penis turns into a rotating wedge drill, with which he attacks his then girlfriend.

In a collapsed industrial world – like David Cronenberg's crash-fetishists in his Ballard-adaptation and H.R. Giger 'biomechanoids' – humans merge with metal machines, mainly with weapons, to finally – so is shown especially in the second part – deliver final battles of archaic force.

BODY HAMMER developed a full-fledged revenge-motivated story unlike IRON MAN, in which only a few sentences are spoken. Here the businessman Tetsuo (again Tomoroh Taguchi) must watch as a band of aggressive skinheads kidnap his young son and cruelly burn him alive. It is a bullet wound that becomes the starting point for Tetsuo's transformation into a living weapon arsenal, with the help of which he opposes the gang which is also mutated. For the first time Tsukamoto establishes the motif of the unequal, rival brothers, who meet in the end of the film in a very bloody showdown. Given the visual overkill such narrative tendencies seem but more like an apology for a purely sensual audiovisual piece of art. Yet Tsukamoto's cinema is rather performative than narrative – it exists in the very moment – what counts is the imminent action, not the plotline or characterization.

In both films the ecstatic imagery fits the monotonous thumping rhythm of the soundtrack. Consistently and rapidly edited suggestive pictures of crisp black and white are strung together, which suggest even in their stroboscopic contrast a combination of meat and metal/machine. The editing technique and style creates the rythmic link that hammers the unfiltered flood of images into the brain of the viewer as if Tsukamoto wants to illustrate an essence of the megalopolis Tokyo, the ultimate urban life form.

Tsukamoto thus created a conceivable poignant cinematic portrayal of a modern industrial aesthetic: flesh and metal merge in explicit sexual connotation ultimately into a biomechanical weapon. Tsukamoto find images and sounds that were already present with the advent of the historical era of industrialization: The conception of the body as a mechanical object, a natural cyborg. The fetishization and sexualization of mechanical, especially metallic objects is reminiscent of Marshall McLuhan's ideas from "The Mechanical Bride" (1954) or – as mentioned – James G. Ballard's novel "Crash". Tsukamoto invents iconic impressions of the industrialized man transformed by his surroundings – and creates himself a new form of cinematic experience.

Body of the crisis

In 1995 Tsukamoto changed direction and brought us the fist fighting drama TOKYO FIST (Illustration 3), in which the director himself plays (sided by his brother Khoj Tsukamoto) a rival pair of friends – sharing the same woman. While the two previous films by playing the element of body horror on a surreal level, Tsukamoto turns his attention to a real urban environment and respectively current phenomena of the 1990s: The insurance agent Tsuda (Tsukamoto) by chance meets his former school mate Takuji (Khoj Tsukamoto). Soon Tsudas partner Hizuru begins to grow interest in Takuji. The young woman reacts on Takuji's advances and moves into his apartment. She begins her new life parallel to the violent rivalry between the men by acting her inner crisis out in excessive body piercing – the merging of flesh and steel. Tsuda begins to learn boxing himself, triggering a vow that connects the men since their school days, but a final meeting of the rival friends in the ring will not take place after all. While Takuji delivers a bloody battle with another enemy Tsuda and Hizuru work up their broken up relationship in their own way: They inflict serious injuries on themselves. In this final act of self-destruction lies no freedom. In an anti-utopian turn Tsukamoto leaves the urban environment the internally sick, decaying place it appeared in TETSUO as well. In the end Tsuda has become totally blind: With his dull, dead eyes he stands motionless, staring on a lonely steel bridge in the center of Tokyo.

Tsukamoto succeeds to further develop his stylistic devices designed for TETSUO seamlessly and consistently, yet integrated into the basic structure of classic triangle melodrama: Pulsating steel percussion rhythms, restless handheld camera and staccato editing reflect the urban experience on a cinematic level. TOKYO FIST shows characters in everyday routine, on the way to work, in subways and on television, people who have lost the reference to the complex web of their emotional needs long ago. While the men return to archaic fighting techniques to reconquer their lost body, the young woman Hizuru turns toward the so called Modern Primitivism, a tendency of body techniques in the 1990s. All protagonists subject their bodies to violent attacks. This specific combination of sexuality, physical pain and violence are typical for Tsukamoto and ultimately occur in all his movies. Modern Primitivism here can be seen as a quest for unknown forms of sensual purity and is hard to grasp and even more difficult to define: The German sociologist Wolfgang Sofsky gives a distinction in his "Traktat über die Gewalt" ("Treatise on violence") describing two forms of violence that are not aligned to attack other people, but to expand the own feelings: "rituals of initiation or ascetic techniques of self-mortification are cultural practices of pain. [...] They activate forces which oppose the pain successfully." These techniques are, however, aimed at the restitution of personal unity. TOKYO FIST also suggests how a painful initiation within popular culture can create pathways to oppose the alienation from the own physical awareness within the industrial society. And since initiation always means a confrontation with the incomprehensible, the film reflects the suffering moment as a moment of crisis: an artificial, provoked crisis. Tsukamoto uses the culturally obvious emotional images and situations that he embeds in his own aesthetic universe. TOKYO FIST superficially turns away from the cyborg-aspect of TETSUO, but in fact it seems closer to Haraway's cyborg-manifesto that also aims ethically for a equality of gender boundaries in cyborg-bodies. In using Modern Primitivism to act out the urban alienation both – man and woman – are equal in their controlled pain and ecstasy. Yet their strategy virtually seems to avoid becoming the cyborg that Tetsuo actually is. Instead they try to be purely human in their physicality. The body techniques of Modern Primitivism as reflected in TOKYO FIST do not know the gender barriers. In TOKYO FIST there is the vague chance of a new understanding of the uncanny other sex, beyond the daily experienced discomfort.

Tsukmoto's next effort, the thriller BULLET BALLET (1997; Illustration 4), is a kind of link between the cyborg-theme and the body-issue of TOKYO FIST – and prepares the thematic ground for both TETSUO II – BODY HAMMER and TETSUO III – THE BULLET MAN: Again the director himself plays a depressed average Japanese, Goda, who after the suicide of his wife has become an aimless drifter. He desperately searches for a meaning of his empty existence – more than before a neo-noir motif can be noted in the center of the action. The encounter with a street gang is a key experience for Goda: They beat him up brutally. Goda is looking for a firearm to end his own life. Instead the conflict with the road gangster deepens. A gang war breaks out around him, and finally a real gun enters Goda's hands. Again and again the film takes itself time to develop self-doubt, hesitation, and attrition of its protagonist, only to turn abruptly towards devastating, eponymous bullet ballets. On the directorial level the first half of BULLET BALLET presents the usual staccato style editing and soundtrack, but when Goda meets the young girl Chisato (Karina Mano) and falls in love, this element of hope slows down the action. In its concentrated style BULLET BALLET returns to the grainy black and white images of TETSUO.

The films swings between depression and aggression, between overkill and lethargy – just like its protagonist. From the standpoint of cyborgism it moves closer to the TETSUO-concept: To fulfill justice the body has to be completed by a metal weapon. Only this time this metal influence comes from the outside and is imposed on the protagonist. Yet it comes as no surpise, that the third part of the TETSUO-trilogy fuses IRON MAN and BULLET BALLET to: BULLET MAN.

Sexual bodies as vital utopia

After the millennium, Tsukamoto changed its orientation and style. His films have been quieter, slower and possibly more adult in the imagery. A mature height of this new ambition, the erotic drama A SNAKE OF JUNE (2002; Illustration 5), in which the thirty years old Rinko (Asuka Kurosawa) and her much older husband Shigehiko (Yuji Kotari) are in the focus. Both seem to be working quite successful in her professional life, she is a telephone counselor, he is an average businessman. The couple's sexuality has long been suffering among the orderly allday life, but that will change, as Rinko receives a few photos by mail that show her masturbating. To get the negatives of these images, she has to fulfill bizarre claims. Shigehiko also has a disturbing encounter: The same man who blackmails Rinko leads him in a secret club where he witnesses horrifying scenarios. Resulting initially in fear and isolation the film aims at the only possible right decision: The couple must find together.

Filmed in gritty monochrome images, Tsukamoto uses an almost square image format that grants the individual performer much space, but also isolates him. "This film is both a farewell as it is an arrival," says Tsukamoto. "In the heart of the city, everyone seems to dry up. If you can hear the fainting screams of the characters from the murky depths, I have reached my goal." Besides the negative outlook on urban lifestyle – which leads to urban paranoia – A SNAKE OF JUNE has again cyborg-elements in the obsessive use of sex toys and photo cameras. But it would take a decade for Tsukamoto to return to his cyborg-universe.

The return to grown cyborg

In 1989 Shinya Tsukamoto introduced the cyborg-theme in TETSUO – in 2010 – after numerous attempts in other genres – he created the final part of the trilogy with BULLET MAN. He updated his classic with modern means and tried on a quintessence of his previous works. As in its predecessors people here merge into the living trash of a collapsed industrial world, preferably weaponry to finally deliver battles of archaic force. TETSUO – THE BULLET MAN varies the story, however, and extends it to a global accent, because the main character is half-American and speaks English. Also the film soundtrack was composed by industrial-pop-mastermind Trent Reznor of *Nine Inch Nails* fame. But the third incarnation of TETSUO also has a philosophical edge.

The plotline seems familiar for half the film. One day, the idyllic life of Anthony abruptly changes: A stranger runs over his son in the street and Anthony can only watch helplessly as his boy dies. His wife calls in retaliation for Anthony and asks him to find the killer and hunt him down. But strong feelings about the loss of his only child will be changing soon in an unexpected way.

The industrialized man – and with him Tsukamoto – in search of new myths finally finds it in everyday industrial use, the sprawling, rhythmic and ultimately sensory elements can be all too easy to impose mythic structures.

In TETSUO – THE BULLET MAN (Illustration 6) the typical stylistic devices appear amazingly fashionable at first glance – and less experimental than before. Inspired by his own imitators Tsukamoto is aware of the fact: the world works differently now. From the raw monochrome film-stock of TETSUO he switches to the present hyper-sharp HD video-style to impressive effect. What once was dirty and analogue had to be transformed into a technizised monstrum of post-modern cinema. The battle scenes of THE BULLET MAN here might seem more like an anime show than an existential nightmare, but the goal of the film has changed alike: Instead of pure rage and lust for destruction Tsukamoto leaves open ends and glimpses of hope for humanity. Thus he lets his protagonist research the reason for his transformation – and he finds the answer deep within his family history. In the first film this was completely open: the cyborgization there was a metaphor for the nightmare of industrialization. The second film already has the family twist, but it had to be the conclusion in THE BULLET MAN to fulfill this concept. Here Tsukamoto chanelled the ethical ambivalence of the first film with the unpredictable protagonists towards a clearly psychologically motivated revenge story.

For the first time in the TETSUO-trilogy Tsukamoto hints at the utopian idea that the cyborg-transformation is less a curse than it might be a gift – transferred from the parents towards the son. Invented originally to save the life of his wife suffering from cancer the father induced this transformation for good. When it reappears in the son, the young man is confronted by a deep-rooting ethical question: Will he be able to control the transformation to use it as a helpful tool – or is it only a destructive impression of his hatred and lust for revenge. Also THE BULLET MAN is the first film referring to the egalitarian utopia in Donna Haraway's "Cyborg Manifesto". Following the inherent logic of the trilogy in the end saves the nuclear family, reconstructs the human body and a newly reconstructed child replaces the killed one. So in the closure of the circle there is indeed hope for the human condition in the post-industrial era.

Media – Culture – Theory: Myth – Genre – Hybridity

Ivo Ritzer

„*If this is so for the age of imperialism, how much the more must it hold for our own movement, the moment of the multinational network, [...] a moment in which not merely the older city but even the nation-state itself has ceased to play a central functional and formal role in a process that has in a new quantum leap of capital prodigiously expanded beyond them, leaving them behind as ruined and archaic remains of earlier stages in the development of this mode of production.*"

Fredric Jameson (2001: 412)

In taking up the concepts of myth, genre and hybridity, I want to reflect on symptomatic potentials of techno-aesthetics in contemporary Asian cinema from a perspective of media and cultural theory. Myths are comprehended as a medium of transportation for ethical postulates, which in turn find their forms in generic structures. At this, postcolonial theories of hybridity constitute the theoretical background for analyzing phenomena of mediality, mythmaking and genrefication.

Within the framework of a paradigmatic study of aesthetic material, this paper aims at showing how in the formation of mythical-generic narration historical contexts are combined with ethical imperatives by popular storytelling models. On that occasion, the cultural history of discursive referents plays an important part just like its respective audiovisual figuration. In a second step, a comparative perspective will be opened up inquiring after potential analogies and differences between the mythical-generic complexes and their ethical implications. Additionally, the ever more intensive processes of transnational cultural transfer in hybridizations of these complexes between Asia, USA and Europe, immensely accelerated by media technology since the 1950s, are to be addressed. By the instance of mythical-generic structures and their technological mediality the paper therefore puts forward for discussion both ethical aspects of popular narration and interculturally established representations.

I. Ethics, the Hero, and Culturality

In popular genres representations always possess mythical structures.[1] Myth is to be defined as a specific mode of experience referring to the complex of traditional stories circulating in media and popular culture. It provides narrative models interpreting human experience symbolically and transposing it via social self-representation into personalised stories.[2] These mythical narratives constitute a space in which culture comes to an understanding with itself. Genres are myths in that they articulate systems that structure a culture: they "exist in a range of versions in any given culture (formed of repetitions, variations, and innovations around a single structure, with the same relationship between characters, the same spatial dispositions, etc.)". Genres are therefore "engaged in a synthesizing activity – the product of a collective imaginary that puts the world and its elements into some kind of order".[3] In doing this, genres present figures that are larger than life, i.e. which distinguish themselves through exceptional abilities and special moral values: they are heroic. It is important to differentiate that I use the term "hero" not in the everyday-sense as a synonym for main character or protagonist. Not every main character of a story acts heroically and therefore possesses mythical attributes. Heroes, G.W.F. Hegel reminds us in his lectures on aesthetics and the heroic age of Greek tragedy, are "individuals who undertake and accomplish the entirety of an action, actuated by the independence of their character and caprice; and in their case, therefore, it appears as the effect of individual disposition when they carry out what is right and moral. But this immediate unity of the substantial with the individuality of inclination, impulses, and will is inherent in Greek virtue, so that individuality is a law to itself, without being subjected to an independently subsisting law, judgement, and tribunal".[4] In this sense, popular genres present a heroic age which puts their heroes into borderline situations that test qualities like strength, courage and bravery. These generic heroes show that they can retain attitude, self-esteem, and emotional stability even then when they are under topmost pressure, namely in existential situations. Only through probation in these exceptional conditions they can find themselves: if virtues are tested, personal integrity and interpersonal loyalty become an issue. The heroes' ethical attitude doesn't originate already from insight of reason on that occasion but must prove itself in practice, always in concrete action. The moral virtue of heroes is therefore produced and consolidated by proportionate tasks. They

1 Cf. Schatz 1981.
2 Cf. Lévi-Strauss 1963.
3 Moine 2009: 79-80.
4 Hegel 1975: 185.

have to realize their ethical stance in special contexts through actions if opportunities for good and right action appear. Because their attitude is a position of justice in principle, they must not indulge permanently in just actions but must make a decision in corresponding situations: the most just in ideal case.

With Hegel, heroes are to be understood as abstract constructs that contain a specific mythical dimension in the compression of abilities and morals. This mythical density stands in close relation to ideological formations. As systems of cultural conventions genres always articulate both individual norms and collective models of identity. They use popular structures as a basis and work out myth-based formations of identity. Thus, on the one hand genres present utopias regarding ethical behaviour in terms of values such as honor, loyalty and justice, but on the other hand also establish meta-narratives dealing with more particular questions. From this perspective, genres are often understood as nationally specific myths of foundation. The U.S. western film, the Japanese *chanbara eiga* (*chanbara* = onomatopoetic expression denoting a sword-fight, *eiga* = film), or the Chinese *wuxia pian* (*wu* = martial, *xia* = hero, *pian* = film) are read not only as tales about heroic figures providing ethical models but also media representations of an orally passed on national history which is attributed a mythical dimension. Thus, the U.S. western is supposed to deal with opening and conquest of the North American continent between 1776 and 1890;[5] the Japanese *chanbara eiga* to show swordsmen and warrior clans fighting it out through the Tokugawa period from 1603 up to 1868;[6] the Chinese *wuxia pian* to feature gallant knights roaming a fictitious romantic world, anytime between 200 and 300 BC.[7] These genres might appear to be highly

5 Cf. Wright 1975; Slotkin 1992; Cawelti 1999; Kitses 2004.

6 It has to be stressed out that the term 'samurai film' belongs to a non-Japanese context and is an orientalist notion, as Yoshimoto Mitsuhiro has shown: "commonly used by American critics, but not much by Japanese". Yoshimoto continues: "If the use of swords is the only crucial factor in determining the identity and coherence of the samurai film as a genre, then why not call it, for instance, a sword film?" (2001: 212-213). It is indeed striking that since the 1960s there are almost no samurais to be found in the so-called 'samurai film' – but only swordfighters. Not least therefore I will not speak of a 'samurai film' but only of *chanbara eiga* which is the correct term in Japanese genre classifications (cf. Yoshimoto 2001; Standish 2005).

7 Not all martial arts films are *wuxia*, yet all *wuxia* are martial arts films. Stephen Teo has pointed out the subtle, yet highly significant differences in martial arts cinema, concerning parameters of fighting style (swordplay vs. use of legs and fists) as well as generic verisimilitude (emphasis on supernatural skills vs. the trained body): "Though 'kung fu' is generically used today to denote the martial arts, its literal meaning is the level of skill and finesse of technique that one has attained in any endeavour, not just the martial arts. Kung fu emphasises skill achievable through training and practice, as denoted in the word 'kung' (*gong*, meaning achievement or merit). Thus the emphasis of the kung fu

culturally specific and therefore deeply irreconcilable at first sight. Westerns such as John Fords STAGECOACH (USA 1939), MY DARLING CLEMENTINE (USA 1956) and THE SEARCHERS (USA 1956), *chanbara* such as Inagaki Hiroshi's MUSASHI MIYAMOTO (Japan 1954), DUEL AT ICHIJOJI TEMPLE (Japan 1955) and DUEL AT GANRYU ISLAND (Japan 1956) or *wuxia* such as Chang Cheh's THE ONE-ARMED SWORDSMAN (Hong Kong 1967), GOLDEN SWALLOW (Hong Kong 1968) and HAVE SWORD, WILL TRAVEL (Hong Kong 1969) allegedly create very different mythologies based on traditions of a shared historical experience in each case.

THE SEARCHERS

film is on the martial arts while the emphasis of the *wuxia* film is chivalry and the pursuit of righteousness. The hero in kung fu films can and often does display the same dedication to chivalry and the pursuit of righteousness as the sword-wielding knight-errant, though their fighting traditions hail from different schools, namely Wudang and Shaolin. In the popular mythology of the martial arts cinema, Wudang points to the swordplay tradition and Shaolin to the kung fu tradition, although this is not always set in iron and overlapping inevitably occurs. The former is recognised as a 'soft' school emphasising inner skills, such as the mastery of *qigong* (inner energy) that enables one to make weightless leaps and fly, while the latter is a 'hard' school emphasising the outer physical skills, the mastery of hands, legs, and other parts of one's body (even including the head) for defence or attack" (2009: 4). Furthermore, there are important differences in setting. Whereas kung fu films can take place in almost every diegesis (anytime and anywhere), *wuxia* is by definition situated in a mythical version of ancient China, reaching back from the Qing dynasty to the Ming, Song, Yuan, Tang, and Qin dynasties. Historically, the kung fu film evolved out of *wuxia* in the early 1970s, yet both subgenres of martial arts cinema since have overlapped quite a bit, especially in terms of their common theme of chivalry (*xia*) (cf. Hunt 2003; Teo 2009).

MUSASHI MIYAMOTO

THE ONE-ARMED SWORDSMAN

Yet, regarding genres like the western, *chanbara* or *wuxia* as nationally and culturally specific genres perpetuates a dangerous cultural essentialism. No culture can ever really succeed in being identical with itself, as scholars such as Homi Bhabha, Edward Said, and Jacques Derrida have shown. They stress that cultures "are never unitary in themselves, nor simply dualistic in the relation of Self to Other".[8] According to Said, all cultures necessarily "are involved in one another; none is single and pure, all are hybrid, heterogeneous, extraordinarily differentiated, and unmonolithic".[9] Derrida argues in a very similar way when he denies the possibility of a singular provenance of cultures. For him, what is proper to a culture is to *not* be identical to itself: "Not not to have an identity, but not to be able to identify itself, to be able to say 'me' or 'we'; to be able to take the form of a subject only in the non-identity to itself or, if you prefer, only in the difference *with itself* [*avec soi*]. There is no culture or cultural identity without this difference *with itself*".[10] Cultural identity and alterity are thus inextricably connected. They mirror one another, referring to each other not in a hierarchical but in a symmetrical way. Identities as well as alterities are cultural constructs which are composed of heterogeneous elements and undergo historical changes, thus forming fragile, fluid categories.

II. Globalization, Fluidity and Deterritorialization

Especially recent films like Wisit Sasanatieng's TEARS OF THE BLACK TIGER (Thailand 2000), Quentin Tarantino's KILL BILL (USA 2003/04), Miike Takashi's SUKIYAKI WESTERN DJANGO (Japan 2007), Kim Jee-woon's THE GOOD, THE BAD AND THE WEIRD (South Korea 2008), Guy Moshe's BUNRAKU (USA 2010), or RZA's THE MAN WITH THE IRON FISTS (USA/Hong Kong 2012) show complex processes of hybridization that may find their most advanced point in the movie THE WARRIOR'S WAY, a South Korean-New Zealand co-production released in 2010.

8 Bhabha 1994: 36.
9 Said 1993: xxv.
10 Derrida 1992: 9.

TEARS OF THE BLACK TIGER

KILL BILL

SUKIYAKI WESTERN DJANGO

THE WARRIOR'S WAY

THE WARRIOR'S WAY was filmed in Auckland, presumably following Peter Jackson's THE LORD OF THE RINGS (New Zealand / USA 2001-2003), and shot in English language by South Korean director Lee Sngmoo for international distribution. Playing the lead is South Korean superstar Jang Dong-gun, supported by Hong Kong martial arts legend Ti Lung, well known from several crucial Shaw Brothers movies from the 1970s, as well as U.S. actors like Kate Bosworth or Danny Huston, and Australians such as Geoffrey Rush. This production context already makes THE WARRIOR'S WAY a prime example of cultural hybridity. Combining different kinds of nationalities and ethnicities contributing to the final artefact, the movie can count as representative of a new post-national system "of production and marketing, characterized by the more flexible labour processes and markets, of geographical mobility and rapid shifts in consumption practices".[11] THE WARRIOR'S WAY doubtless occupies a fluid space, gathering personnel from all over Asia, New Zealand, Australia, and the USA, thus challenging the "very concepts of homogenous national cultures, the consensual or contiguous transmission of historical traditions, or 'organic' ethnic communities – as the grounds of cultural comparativism – are in a profound process of redefinition".[12] THE WARRIOR'S WAY certainly bears witness to the "complex overlapping, disjunctive order" described by Arjun Appadurai, a hybrid system "that cannot any longer be understood in terms of existing center-periphery models".[13] Appadurai's model of a hybrid cultural economy proposes five dimensions of global cultural flows for exploring such a disjuncture, all at work in THE WARRIOR'S WAY: "finanscapes", "ethnoscapes", "ideoscapes", "technoscapes" and "mediascapes".[14] THE WARRIOR'S WAY clearly fuses different finanscapes, being a transnational co-production, also forming an ethnoscape of different motion picture personnel involved. Apart from that, as will be shown, the movie certainly works across ideoscapes, i.e. narrative constructions, and technoscapes, i.e. cinematic devices, too. By combining multiple generic traits, THE WARRIOR'S WAY last but not least also hybridizes various mediascapes as well.

THE WARRIOR'S WAY opens in a medieval Japan where different clans fight against each other. The movie therefore might be called a *chanbara eiga*, further featuring a sword-fighting hero with a *katana* blade, the icon of *chanbara* par excellence. However, the hero of THE WARRIOR'S WAY, simply called Yang (the "masculine principle" in Chinese cosmology), is also highly evocative of the *wuxia* tradition. He aims to be the world's greatest fighter and, un-

11 Harvey 1990: 124.
12 Bhabha 1994: 5.
13 Appadurai 1996: 32.
14 Appadurai 1996: 33.

like the Japanese swordsmen in *chanbara eiga*, can conquer gravity through his inner body-energy. In a cinematographic sense, according to conventions of *wuxia pian* in Chinese cinema, these trans-human abilities are realized through the use of *wire work*. *Wire work* describes the exaggeration of actual martial arts with the aid of special tightrope techniques. Actors are thereby manoeuvred through space with ropes to give their movements a super-human resemblance. Yet, Yang is played neither by a Japanese nor a Chinese actor: instead, Korean star Jang Dong-gung takes the lead. After the opening in Japan, THE WARRIOR'S WAY transfers the movie's narration completely to frontier-USA where Yang becomes a hero according to classic western movie tropes. A lone figure coming to a remote town on the outskirts of civilization just like Alan Ladd's protagonist in George Stevens' pivotal movie SHANE (USA 1953), Yang helps the settlers defend their place against a ruthless gang of bandits. Finally, in the film's epic showdown an army of demonic swordsmen appears, designed after the *ninja* of *chanbara eiga* like Yamamoto Satsuo's NINJA BAND OF ASSASSINS (Japan 1962), yet led by iconic Chinese *wuxia* star Ti Lung, known from martial arts classics such as Yuen Chor's CLANS OF INTRIGUE (Hong Kong 1977), THE SENTIMENTAL SWORDSMAN (Hong Kong 1977) or AVENGING EAGLE (Hong Kong 1978), further emphasizing the basal hybridity of genres at work.

CLANS OF INTRIGUE

THE WARRIOR'S WAY

By an erasure of the national identity of the heroes through hybridization of generic traditions, THE WARRIOR'S WAY deeply weakens any notion of national cinema and cultural homogeneity. Instead of merging the disparate generic codes at work, they are exposed in their specific aesthetic difference. In contrast to the ever-present hybridization of genres in Classical Hollywood Cinema[15] that aims to lay out its material functionally for storytelling, there is no coherence produced by THE WARRIOR'S WAY. Rather, the attraction of the diegesis results exactly from its ostensive artificiality. The fragmentary side by side of disparate, seemingly incompatible generic elements donates the attractiveness of the shown world. Hence, the movie may count as paradigm of bricolage storytelling being "the contingent result of all the occasions there have been to renew or enrich the stock or to maintain it with the remains of previous constructions or destructions".[16] From this perspective, the hybrid diegesis functions as an element of originality, creating difference within the aesthetic repertoire of genres like the western, *chanbara*, and *wuxia*. Indeed, everything seems to stress variation of well-known elements. THE WARRIOR'S WAY is set in a hardly definable cosmos, a fluid no-time and a no-place. Just as curiously as the film hybridizes generic structures of westerns, *chanbara*, and *wuxia*, it handles physical dimensions. There is not a material referent in the picture's limbo-like state of uncertainty. The atemporal location of the action correlates with this hybrid space. THE WARRIOR'S WAY looks neither for general verisimilitude nor for a specific grounding in U.S., Japanese or Chinese history. The movie is structured by generic set-pieces which are familiar through conven-

15 Cf. Altman 1999; Neale 2000; Staiger 2003; Langford 2005; Grant 2007; Moine 2008.

16 Lévi-Strauss 1966: 17.

tionalized use. It sets a game in motion that uses the audience's media-cultural knowledge as its horizon of expectation.

THE WARRIOR'S WAY

Hybridity also manifests itself in the movie's mediality and technological-aesthetic spatial structure. Though partly shot in Auckland, most of the film is staged before green-screen, with the background of the image as well as many objects, bodies and movements digitally created in post-production. THE WARRIOR'S WAY therefore does no so much conventionally place digital elements into an analogical world, as seen in THE LORD OF THE RINGS, but also KILL BILL, THE GOOD, THE BAD AND THE WEIRD or THE MAN WITH THE IRON FISTS. On the contrary, THE WARRIOR'S WAY puts its bodies into a completely artificial environment. This hybridity between digital background and analogical actors could be read just as allegorically as the fusion of genres regarding the film's hybrid status from the perspective of production. THE WARRIOR'S WAY is defined by what new-media-theoretician Lev Manovich has termed digital compositing: the possibility of fluid control over disparate visual effects that were generated at different times and at different places: "[W]here old media relied on montage, new media substitutes the aesthetics of continuity. A film cut is replaced by a digital morph or digital composite".[17] This digital

17 Manovich 2001: 143.

control allows a fine-grained coordination of the effects which might break with renaissance perspective constituting itself through stratifications and interferences.

THE WARRIOR'S WAY

The aesthetic of digital compositing travels across national boundaries; it works as a junction in a global network of cultural exchange. This set of connections forms a manifestation of what Michael Hardt and Antonio Negri call the post-postmodern condition: the infinite circulation of capital, information and pictures. Governance is subject to a permanent blending of power and culture, the nation-state is a mere instrument of transnational money flows. Multinational corporations directly structure and articulate the territories and populations. They tend to make nation-states merely instruments to record the flows of commodities, money and populations that they set in motion: "The transnational corporations directly distribute labour power over various markets, functionally allocate resources, and organise hierarchically the various sectors of world production. The complex apparatus that selects investments and directs financial and monetary manoeuvres determines the new geography of the world market, or really the new biopolitical structuring of the world".[18] The arising hybridities do not abolish power monopolies but constitute a new flexi-

18 Hardt / Negri 2000: 31-32.

bility through which the global capital operates: "The end of the dialectic of modernity has not resulted in the end of the dialectic of exploitation. Today nearly all of humanity is to some degree absorbed within or subordinated to the networks of capitalist exploitation".[19] The agent of this exploitation is an anonymous capital which negates every notion of the nation. It creates a subject-less uncanny. In the words of Slavoj Žižek, the "true horror does not reside in the particular content hidden beneath the universality of global Capital, but rather in the fact that Capital is effectively an anonymous global machine blindly running its course, that there is effectively no particular Secret Agent who animates it. The horror is not the (particular living) ghost in the (dead universal) machine, but the (dead universal) machine in the very heart of each (particular living) ghost".[20] The globalizing development knows no longer an outside but only an inside. It veers away from abstract, imagined communities, in Benedict Anderson's definition as an "imagined political community [...] because the members of even the smallest nation will never know most of their fellow-members, meet them, or even hear of them, yet in the minds of each lives the image of their communion".[21] The concept of the national state is being replaced by a new trans-national globalized system. While traditional forms of governance, incorporated through nation and European colonial power, have always relied on borders, the hegemony of the new Empire flourishes in permanent movement. Governance is being transformed into a dynamic model of communication, which redefines cultural practice through the production of hybrid transnational systems.

THE WARRIOR'S WAY

19 Hardt / Negri 2000: 43.
20 Žižek 1999: 218.
21 Anderson 1991: 6.

What does this fluid hybridity mean for the allegedly culturally specific mythical structures? Certainly, we have to discard the conception of a polarity between East and West. According to THE WARRIOR'S WAY, generic conventions and their mythical complexes always serve as frame of reference that allows negotiating more universal conflicts. They constitute moral universes as reduced microcosms making it possible to abstract from a concrete setting. The U.S. western, the Japanese *chanbara eiga*, or the Chinese *wuxia pian*, all are concerned with a strong hero guarding the weak and thus enforcing justice by opposing morally not upright antagonists. Whereas the latter act according to an opportunistic impetus, the heroes possess a rigid code of honor which obliges them to fight injustice. By its hybridization of genres THE WARRIOR'S WAY does not so much cause changes of narrative conventions but manifests itself in different constructions of iconography. Thus the movie produces hybrid cultural identities from their own dissemination: "as a 'production' which is never complete, always in process, and always constituted within, not outside, representation".[22] That brings us to the crucial point that media do not passively reflect cultural images but determines them in an active manner. This is a twofold process which involves on the one hand its work with the collective imagery, on the other hand its negotiation of economic framework requirements in the context of a globalized industry.

THE WARRIORS WAY

22 Hall 1994: 392.

By hybridizing generic traditions, a movie like THE WARRIOR'S WAY hints at the ambivalent third space on which cultural identity has to be based. It is this contradictory space giving birth to the meaning of culture: "the productive capacities of this Third Space have a colonial or postcolonial provenance. For a willingness to descend into that alien territory [...] may reveal that the theoretical recognition of the split-space of enunciation may open the way to conceptualizing an *inter*national culture, based not on the exoticism or multiculturalism of the *diversity* of cultures, but on the inscription and articulation of culture's *hybridity*".[23] Hybridity lies at the center of THE WARRIOR'S WAY. As a sign of the productivity of globalized genres, their "shifting forces and fixities",[24] the movie produces deterritorializations: making borders ostensively felt instead of smoothly synthesizing them. Generic hybridity thus deconstructs the putative universality of Empire, disturbing dominant notions of authenticity and purity. THE WARRIOR'S WAY is connected in equal parts to diverse genres like the U.S. western, the Japanese *chanbara*, and the Chinese *wuxia*. Instead of assimilating the conventions of U.S. and Asian genres, THE WARRIOR'S WAY rewrites them, works them over through processes of cultural translation which accept incongruities and harsh ruptures. THE WARRIOR'S WAY takes, as one might say quoting Ulf Hannerz, its time "reshaping metropolitan culture to its own specifications" until "the metropolitan forms are somehow no longer so easily recognizable – they become hybridized".[25] Self-consciously flaunting rather than hiding its multiple generic borrowings THE WARRIOR'S WAY shows the filmmakers' cultural knowledge of different Asian as well U.S. genres. Their cinematic cosmopolitanism is defined by a sense of control and mastery that respects peculiarities yet knows no hierarchies. The constituted imagination of a global community creates, and here we are back again with Hegel, a form of unit in difference.

Bibliography

Anderson, Benedict (1991): *Imagined Communities. Reflections on the Origin and Spread of Nationalism*. London / New York.

Appadurai, Arjun (1996): *Modernity at Large: Cultural Dimensions of Globalization*. Minneapolis.

Bhabha, Homi (1994): *The Location of Culture*. London / New York.

Cawelti, John G. (1999): *The Six-Gun Mystique Sequel*. Bowling Green.

Derrida, Jacques (1992): *The Other Heading. Reflections on Today's Europe*. Indianapolis.

Grant, Barry Keith (2007): *Film Genre. From Iconography to Ideology*. London.

23 Bhabha 1994: 38.

24 Bhabha 1994: 157.

25 Hannerz 1991: 124.

Hall, Stuart (1994): "Cultural Identity and Diaspora". In: Williams, Patrick and Chrisman, Laura (eds.): *Colonial Discourse and Postcolonial Theory*. New York, 392-403.
Hannerz, Ulf (1991): "Scenarios for Peripheral Cultures". In: King, Anthony D. (ed.): *Culture, Globalization, and the World-System*. New York, 107-128.
Hardt, Michael and Negri, Antonio (2000): *Empire*. Cambridge.
Harvey, David (1990): *The Condition of Postmodernity. An Enquiry into the Origins of Cultural Change*. Oxford / Cambridge.
Hegel, G.W.F. (1975): *Aesthetics: Lectures on Fine Art*. Vol. 1. Oxford.
Hunt, Leon (2003): *Kung Fu Cult Masters. From Bruce Lee to Crouching Tiger*. London.
Jameson, Fredric (2001): *Postmodernism, or, The Cultural Logic of Late Capitalism*. Durham.
Kitses, Jim (2004): *Horizons West: Directing the Western from John Ford to Clint Eastwood*. New Edition. London.
Langford, Barry (2005): *Film Genre: Hollywood and Beyond*. Edinburgh.
Levi-Strauss, Claude (1963): *Structural Anthropology*. New York.
Lévi-Strauss, Claude (1966): *The Savage Mind*. Chicago / London.
Manovich, Lev (2001): *The Language of New Media*. Cambridge.
Moine, Raphaëlle (2008): *Cinema Genre*. Malden.
Neale, Steve (2000): *Genre and Hollywood*. London.
Schatz, Thomas (1981): *Hollywood Genres*. Philadelphia.
Slotkin, Richard (1992): *Gunfighter Nation: The Myth of the Frontier in Twentieth-Century America*. New York.
Staiger, Janet (2003): "Hybrid or Inbred: The Purity Hypothesis and Hollywood Genre History". In: Grant, Barry Keith (ed.): *Film Genre Reader 3*. Austin, 185-99.
Standish, Isolde (2005): *A New History of Japanese Cinema*. New York.
Teo, Stephen (2009): *Chinese Martial Arts Cinema: The Wuxia Tradition*. Edinburgh.
Wright, Will (1975): *Sixguns & Society. A Structural Study of the Western*. Berkeley.
Yoshimoto, Mitsuhiro (2001): *Kurosawa. Film Studies and Japanese Cinema*. Durham.
Žižek, Slavoj (1999): *The Ticklish Subject. The Absent Centre of Political Ontology*. London / New York.

The Work of Art in Times of its Mechanical Reproduction
Some Preliminary Remarks on the Representation of Religion in Contemporary Asian Art

Volker Küster

In modern western art Christian themes have receded to the background. By contrast in early medieval art the artist often remained anonymous, and is today sometimes referred to as "the master of" a particular piece of Christian art. He still had withdrawn behind his sacred topic. The aristocracy however, was longing for representative art, a trend that intensified with the rise of a bourgeoisie. Portrait, landscape or still live painting developed to name just a few popular genres that flourished. The artist became an entrepreneur who had to market himself. Still sponsorship of religious art also continued. In the early 20th century impressionism and expressionism started to highlight questions of color and form. They were followed by a variety of changing styles deconstructing and reconstructing the classical genres and techniques. The artwork as such and its production process sometimes dominated over its illustrative function and content. Eventually also the classical equation between ethics and esthetics was dissolved. The boarders of the ugly, deviating and terrifying were tested out. The artist is now celebrated for his or her originality and personal style. Religion and its myths, rites and ethics that were initially the social location and main source of inspiration of all artistic production have been marginalized in this process.

To the contrary in non-western contemporary art there seems to arise a new interest in religious topics. At the same time the relationship between esthetics and ethics is reconstructed. The artists refer to generative themes of the socioeconomic and political dimension of their respective context. Artistically they share with the global contemporary art scene in the use of latest media technology in producing photographic images and films. Nevertheless they give their artworks a local touch by making use of their traditional cultural religious iconographies. Walther Benjamin saw the technical reproduction of a work of art through photography and film as a loss of its uniqueness and aura that is located in the cult.[1] In contemporary art however these techniques have become a dominant form of artistic production itself. Even if these artworks are not located in the cult, nevertheless they evoke a religious aura. Shirin Neshat's video installation "Tooba" for instance was creating a sacred space on documenta XI.[2] The TV Buddha by Nam June Paik turns the gallery into a meditation hall. In what follows I will give evidence for these tendencies by introducing a number of works from Asian artists.

In traditional Asian art the ideal is to follow the master and to continue the tradition. Changes happen but slowly. Extraordinary craftsmanship eventually also succeeds. It is measured by perfection in terms of a certain canon though, while modern western art celebrates the individual artist, the deconstruction of the established canon and innovation. Yet regarding the medieval tradition and even the controversies that evolved around each new style in modern art this is a rather recent phenomenon in the West as well. Still the western viewer has to be careful not to apply his or her own cultural perceptions of artistic production on those works stemming from other cultures. This intercultural *epoché* is still valid regarding recent developments in contemporary Asian art even if they evoke a quite different impression. By using modern media technology the artists leave behind traditional forms of production like stone relief and sculptor as well as painting on silk or rice paper. At the same time they recycle iconographic elements from these very traditions of temple or court art.

I handle a broad conception of Asia.[3] The definition of its borders has always been controversial as terminologies like *Asia major* and *minor*, *Near East*, *Middle East* or *Far East* show. Asia's huge territory has been connected through various trade routes on land and water ever since. All major religious traditions originate from here. Empires have risen and fallen promoting different cultures and religions that left their traces on various locations. Syncretism and hybridity have been the order of the day early on. The material is organized according to the different religious spheres of influence. The religions of Indian origin (1), Buddhism and Hinduism, are followed by the Abrahamic religions (2), Christianity and Islam. Finally, I will reflect on the negotiations that are taking place in what postcolonial criticism calls the "third space" (3).

1 Cf. Benjamin, Walter: *Das Kunstwerk im Zeitalter seiner technischen Reproduzierbarkeit*, Frankfurt a.M. 1992 [1955].

2 Cf. *Documenta11_Plattform 5: Ausstellung*, Ostfildern 2002, 434f.

3 Cf. Chiu, Melissa and Genocchio, Benjamin: *Contemporary Asian Art*, London 2010, 10.

1. Religions of Indian Origin

Artistic Production in the Context of Buddhism

Nam June Paik (1932-2006)[4]

Nam June flew the Korean War (1950-53) together with his family at an early age. They left behind Seoul and moved via Hong Kong to Tokyo. Paik studied music, composition and art history, as well as philosophy in Tokyo (1950-56), Munich (1956/7) and Freiburg (1957/8). In these years he came into contact with Karl Heinz Stockhausen and John Cage. Later he turned from music to video art and became a member of the artist group *Fluxus*. In 1964 Paik moved to New York. Even after he was appointed Professor at the art academy in Düsseldorf (1979) Paik kept commuting between continents. He died in Miami Beach.

The story goes that one of Nam June Paik's most well known video installations "TV Buddha" owes its creation to an empty corner in a gallery space.[5] Paik had bought an antique Buddha as a sort of investment without immediately planning to recycle it in his own art production. Being in need of a piece of art to fill the exhibition gap, he spontaneously put the Buddha in front of a TV set (Ill. 1). Behind the TV he installed a camera on a stand that filmed the Buddha and send the signals in a so called "closed circuit" directly to the TV. The effect was stunning. The meditating Buddha seemed all of a sudden to reflect about himself. The TV on the other hand had lost its primary purpose to show moving images. The meditating Buddha produced a kind of still on the screen. Yet if a visitor approaches the Buddha from behind and enters the scope of the camera, s/he is also "in the picture" in the real sense of the word, as post modern art theory would later put it. Over the years Paik kept varying the Buddha constellation. He also placed himself, a copy of Rodin's Thinker[6] or a statue of Mary with the child in front of the TV screen.[7]

The artist challenges the medium. Can the projection screen become interactive? At the same time as a believer himself he also raises questions about the Buddhist conception of salvation. The one who tries to empty himself in meditation all of a sudden seems to meditate about the projection of his own body.

4 Cf. Decker, Edith: *Paik, Video*, Köln 1988; Paik, Nam June: *Fluxus und Videoskulptur*, Duisburg 2002; *Nam June Paik*, Ostfildern 2010.

5 Cf. Belting, Hans: Buddhas Spiegel oder auf der Suche nach Paik, in: *Nam June Paik*, 32-39, 32.

6 An interesting detail is that Paik has produced a TV-Buddha with the so-called "pensive" Maytreya-Buddha in a similar posture.

7 The statue of a *Reclining Buddha* on top of two TV sets showing a naked woman reclining on a canapé also belongs to this group of works.

Atta Kim (*1956)

Photographer Atta Kim was born on Geoje Island. He started with photography already in junior high school, but never followed a formal art education. Instead he studied mechanical engineering. Today he lives and works in New York and Seoul.[8] Even though he emphasizes that he is not practicing Buddhism, his work is nevertheless influenced by Zen Buddhism and he regularly refers to Buddhist iconography.

The artist has staged a young Korean guy naked in the position of the Maitreya Buddha reminiscent of a 7th century statue in the National Museum in Seoul that counts among Korea's most prominent national treasures (Ill. 2).[9] This is allusive to the Mahayana teaching that everybody is potentially a Buddha. To reach salvation however s/he has to awaken to this Buddhahood. In "The Museum Project", a long term color photo series (1995-2002) consisting of seven sections, Kim also explores religious topographies. The subseries *Nirvana* exposes naked human bodies of Buddhist monks and nuns in Plexiglas boxes in different scenarios (Ill. 3). *Salvation* displays naked men and women chained to Plexiglas crosses (Ill. 14). In both cases the different conceptions of salvation in Buddhism and Christianity are closely related to the human body. Religion thus becomes embodied in the real sense of the word.

Mariko Mori (*1967)

Tokyo born multimedia artist Mariko Mori studied at Bunka Fashion College in Tokyo and after moving to London in 1988 at Shaw School of Art and Chelsea College of Art and Design. After an initial career as model she lives and works in New York and Tokyo as designer and photographer.[10] Her work is inspired by feminism. She plays with gender roles in traditional Japanese society and pop culture alike.

In the 3D Video *Nirvana* Mariko Mori portrays herself as Kichijoten, the deity of happiness and prosperity, who is a Japanese translation of the Hindu goddess Lakshmi (Ill. 4). In other works her character is referred to as a *bodhisattva* or an *apsara*, a Hindu and Buddhist flying angel.[11] The figures are lo-

8 Cf. *Atta Kim. On Air – Eight Hours*, Ostfildern 2009; *Atta Kim. Water does not Soak in Rain*, Ostfildern 2009.

9 Cf. Hwang Su-Young: *The Masterpieces of Korean Art*, Seoul 1987, 45; *Korea. Die Alten Königreiche*, München 1999, 223-227.

10 Cf. *Mariko Mori. Esoteric Cosmos*, Ostfildern 1998; *Mariko Mori. Wave Ufo*, Köln 2003; *Mariko Mori. Oneness*, Ostfildern 2007.

11 In the case of the temple reliefs in Ankor popular religion often regarded figures that were supposed to portray goddesses as *apsaras*.

cated in digitally produced artificial sceneries in pink colors, often with lotus flowers in 1970s design. The emphasis on the body reoccurs here. In her visual world Mori borrows from computer games and manga comics as well. She produces a hybrid identity that is reminiscent of the self-image of Tokyo's fashionable youth culture.[12]

Artistic Production in the Context of Hinduism

Vivek Vilasini (*1964)

Indian artist Vivek Vilasini was born in Trishur, Kerala. A Hindu himself, he is married to a Christian wife. He started his career as a radio officer at the All India Marine College in Kochi. Holding a bachelors degree in Political Science from Kerala University (1987), Vilasini does not have a formal art education but learned sculpture from traditional craftsmen. Today he lives and works in Bangalore.[13]

The artist zooms in on the famous *Creation* scene that Michelangelo painted on the ceiling of the Sixtinian chapel (Ill. 5). A huge rock fills the lower left corner of the picture; the background is a photographic blue sky with a few light clouds. The two main characters are Indian bodies dressed only with a white loin cloth. Their faces and heads are covered with Kathakali dance masks that originate from Vilasini's home province.[14] The green color of the makeup characterizes them as *Paccha*, positive characters like heroes or gods.[15] The biggest mask always signifies the most important one, usually a god. The renaissance figures that surround the person that was originally God father, who accordingly bears the biggest mask, seem to be a bit out of place, emphasizing the hybrid character of the picture.

12 With *Dream Temple*, her variation on Japan's oldest preserved Buddhist temple "yumedono" in the Horyuji compound the artist also ventures into architecture.

13 Cf. Amaladass, Anand and Löwner, Gudrun: *Christian Themes in Indian Art*, New Delhi 2012, 188-190.

14 Cf. Zarrilli, Phillip B.: *Kathakali Dance Drama. Where Gods and Demons Come to Play*, London and New York 2000; Haass, Renate and Christof, Klaus D.: *Tanz der Götter. Ritual und Tanztheater in Kerala*, 2004.

15 In Ramayana dance performances Rama is represented by this type of mask, as are Vishnu and Krishna in other plays. Cf. *The Ramayana in Kathakali Dance Drama*, translated by David Bolland, ed. by N.K. Singh, New Delhi 2006; *The Mahabharata in Kathakali Dance Drama*, translated by David Bolland, ed. by N.K. Singh, New Delhi 2006. New York 2000; Haass, Renate and Christof, Klaus D.: *Tanz der Götter. Ritual und Tanztheater in Kerala*, 2004.

In *Emmaus* Vilasini has digitally reworked Caravaggio's oil painting (Ill. 6).[16] Only the disciple with the shell on his chest on the right side of the picture, spreading his arms, is remaining of the original. In contrast to the model the background is filled here with some kind of architectural elements. The table cloth and the food and dishes also differ. The other three characters, Jesus, a second disciple and the keeper of the inn are estranged through Kathakali makeup and dress. In colorful oriental clothing, their faces and heads are covered with the dance masks. Vilasini has turned the Jesus figure into a *Chuvanna Thadi*, a power-hungry and nasty character with black makeup and red beard.[17] In his version of DaVincis *Holy communion*, probably the most widespread Christian picture in the global South he did the same thing. With his Palestinian holy communion Vilasini leaves his own territory in several ways (Ill. 7). He enters another religious sphere of influence. Instead of the Hindu Kathakali dance masks he is using Muslim chadors as costumes for his personage. Finally the artist is also playing with gender roles by portraying Jesus and his disciples as women in chadors.

2. Abrahamic Religions

Artistic Production in the Context of Christianity

Zhu Juyang (*1969)

The Chinese artist has driven a herd of sheep into the exhibition space.[18] One among them has been elevated with an iron rope on a role to the ceiling (Ill. 8); a happening that would certainly not get the approval of western "animal rights activists". In another photo installation the artist has tied up the four legs of a sheep as for sacrificing it (Ill. 9). It has defecated out of fear. The arrangement quotes the Spanish baroque painting *Agnus Dei* by Francisco de Zurbarán. Zhu Juyang works with real live animal bodies to reflect on the Christian symbolism of salvation that centers around the offering of a lamb signifying Jesus Christ death on the cross.

16 *The Supper at Emmaus*, 1601, National Gallery London.

17 The monkey king Bali, who has driven out his brother Sugriva, who now sides with Rama are both also represented by this type of mask. Their personalities are more complex and ambivalent. Cf. *The Ramayana in the Kathakali Dance Drama*; Zarrilli, Phillip: *The Kathakali Complex. Actor, Performance and Structure*, New Delhi 1984, 175; Balakrishnan, Sadanam P. V.: *Kathakali. A Practitioner's Perspective*, Calicut 2005, 118 and 167.

18 Cf. *Souls of Living Water*. From Beijing Holy Easter International Art Exhibition, Beijing 2011.

Artistic Production in the Context of Islam

Shirin Neshat (*1957)

While studying in Berkeley, California Iranian born Shirin Neshat was caught in surprise by Khomeini's fundamentalist revolution. As a member of the former ruling class she decided to stay in exile. She became director of the alternative art gallery of her then husband Kyong Park, who was an architect and artist himself. After travelling in Iran in 1990 she resumed her art production with the photo series *Unveiled* and *Women of Allah* (1993-1997). She portraits women in chadors sometimes also posing herself as a model. Only faces, hands and feet are visible of their body. In sharp contrast to the solemn faces on each picture a gun is pointed at the spectator (Ill. 10). The artist wrote texts by feminists and fundamentalists on the photos. Not the least as a reference to the dominant role of calligraphy in Islamic art.

> In this series I took on the role of those women who fought in the revolution. These women were so committed to their religion that they were able to sacrifice their freedom and their life to promote something larger than themselves. Having lived in the West and focused on my individual interests, I was fascinated by that opposition and what it represented in its pure form.[19]

Next to her photographic work the artist started to experiment with video. Gender relations remain a red threat throughout her work. In *Rapture* (1999) the moves of two separate groups of men and women are projected on two screens facing each other. The women are dressed in chadors, the men in black trousers and white shirts. In one sequence of *Fevor* (2000) projected on two parallel screens the personage in similar costumes joins in a kind of mosque, separated by a black cloth (Ill. 11).[20]

In *The shadow under the web* the same film is shown in different intervals on four projection screens facing each other. It shows a woman rushing through the streets of Istambul. The viewer can hear her breathlessness and exhaustion. Already in this early video work Neshat is addressing the role of women in public space. A still from *Soliloqui* shows a woman in chador in front of a postmodern mosque (Ill. 12). The geometrically arranged scene shows the woman in the foreground small and fragile exposed to the massive concrete building. The initial fascination with her subject changes in Neshat's later works into a strong gender critic of Muslim fundamentalism.

19 *Shirin Neshat*, Aarhus 2002, 31.

20 All three video works of the trilogy *Turbulent* (1998), *Rapture* (1999) and *Fevor* (2000) play with the motive of the segregation of the sexes.

Shirin Aliabadi (*1973)

Iranian artist Shirin Aliabadi was born in Teheran. After studying art history and archeology at the University of Paris she returned to her home country. The photo series *Hybrid girls* refers already in the title to the hybrid nature of these identity reconstructions.[21] The artist seems to portray young women with spanky head scarves (Ill. 13). Ethnically they are not easy to categorize. Their clothing and appearances oscillate between orient and occident. Only the face and part of the hair are visible of their bodies. They wear blue contact lenses. The surgical tape on their nose is a hint to plastic surgery that becomes more and more popular among young women. The same goes for the series *Girls in cars* that shows women with headscarfs cruising in cars. The artist portrays the new Iranian girl who tries to enjoy life even within the oppressive structures of the totalitarian regime of the Islamic ayatollahs.

3. Aesthetic and ethical negotiations in the "Third Space"

The Asian artists introduced here negotiate their artistic identities between a globalizing art market and their particular local context in an ongoing process. They have developed a number of artistic strategies to integrate different cultural-religious iconographies and contemporary and traditional techniques:

– Direct reception and alienation of art and artifacts

The artists integrate objects and patterns of their local culture into their work of art. Eventually they also use the western art canon as raw material. Nam June Paik using antique Buddha statues or Vivek Vilasini alienating the personage of classical western paintings with Katakali dance masks and make up belong to this category.

– Recycling and alienating the iconographic tradition

The artists re/enact or stage paintings or sculptures from different iconographic traditions. Atta Kim's Maitreya Buddha or Mariko Mori's goddesses respectively *apsaras* are good examples for this strategy.

– Iconographic inventions that are referring to and quote the tradition

The artists produce works that are reminiscent of their cultural-religious background. Shirin Neshat's photographs and videos of Muslim women in chadors or Shirin Aliabadi's references to headscarves belong here.

Beside these strategies the artists also share a number of reoccurring generative themes:

21 Cf. *Contemporary Art in the Middle East*, London 2009, 60f.

- *Identity*: The artists have to negotiate between the globalized contemporary art scene and local artistic traditions. Questions of gender, race and class are at stake.
- *Body*: Closely connected with the identity issue is the exposure of the "other" body in the art works. Frequently the artists use their own body as material for their artistic production.
- *Salvation/harmony*: Even though the artists are not necessarily practicing religion themselves, they are raising questions of salvation and harmony.
- *Fundamentalism*: Those artists coming from conflict areas like Shirin Neshat or Shirin Aliabadi also address issues like fundamentalism and religiously motivated violence.
- *Hybridity/syncretism*: All the works have a hybrid character mixing different iconographic systems, recycling traditional art forms with latest photo and video technology etc. Sometimes it also comes to a syncretistic mixture of different religious traditions.

By interpreting these artworks the spectator enters an *interstitial* or *third space*[22] where identities are in flux and different cultures and religions meet. The generative themes listed above also raise the question how to negotiate between ethics and esthetics. As a first resume one could say that the portrayed artists have a keen interest in religious topics. They create new religious art, which is independent from traditional cult in the Benjaminian sense but certainly can evoke religious feelings. At the same time they operate at the interface between religion and contemporary culture and society. By doing so, the artists open inroads for religion into current discourses on globalization, migration or ethics and aesthetics. They not only put challenges to scholars of religion but also to religious intellectuals like theologians. Whether the artists consider themselves religious or not they produce religious meaning.

22 Cf. Bhabha, Homi: *The Location of Culture*, London and New York 1994.

The Impact of Advances in Internet, Social Media and M-Commerce Technology on Ethics in Select Asian Countries

Abhijit Gangopadhyay

Introduction

The collision of ethics and ever-evolving technology tools has created new dilemmas in the society.[1] The four significant forces that will shape society during the next five years are Information Technology, Mobile Connectivity, Cloud and Social Media. These pivotal technologies include the explosive use of media tablets, mobile applications, context-aware computing, Internet, analytics and in-memory computing (IMC).

India is poised to become one of the world's biggest consumer economies in the coming five years. By 2014, it is expected to have more than one billion mobile subscribers and will also see a significant roll-out of new IT infrastructure in both public and private sectors.[2] The youthful, increasingly well-educated and technically sophisticated population will drive the adoption of new technologies in the region. However, the use of social media during the next five years may be at lower levels in India compared with other countries. Although it is easy to see how such technological changes could grow rapidly during the next few years, ethical concerns and the cultural fabric of the society are likely to undergo radical changes. The fast growing Vietnam in the region is also experiencing a similar trend if not more in keeping pace with IT infrastructure and societal transformation affecting all aspects of development.

The paper envisages analyzing the impact of information technological development on the ethical transformation in Asian countries with special reference to India and Vietnam. Scientific advances allow businesses to use technology to reach goals more easily and more completely than ever before. In some areas, however, such applications of technology start infringing on the

1 Dr Abhijit Gangopadhyay Ph.D is Professor and Dean at Aegis School of Business and Telecommunications in Navi Mumbai, India; email id: abhijitg@aegis.edu.in.

2 Gartner Research Report, 2012.

rights of individuals and may be unethical. Businesses that wish to be considered ethical must look at whether applying certain technologies may harm some individuals and constrain such applications to what is absolutely necessary.The technology industry has always faced a host of ethical issues, but the rise of social media has raised the bar. Today, social media are responsible for the broadest ethical issues in technology. With the increasing use of Facebook, Twitter, blogs and other social sites, the technological implications on ethical issues are becoming a major area of concern among social science researchers.

The 'cultural lag thesis'[3] is an inherent conflict between the rapid speed of modern technological advances and the slower speed by which ethical guidelines for utilization of new technologies are developed. It also suggests that material culture advances more rapidly than non-material culture. Technology is viewed as part of material culture and ethical guidelines for technology utilization are viewed as an adaptive aspect of non-material culture. Cultural lag is seen as a critical ethical issue because the failure to develop broad social consensus on appropriate applications of modern technology may lead to breakdowns in social solidarity and the rise of social conflicts. Reasons for the cultural lag between technology and ethics include the social structural and market conditions under which each are developed. The thesis is illustrated by reviews of technological trends involving computer-telecommunications electronics and bio-genetic engineering, and the implications of these and other technologies for privacy rights, electronic commerce, and control of essential resources and social definitions of life.[4]

Review of Theoretical Constructs: Technology and Ethics

Moral values are seen as absolute for the one holding them and often also as universal; ethical values are those which are social in origin and culture-bound; and pragmatic values are specific to a situation in the sense that 'what works is deemed well.' Also moral values are not affected by culture or situation, but they are the ones that inform our conscience and make us feel guilt, even when we do not violate any law or social ethics, and they have a religious or philosophical foundation. Ethical values are relative, relating to different cultures and within a given situation. Pragmatic values are strictly *ad hoc* or temporary, justifying any workable situation.

This brings us to the subject of normative ethics. It aims at judgment of right and wrong, good and bad, virtue and vice and so on. It tends to prescribe certain rules that we all are prepared to live by both for the sake of other people

3 Ogburn, 1966.
4 Marshall, 1966.

and for our own inner wellbeing. For example bribery is wrong and any person holding and acting upon that belief is right. But in the business world the problems are not such, which can be resolved so easily with rule of thumb commonsense rules. They are complex and involve the rights and interests of several persons and entities. They come from two main sources – internal conflicts that arise because of competing claims on the part of the members of the organization for want of a clear cut explicit and consistent policy; and external conflicts that arise because of conflicting claims and demands made externally from suppliers, customers, community and so on.

Action, including decision making has the following aspects:

- *Aretaic*, expressing the inner nature; when a person acts he is revealing certain virtues or vices; this is also true of groups of persons in an organization This can be called the culture of value system or mindset of the organization. If we concentrate on the habits or culture of an individual or organization, it is *aretaic*.
- *Deontic*, expressing the effect of our action; it reveals the effective nature of our choices, how our actions influence our own relationship with others and change the world around us. Actions have stakeholders and consequences and they affect the freedom and wellbeing of others. It is when stakeholders' interests and rights clash with the needs of the wider community, that tension does arise and requires well-judged ethical resolution which should be rational, sensitive and all inclusive. If we focus on the interests and rights of the stakeholders or decisions, it is *deontic*.
- *Aretaic and Deontic* are part of descriptive ethics. Normative ethics is concerned with sets of rules and norms.
- *Metaethics* is the analysis of meaning, cultural relevance and rationality of normative ethics. Metaethical analysis is closely related with technological advances affecting the cultural framework and has a significant impact on the society.

Ethical analysis branches off into two main paths:

- *Virtue based ethical thinking*: It focuses on developing habits of the heart, character traits and then acting on them. Ethical scrutiny of actions and policies are directed to their origin, and the degree to which they flow or reinforce a virtue or positive trait of character. Cultivation of virtues makes it easy to confront ethical dilemmas for resolution, as 'the right thing to do' is too often recognized and ideated as a matter of habitual training. In the context of management, virtue based thinking has the main focus in executive hiring and management development programs. To rethink about problems of environment, the virtue based viewpoint is a better option as it stresses the virtue of 'temperance' in the use of natural resources and community involvement.

- *Stakeholder based ethical thinking*: it is based on gains and benefit derived from technological interventions with central focus on benefiting different stakeholders associated with such technological innovation. It has a major concern with the interest of stakeholders including commercial dividend with less priority for the social and ethical impact.

Here three distinctive avenues have been identified as follows:

1. *Interest based analysis*: It is directed towards the moral assessment of actions and policies depending solely on their consequences. The only consequence that really matters is the interest of the parties affected. Our ethical instincts are put to test on the assessment of social costs and benefits. This thinking is along the lines of Utilitarianism. The most common and generally accepted form is that of Utilitarianism. In business management, commitment to the social value of market forces, competitive decision making, regulation in public interest and such other acts are manifestations of such interest based thinking.
2. *Right-based analysis*: This second approach has rights protection as the dominant theme. The rights in question are divided into two broad kinds:
   a) Contractarianism – in which rights to fair distribution of opportunities and wealth are stressed.
   b) Libertarianism – in which rights to basic freedoms of liberties are given more importance.

   The ethical dilemma occurs when a tradeoff is to be made between equality and liberty.
3. *Duty based analysis*: The governing idea of this third approach is that on the whole, duty and responsibility are directed towards communities rather than towards individuals. Here ethics is not about interests and rights as much as it is on the agent playing his role in a larger enterprise. In business ethics, duty based thinking appeals to principles of fiduciary obligations, public trust and corporate involvement.

There are basically two sets of ideologies associated with business:

1. The Classical Business Ideology which claims that the legitimate role of business is primarily economic and while competing vigorously within the constraints of a free market, the management's primary or sole responsibility is towards stockholders – that is to maximize their profit.
2. The Managerial Business ideology believes that the large modern corporation has a special role in society. They have greater responsibility other than profit maximization by being socially responsible and responsive to function as good citizens and not as selfish private agents. For them the legitimate

role of Government also expands. It has to work with businesses to solve problems that the market by itself cannot or will not address. However, their attitude towards government should be understood to mean that they will not countenance unwarranted government interference, and on the other hand, the economic freedom within the market is valued highly.

The managerial business ideologies found support and explicit formulation during the depression years (1930s) and became prominent during the 1960s. They accept the importance of leaving the market alone in principle, like the classical theorists but, unlike them, they do not accept that markets are entirely self-regulating and will not and cannot address serious social problems. Sometimes market intervention will at least be desirable. Thus although the two ideologies assume a common set of values and principles, they show a disagreement over the role of government in business enterprises. This often leads to introduction and induction of new technology considering the ethical implication.

In this context, technology can play a very significant role. In reviewing the impact of technology on social groups, it may be worthwhile to evaluate technical typology and consequent impact. Technological interface can affect human interaction in three important aspects:

1. Independent technology interface with low and minimal effect on users
2. Dependent technology interface with moderate effect on user
3. Interdependent technology interface with high interactive interface

It is important to note that information technology (IT) leads to a high interactive interface and may be likely to impact its user at the cognitive level.

The Information Technology (IT) Growth in Asian Countries and its Impact: Trend Analysis

The developing Asian countries may be embracing the latest IT technologies like mobility and cloud, but factors like privacy concerns and cultural fabric could restrain social media growth in the country as compared to other developing nations.The trend suggests that the four significant forces that will shape businesses during the next five years are IT, mobile, cloud and social media. These pivotal technologies include the explosive use of media tablets, mobile applications, context-aware computing, internet, analytics and in-memory computing (IMC).

Worldwide, social networking saw 23.1% growth over 2011, and while the growth rate will drop in the next few years, it will remain in the double digits. This growth is largely fueled by Facebook's expansion – except in China, where the site is banned – which is expected to pass the billion-user mark by the end of 2013. Facebook saw 44% growth in 2011; this is expected to drop to 13.9% in 2014. Developing countries like India will see the fastest growth in social networking this year (51.7%), followed closely by Indonesia with 51.6%, and China lagging further back with 19.9%.

Countries were also ranked by social network penetration, or having the greatest share of social network users as a percentage of the total population:

– US took the lead with 49.9%
– Followed by Canada (49.3%)
– South Korea (46.6%)
– Australia (44.4%)
– Russia (41.9%)

Developing countries – where fewer people are online overall – showed social networking as a highly popular activity for those who are online. In Brazil, 87.6% of internet users used social networking sites in 2012 and Indonesia follows closely behind with 87.5%. In terms of overall users, the Asia-Pacific region has the highest number of social network users in the world, with 615.9 million internet users logging on to social sites by the end of this year. Nearly half of those users will be in China, where social network users will outnumber their counterparts in the US by nearly two to one (despite the absence of Facebook). China and the US are the two countries with the highest number of social network users overall. The above data is the projection of eMarketer worldwide projection of social media usages.

In dusty, cramped rooms across Vietnam, kids and adults log on to the web in internet shops. It is a common sight on every other street in Vietnam, from major urban areas to the farthest-flung rural regions. Family businesses clear out their first floor lobbies, mount fans on walls, and install rows upon rows of desktop PCs to rent out web-time at an hourly rate. It is a stable business because kids and teenagers want video games, adults want information and checking emails, and everybody watches YouTube and downloads free music. With Vietnam's internet penetration at 35% – roughly four percent over the world internet penetration average – Vietnam will be the largest user of IT enabled technology society in Southeast Asia. 2012 marks the 15th anniversary of Vietnam's official connection to the internet. The following two aspects have been identified by policy makers and leaders in Vietnam to encourage businesses to reach rural areas and integration of IT technology in the educational sector.

The following figures will illustrate the growth of IT interface worldwide. They will provide an overview projected by 'eMarketer' worth considering. The consequence of such technological development is likely to develop interesting research conjectures for applied social science researchers in South Asian Countries.

Social Network Users Worldwide, by Region and country, 2011-2014
millions

	2011	2012	2013	2014
Asia-Pacific	**439.5**	**615.9**	**745.6**	**853.7**
—China	256.5	307.5	366.2	414.5
—India	50.2	76.1	105.0	129.3
—Indonesia	34.4	52.1	67.1	79.2
—Japan	39.5	44.7	47.8	50.7
—South Korea	20.7	22.7	24.6	25.9
—Australia	8.8	9.8	10.7	11.6
—Other	83.4	102.9	124.1	142.4
Latin America	**164.9**	**191.8**	**215.9**	**236.9**
—Brazil	66.2	75.7	84.0	90.7
—Mexico	23.7	27.9	32.6	37.2
—Argentina	14.1	15.9	17.0	17.9
—Other	60.9	72.3	82.4	91.1
North America	**163.9**	**174.7**	**181.9**	**189.2**
—US	147.8	157.8	164.2	170.7
—Canada	16.1	16.9	17.7	18.5
Eastern Europe	**139.0**	**157.4**	**176.5**	**192.7**
—Russia	52.1	57.9	64.2	69.3
—Other	87.0	99.5	112.3	123.4
Middle East & Africa	**111.1**	**148.5**	**183.0**	**211.6**
Western Europe	**129.8**	**145.3**	**159.4**	**170.8**
—Germany	25.7	29.2	32.4	34.7
—UK	23.9	25.9	27.7	29.4
—France	19.9	21.9	23.6	25.0
—Italy	15.8	17.8	19.7	21.3
—Spain	15.5	17.5	19.5	21.2
—Other	29.0	32.9	36.5	39.3
Worldwide	**1.202.2**	**1.433.5**	**1.662.4**	**1.854.7**

*Note: internet users who use a social network site via any device at least once per month; numbers may not add up to total due to rounding; *excludes Hong Kong*
Source: eMarketer, Feb 2012

137001 www.eMarketer.com

Objective and Scope of the Current research

The present research is aimed at examining critically from social science perspectives testing theories of technology diffusion and social media effects; particularly it is uniquely capable of influencing ethical issues in the society.

The objectives of the present research are to look at the following:

1. To assess the impact of 'digital divide' in India and Vietnam – perceived changes with respect to the use of information and communication technology;
2. To estimate the role of IT in creating new ethical values and belief systems;
3. To evaluate its impact on cultural participation and sensitivity to diversity in society;
4. To find out the shift in value preference and belief system in different groups;
5. The changes in the resolving ethical issues in the context of technological changes;
6. To analyze the trends and identify the factors responsible for the convergence of resolving ethical issues.

The scope of the study is restricted to two fast developing Asian countries. The selection of India and Vietnam has been considered in view of the feasibility of data collection and IT infrastructure development in consideration. It is evident from the analysis of secondary data discussed earlier that both the countries can be considered significant in view of growing IT infrastructures.

Methodology

The methodology of the study has been designed to include the collection of secondary data from different sources. After analysis of the primary data, the researcher planned for focus group discussions with academic and practitioners involved with reaching and implementation and growth of IT infrastructure in the selected countries. It was followed by a quantitative survey on selected samples with a small pilot survey to standardize the survey instruments and administrative procedures for the collection of data. The quantitative analysis was followed by structural interviews to obtain qualitative information for the study.

The methodology includes the use of standardized instruments for measuring 'Value Preference Survey and General Belief Inventory' developed by Pareek.[5] The inventory was administered in a group of respondents and the administration was followed by personal interviews with the respondents.

The respondents were from two groups:

- Group 1 has no knowledge of IT and is not directly involved with internet or social media: the Traditional Generation.
- Group 2 is well conversant with IT and actively engaged with internet use, m-commerce and social media: the Internet Generation.

5 Pareek, 1979.

The groups were contacted through the social network existing in the locality. For the convenience of data collection from group 2, the internet café was selected in India and Vietnam. The data were collected from Mumbai, India and Ho Chi Minh City, Vietnam. In selection of respondents for group 1, senior people from the morning walkers' park were selected. All respondents were assured of confidentiality; and no other personal information was collected except knowledge and comfort with the use of information technology. The inventory was scored as per the scoring plan suggested by the author. The split-half reliability of the inventory was .43 (N-60).

The total number of samples from each country was restricted to 30-15 respondents from each group in India and Vietnam. In absence of any person-related information no individual-level analysis was possible. It may be observed from the personal experience of the researcher, that the respondents of group 1 are significantly higher in age and mostly retired from active profession other than being engaged in small trading or self-employed in small sector and unorganized sector. Group 2 is younger in age but some respondents are from senior age group and retired from profession. The necessary care was ensured to develop rapport with the respondents and the researcher was a regular visitor in both the places in India and Vietnam. The study is an empirical analysis and considered as a pilot study so a hypothesis was developed.

Conceptual Framework used in the study

The survey instrument consists of two inventories. The objective of both is to help a respondent examine his/her orientation to perseverance (PO) score. The instrument is given separately as inventories to assess respondents' values and beliefs. The perseverance score is closely linked to McClelland's concept of 'activity inhibition'. Activity inhibition can be defined as the tendency to persist with the effort in achieving goals in spite of difficulties. The perseverance score is closely linked to cognitive aspects of individual value and ethical system. A brief description of the perseverance scores inventory is given below:

1. General Beliefs Inventory (GBI) consisting of 12 items to be rated in a five point scale – from 0 to 4 (arbitrary value).
2. Value Preference Survey (VPS) consisting of 12 items and with five-point rating scale – response from 0 to 4. The score range as indicated by the author will be 0 to 112.
3. The total PO score range is to be calculated based on the scoring key suggested by the author.
4. To minimize 'social desirability' bias, five fillers were used in the scale to elicit true response from the respondents.

5. Perseverance score was calculated by multiplying respondents' final score of 14 final items from two parts.

The analysis of data was carried out in two parts. Part one consisted of descriptive statistical measures of two groups consisting of 'traditional generation' and 'internet generation' of two selected locations – Vietnam and India. The qualitative data collected from the respondents were used to interpret the findings of the quantitative analysis.

Findings of the Study

The findings of the study are presented in the table below:
Table showing the Perseverance Score (PO) of the 'Traditional and Internet Generation' representing Vietnam and India (N-60)

	Traditional Generation	Internet Generation	Correlation (R)
Vietnam	(N-15)	(N- 15)	
Mean	66.16	98.08	0.40
Standard Deviation	2.06	3.60	
India	(N- 15)	(N- 15)	
Mean	78.50	90.16	
Standard Deviation	3.56	2.96	0.20
Total	(N - 30)	(N – 30)	
Mean	72.16	94.04	
Standard Deviation	2.89	1.86	0.36

The following tentative observations can be made from the above table. As discussed in the section above, the researcher selected the perseverance score as indicator of changing attitude and belief of estimating the impact of technology induction in the macro socio-cultural scenario.

It may be noted that PO score is the indicator of 'value shift' in the society. It was observed by the author designing the PO test: 'A person will have a positive orientation to perseverance if (a) he believes that perseverance leads to some result, (b) if he has a high value of the result'.[6] It may be indicated that higher PO score indicates stronger orientation to perseverance.

In view of higher and significant IT infrastructure in Vietnam, the PO score is indicative of a shift of changing cultural value orientation of Vietnam. It may also be indicative of effect of Indian setting and need for creating tech-

6 Pareek, 1997.

nology absorption for Indian policy planners to keep pace with the technological advances.

It is also felt that more and more the traditional generation needs to be exposed so that the value conflicts across the groups are minimized. This will help to ensure managing technological issues effectively in developing the society. It may be observed that such polarities as 'digital divide' may lead to a feeling of alienation resulting in meaninglessness, powerlessness and social isolation. It may be stated that such technology may affect the tech-ethical issues which may be addressed by policy makers.

The detailed analysis of qualitative data collected through structured discussions with the respondents will be summed up in the following section.

1. The respondents of the 'traditional generation' expressed reservation of use of IT in India and expressed their willingness to enhance their IT skills as opposed to their Vietnam counterpart.
2. In case of Vietnam respondents it is observed that attitude to IT usage is not encouraging though there is a progressive realization of the necessity of such skills for effective connectivity with family members living in different countries.
3. The 'traditional generation' across India and Vietnam raised their concern regarding the use of IT by the young generation. It is often urged by the traditional group that strict monitoring of IT usage should be done by the Government. The censorship of sites should be carried out to avoid degradation of traditional values amongst youngsters.
4. In both the locations, the 'traditional generation' raised their concern regarding the addiction to the internet amongst children and would like the state to design suitable intervention strategies for managing ethical standards of the society.
5. The 'internet generation' in contrast suggests no monitoring by any agency regarding the use of IT interface. It was felt during the discussions with the 'internet generation' of Vietnam that more IT infrastructure is considered for faster development of the country.
6. It may be interesting to note that the locale of the present research were Ho Chi Minh City and Mumbai. It is interesting to note that both cities are commercial cities and hub of trade and commerce activities in Vietnam and India.
7. With respect to social media, the 'internet generation' of both countries agrees regarding the positive aspects of technology. It is felt that it will lead to a healthy social interface and will not pose any threat to traditional values and culture.

8. Regarding m-Commerce possibilities, it is encouraging to note that respondents from Vietnam and India are positive of the development and future implications.
9. The 'traditional generation' in India and Vietnam is averse to the use of internet for financial transactions. It is a reflection of traditional values related to security aspects of e-commerce.
10. There is a shift of using the internet for public service in Vietnam as compared with India. Indian respondents from the 'traditional generation' are not very comfortable with it.

Conclusion

The study is an attempt to develop and analyze the impact of IT on the individual ethical system in the context of developing countries in the Asian region. The individual beliefs and value systems have a significant role in shaping ethical considerations in technology assimilation. The congruence of the cognitive sub-system often plays a critical role in the optimization of benefits from technological development. The pervasive influence of ethical constructs will be the focus of future researchers in the techno-ethical areas. The study closes with the hope that issues raised in the research will lead to further research resulting in resolving emerging techno-ethical issues.

Limitations of the current study

The study has the following limitations:

1. The sample size of the study is too small for wider generalization.
2. No generalization can be made from a survey of only two locations. It is felt that large countries like Vietnam and India consist of diverse culture values in various regions.
3. The study made no attempt to control variables in the selection of sample.
4. More detailed quantitative analysis is required with application of inferential statistical measures for a substantial conclusion.
5. More qualitative information and use of systematic content analysis of collected data will provide in-depth understanding of issues.

References

Gangopadhyay, Abhijit (2010): Corporate Social Responsibility and Business Ethics as Organizational Development Intervention Strategy: Analysis from Indian Organization, Paper presented in International Seminar on Business Ethics, University of South Africa, Cape Town.

Gartner Research Report (2012): Gartner Inc. Stamford, U.S.A.

eMarketer reports (2012) – 'With 1.2 billion users worldwide, social networking usage patterns vary by country and region.' February 29, 2012.

Kimball, Marshall P. (1999): Has Technology Introduced New Ethical Problems? In: Journal Of Business Ethics, March 1999, Volume 19, Issue 1, pp. 81-90.

Ogburn, W. F. (ed.) (1966): *Social Change with Regard to Cultural and Original Nature*. New York.

Pareek, Udai (1997): *Training Instruments for Human Resource Development*, Tata McGraw-Hill, New Delhi.

Qualman, Erik (2011): *Socialonomics: How Social Media Transforms the Way We Live and Do Business*, John Wiley & Sons, Inc.

Section Four
Techno-Ethics and Literature

"Vagekīma" *The responsibility of the writer in the context of modern Sinhalese literature, and the question of responsibility from the example of literary texts of Sinhalese and Hindi literature*

Sonja Wengoborski

This article combines two lectures that I gave as part of the two-part symposium 'Techno-Ethics' on 2nd September 2012 in Mainz, Germany, about the subject 'Vagekīma – the responsibility of the writer in the context of modern Singhalese literature' and on 28th March 2013 about examples taken from Sinhalese and Hindi literature, in which the question of responsibility takes effect. In addition to this I draw from a yet unpublished contribution of mine presented at the 'Deutscher Orientalistentag' in September 2010 in Marburg, Germany, which compared the structures and literary techniques deployed in two short stories, one in Hindi, titled 'Apnā apnā bhāgya', 'To Each His Own' (1929/30) by Jainendra Kumar, and the other by a hitherto unknown Sinhalese author, Prabha Niroshani, 'Nohaňḍan Malanuvani', 'Don't Cry, Little Brother' (1998).

Preliminary remarks

In his 'Preliminary Thoughts' sent initially to the attendees, Konrad Meisig phrases the following questions concerning this: "How do humanities and technology interact? Who controls technological progress? Which Asian impacts are suited to avert further anthropogenic collapses?" Knowing that I myself am some distance from the realm of understanding and not qualified to talk about the influence of technical aspects, I want to confine myself to one part of the overall topic of 'techno-ethics' and turn Konrad Meisig's considerations of 'Who has control?' into the question: 'Who is responsible?' Thus this contribution focuses in the first part with this notion as discussed regarding the expectations on writers of literature in the context of modern Sinhalese Literature and in the second part on the question of responsibility in contexts of social concern as portrayed in South Asian literature.

2. Responsibility of the author as discussed in the context of modern Sinhalese Literature

2.1 The writer in society

While working on my dissertation on the contemporary Sinhalese short story, I encountered statements time and again that indicate that considerable significance is bestowed upon writers in the context of Sinhalese literature. A crucial impetus to this part of my article has been given by the following expositions of Sōmaratna Bālasūriya, a writer who has since become an Emeritus Professor for Sinhalese. In the preface to his volume of short stories entitled 'Karattaya', 'The Cart', published in 1991 (p. V), he castigates writers who in his opinion fail to meet their responsibility, *vagakīma*, towards society:

> *vartamāna samājaya gäna kalakiruṇu hō in asahanayaṭa pat lēkhakayō atītayē pävati samājaya hō tamā priyamanāpa samājayak karā pāṭhakayā gena yāmaṭa utsāha darati. meya vanāhi vartamānayen paḷā yǟmaṭa darana utsāhayak pamaṇak nova lēkhakayāgē vagakīmen da mam̆gahärīmak vē.*

> In their annoyance with contemporary society, writers experience frustration and seek to take the reader back to an earlier society or to one of their imagination. This is indeed not only about an escape from today's world but also about the literary figure ducking his or her responsibility.

The question of literature's social relevance is already asked by Martin Wickramasinghe and Ediriweera Sarachchandra, both of whom are regarded as prominent and formative figures of modern Sinhalese literature, not only as writers but also possessing the qualities of literary theorists and critics. In his work 'Sinhalese Literature' translated into English by Sarachchandra in 1949, Wickramasinghe introduces the chapter on 'The Classical Period' as follows (p. 18):

> Although literature and the arts portray the social conditions of their age, it seems difficult to say this of a good part of the literature of Ceylon. For it must be admitted that the major portion of the poetical works that have come down to us seem to be strangely divorced from the life of their time.

In this context the writer emphasizes the significance of literary criticism, and in so doing makes reference to no less a figure than the Sanskrit poet Kālidāsa (p. 19):

> Kalidāsa protests against the conservatism of the critics who praise the old poems on grounds of conventional merit. "A thing does not become good by virtue of its being old; nor can you find fault with a poem because it is new. While the wise will praise originality,

the fool admires imitation."[1] Kalidāsa was very probably levelling this criticism against the *alankārists* of his time.

Wickramasinghe ends his piece with the following stipulation (p. 201):

> What is very necessary today, therefore, is an evaluation of our classical literature with the criteria available to us, both ancient and modern, and an application of such criteria to the work produced today.

In an outline on the history of Sinhalese literature, Ranjini Obeyesekere[2] makes it clear that a close relationship exists between 'literature' and 'education', and in former times this was open only to the clergy and to the nobility. This is what she has to say about the development of the 12th to the 13th centuries:[3]

> In Ceylon, as elsewhere in the medieval world, learning was generally confined to a small group of monks and nobles. The Sanskritization of the language that occurred during the 12th and 13th centuries heightened the process of exclusion, so that the literary language was further divorced from the spoken language of the people.

The esteem of classical literature is retained also by contemporary literary theorists such as Sarath Wijesooriya. He too is both a literary figure and a literary scholar. In her collection of essays on contemporary Sinhalese writers and their works, published in 2000, Madhubashini Ratnayake writes about this author (p. 323):

> When Wijesooriya further says that he considers it necessary for writers to be exposed to classical Sinhala works if they want to enrich themselves and their use of language, one feels that he is a firm believer in tradition. Though admitting this, he is quick to point out that respecting tradition does not mean that one has to cling to it. "My point is that nothing new can be created successfully without the knowledge of the old. Even to break something, we have to know what we are breaking."

In the context of the discussion on criteria where the context should suffice for the short story as a genre, K.J. Prēmaratna makes it clear that when judging a short story one cannot be concerned, as in the traditional forms of literary criticism, especially as defined by classical Sanskrit poetics, with how to judge a concrete text solely in terms of inflexible fulfilment and observance of a standardized catalogue of criteria (p. 7):

1 *purāṇam ity eva na sādhu sarvaṃ /*
na cāpi kavyaṃ navam ity avadyaṃ /
santaḥ parīkṣyānyatayad bhajante /
mūḍhaḥ parapratyayaneyabuddhiḥ //
This is the beginning of Kālidāsa's play 'Mālavīkāgnimitra'. Wickramasinghe's rendering of line 3 and 4 is very free.

2 Obeyesekere 1974, cf. p. xv-xxxv.

3 Ibid.

> *mē siyalu vigrahayan gen gamya vannē keṭikatāva itā saṃkṣipta nibandhanayak vana bavayi. ehet epamaṇakin keṭikatavak sarva sampūrṇa novē. īṭa āveṇika vū kalātmaka lakṣaṇavalin tadanubaddhava jīvitaya hā samājaya vivaraṇaya kerena vindana mādhyayakda viya yutuya.*
>
> In analysing all this, the short story appears to be a highly abbreviated composition. Yet this alone does not make a short story complete. By adopting the traditional features of art it should also be a medium by which life and society is analysed and appreciated.

Premaratna[4] further sets out his expectations on writers of short stories:

> *mē sam̆dahā keṭikatākaruvā lōkayat jīvitayat piḷibam̆da hom̆da at dākīmak labā tibīma vādagatya. ohu tuḷa parikalpana śaktiya āti vannē eviṭaya. hom̆da parikalpana āti lēkhakayāṭa jīvitayat samājayat mē ākārayāyi anekakuṭa penvā dīmaṭa puḷuvana.*
>
> In this connection it is important that the author has a good knowledge of the world and of life, and he should possess a vivid imagination. A writer thus well equipped will have the ability to present life and society to others.

2.2 Blurring boundaries: Literature, literary theory and literary criticism

The modern history of Sinhalese literature presents numerous writers who emerged and emerge not only as writers but also as literary theorists and critics. This is how the founders of modern literature in the first half of the twentieth century saw themselves confronted with the problem of having to explain to their readers, who were unfamiliar with this, their respective concept of literature, which was characterized by the mainly bilingually educated English and Sinhalese writers, either by recourse and a return to historical models of Pali or earlier Sinhalese literature characterized by classical Sanskrit and Buddhist writings (especially in the realm of poetry), or chiefly also by the discussion about literary works from the Western world.[5] Yet many contemporary writers are at home both in the world of writing and in that of literary critics and theorists.

Madhubhashini Ratnayaka[6] characterizes the above-mentioned writer Somaratna Balasooriya's insight into the meaning of literature thus:

> Another point that the writer feels important in creating is the relevance the creation has to the present. It is not that the events should be placed in the present, but that the theme should in some way be linked to something that is important to the present.

4 Premaratna 1996, p. 9.

5 With this oversimplifying mode of expression, what is meant in a narrower sense is also Russian literature and that of lands colonized by Europe, in addition to European literature, which was received/ inspired in the form of translations into English.

6 Ratnayake 2000, p. 71.

A writer's self-image by which he sees his personal role combines the roles of a literary figure with that of a literary critic – in the sense of a social critic:[7]

> "I am above all, a critic," says Balasooriya, be it of literature or of society. For him, a writer is like a person with a torch, highlighting the defects that exist in the social fabric. "A writer should not be expected to analyse a problem or find answers. He can't. What he can do is to see some things keenly and make others see it too. The writer is not a politician to give answers, though he might have a political vision that colours his work."

Liyanage Amarakeerthi, writer and lector for Sinhalese literature, expresses the following in an essay on Aravind Adiga's 'The White Tiger':[8]

> *The White Tiger* however, was a sharp slap in the face of neo-liberal India, and the book has illustrated that a novel can indeed "intervene". Keeping one's critical distance from the dominant ideologies of the time is a precondition of becoming a great writer, particularly when these very ideologies are smuggled in through the intricate and seductive means of audio-visual media. […] the majority of Indians only enjoy the image of being rich, rather than actually being rich. Sri Lanka's neo-liberal façade of "being rich" is equally thick, though only a few writers have attempted to pierce it and take a look at the other side.

In an interview with Ven. Upali,[9] he also explains his high ethical-moral expectations on students:

> [...], actually in a fourth year course, I emphasize that students have some ethical responsibility. You know human beings are not inherently good. So we need to direct them to take up some ethical responsibilities for the country. First of all to be good human beings and next to do something for the country.

This view shows an understanding of literature in the sense of an educational task, though it also makes reference to the politically coloured understanding of such a task. I would therefore like to present at this point the expositions of a political journalist, Malinda Seneviratne, on the concept of responsibility in politics:[10]

> Let's talk 'dana' today. The first thing that comes to mind would be 'alms-giving'. There is the ritualistic offering to the Maha Sangha, the 'giving' associated with *dan-sela* come *Vesak* or *Poson*, the tossing of a coin to a beggar. All 'givings' come under 'dana'. What is the 'dana' associated with governance, though?
>
> Some might say that Mahinda Rajapaksa 'gave' us a terrorist-free country. Some would say he gave us back our dignity, sense of pride, our national identity. Some might say that he recovered our sovereignty and territorial integrity and thereby granted us and our children an expanded sense of freedom and extended the dimensions of our real-estate endowment. We are today living in a country where we don't have to worry whether or not our children or loved ones would fall victim to a bomb explosion or suicide attack. We have a

7 Ratnayake 2000, p. 72.

8 Cf. Amarakeerthi 2010.

9 Cf. Amarakeerthi 2011.

10 Cf. Seneviratne 2012.

sense of security we didn't have before. We can say "Mahinda Rajapaksa gave us all this." 'Dana'? No. All of the above come under 'responsibility'. It is part of a political agreement, a contract that is made of manifesto distributed before election and mandate given by electing. All this is what Mahinda Rajapaksa, as Executive President, elected, was required to do. That's part of his job description. The fact that his predecessors could not deliver makes the fact that he did worthy of appreciation of course, but still, this is not 'dana'. It is 'vagakeema'. Responsibility.

I would like to outline the development of modern Sinhalese literary criticism in the polarity between formalistic tradition and critical modernity with recourse to my dissertation as follows:[11]

Obeyesekere notes two points in these discussions [on quality criteria in literary criticism, which have been conducted chiefly through the medium of English newspapers] as being significant: The question of adequate language and that of standards for evaluating contemporary Sinhalese literature. The life situation of the population of Sri Lanka changed inexorably and rapidly during the twentieth century. In this way a middle class had developed, initially urbane, though increasingly extending to the rural domain that clearly bore the hallmark of colonial times. Most of the literary figures, critics and chiefly the readers emanated from this stratum. In at times an over-zealous return to the native literary inheritance, a Sinhalese-Buddhist tradition was invoked, the elitist character of which was at times misjudged. No attention was paid to the total exclusion of the tradition of folk tales and popular Jātakas in former times within the literary tradition, while the latter was cultivated by adherents of the Buddhist clergy. In the search for a language that would be adequate for contemporary literature, the colloquial language of the middle classes was viewed as decadent, while the language spoken in the Sri Lankan village was idealized as a treasure trove of a pure, Sinhalese-Buddhist culture that was worth drawing on. In this the writer Guṇadāsa Amarasēkara went as far as proclaiming since about 1969 that literary criticism amounted to a criticism of culture; and that literature should be geared to the culture and experience of the people. A.V. Suraweera (1989) pleads for the demand by some critics and a large section of the readership made in the 1960s for greater social awareness and involvement. Obeyesekere[12] takes the view that a living literature develops an ongoing interplay with criticism of it as one combined whole. The latter therefore mirrors the existing realities of the current stage of development of literature.

Also beyond Sinhalese literature, the notion that literary criticism is ascribed a mediating role has emerged in recent times. This is how Roger D. Sell,[13] Professor of English and American Literature, subscribes to the view that irrespective of time and place an important task of literary criticism is that of mediation:

In practice, one of the most valuable services performed by literary critics has been that of mediation. Often they have helped readers to understand and appreciate writings whose effect might otherwise have been unduly limited because of a certain strangeness, most typi-

11 Cf. Wengoborski 2010, pp. 22-23.

12 Cf. Obeyesekere 1974, p. 88-89.

13 Sell 2000, p. 1.

cally the strangeness of literary works produced during some earlier historical period, or within some alien cultural tradition. Not that a mediating critic reduces a major text to its period or cultural tradition. That might be to overlook some of its most distinctive features, so lessening its interest to the very readers the critic is hoping to encourage. Nor can such readers themselves be regarded as simply the prisoners of their own time and milieu, since otherwise they could hardly be expected to take an interest in an old or alien text in the first place. [...] Yet literature is a multi-faceted phenomenon, and the theorists' main interest has not been in literary writing and reading as forms of interpersonal activity whose workings could sometimes be facilitated by mediation. The pragmatic conditions for literature as a genuine form of communication have been the main blind-spot arising from literary theorists' particular kinds of focus.

3. Questions of responsibility as depicted in modern South Asian literary works

The following sections address observations of how the demand for responsibility, assigned to writers of literature not only in Sri Lanka, – or the lack of it – is depicted in modern South Asian prose. In order to do so, a definition of the term 'responsibility' is needed. The starting point of this is the claim of Sri Lankan critics and theorists of Sinhalese literature about *vagekīma*, as it is known in this language. A comparable term in Hindi/Urdu is *zimmā.* These words cannot be expected to concur perfectly in every respect as regards both usage and translations into other languages such as English or German – this paper involves a total of four language communities. The claim made by critics and theorists of contemporary Sinhalese literature is that authors ought to deal with contemporary life, to address problems and to put them before the reader, though one should not expect a writer to present solutions.

In this connection I should admit that I share the notion of literary writing as being motivated by the writer's need to express something. One who writes endeavours to produce a work of fiction for probably a whole host of reasons, but some of them are likely to be the sheer urge to express something, to sketch out an idea, to crystallize a thought or to deal with a problem.

3.1 Jainendra Kumar: 'Apnā apnā bhāgya'

One issue taken up by writers throughout the ages is the experience of poverty, and one of the especially repugnant aspects of this phenomenon is when it affects a child. In 1929-30 the famous Hindi author Jainendra Kumar dealt with this in his short story 'Apnā apnā bhāgya', 'To Each His Own' (1929-30). The author took great care in elaborating the text. It deals with the fate of a ten-year-old boy who flees from the famine affecting his family in the mountain ranges of the Himalayas and encounters an older friend in the affluent little city of Nainital to make a living. The moment the author introduces him to the reader is when the boy passes two strangers at midnight who happen to be sitting on a park bench, shivering. It is a cold night in the mountains and the boy has hardly anything to cover himself, not to mention something to keep him warm. He wanders about in thick fog and seems to hardly notice anything happening around him. One of the two strangers is the narrator of the story, the other his friend and evidently his alter ego. It is he who calls out to the boy and questions him about the circumstances of his life. After the death of his father he had fled his native village in the mountains in order to escape famine. Together with a friend he came to Nainital to make a living. His companion had been beaten to death by his employer some time before. Now bad luck has taken hold of the boy since he lost his job as a houseboy doing odd jobs for board and lodging. Having nowhere to go he roams the streets in a self-forgotten manner. The strangers who take an interest in his fate kindle hope in the boy. The narrator's friend takes him straight along to a hotel where a lawyer friend is staying in an expensive room. Though the man needs a servant he strongly rejects the idea of taking up the boy as he distrusts people from mountain villages. The frustrated benefactor is unequivocally informed that the boy, having neither shoes nor something to cover his head nor even any other warm clothing, has nowhere to go. To make matters worse, the two companions state in English that they haven't any small change to contribute to the child, with neither of them bringing himself to hand over a banknote of a large denomination to him. Eventually the narrator's friend sends the boy away, asking him to meet again the next day in order to get him a job. But the boy does not turn up at the appointed time. It is when leaving the destination of their holiday trip that the two strangers get to know about a boy who died the previous night under a tree. At the end of the story its title is quoted as a commentary on this sad incident: Everybody has to cope with their own fate.

Though it is obviously not the two strangers' fault that the boy lost his job, the story nevertheless leaves the reader wondering what went wrong. From the point of view of a present day German reader who is not exposed to forms of severe poverty in his or her everyday life the very thought of the two men just sending the homeless boy off into the freezing cold night without so much as warm clothing, appears cruel. The idea of taking prompt action sounds noble at first, but upon reflection reveals the attitude of storming into someone's hotel sometime past midnight, dragging him out of bed and finally expecting him to accept the involuntary source of this nuisance as one's new servant, sounds both odd and quite naive – as a woman, this strikes me as 'typically male'…

3.2 Prabhā Nirōṣaṇī: 'Nohaňḍan Malanuvani'

In 1998 a hitherto unknown Sinhalese author, Prabhā Nirōṣaṇī, published a short story named 'Nohaňḍan Malanuvani', 'Don't Cry, Little Brother' in a national Sunday-newspaper in Sri Lanka. It became part of a small subset of Sinhalese stories I analysed in my work on contemporary Sinhalese short stories. It seems unlikely that the author knew about the famous Hindi story, yet there are structural parallels and similarities in the situation depicted here: A time of departure forms the starting point of this story: the female narrator sets off to visit her family for the weekend. Waiting for her means of transport she observes a boy of about ten who slept in the company of a second person under a narrow roof shelter in front of a building of a traditional style. This protected both of them from the downpour during the night. The boy decides to approach the women and asks her for something to eat. The woman gives him the slices of bread that she had made for her own journey. She asks him questions and learns that he and his grandfather are homeless. It was the old man's daughter who in the first place demanded ownership of his house and then sold it off, unconcerned about the new owner's evicting the old man and his grandchild. The boy's appearance tells of hardships: his mother died when he was born, the supposed father had been the mother's boss and had emigrated. On hearing this sad story the narrator gives him a small amount of money to get some rice for both homeless persons to get through the day. The boy's tragedy emerges when he fails to awaken his grandfather. Again the boy asks the narrator's help. Touching the old man she realizes that he must have died during the night. Desperately she searches for apt words to make him understand what has happened. The boy breaks down at her feet crying at the loss of the person who had been his carer. The title of the story is claimed to be part of the lines of a song on the lonesome journey through *saṃsāra*, the course of the world. The story ends with the woman pondering the lack of chances the boy has in society of standing on his own feet.

A father emigrating to escape from his paternal obligations as well as a daughter unconcerned with her father and young nephew becoming homeless strikes me as cruel and negligent. The narrator does not turn a blind eye to the boy. She does not hesitate to help him in the casual way a passing traveller can easily do – but she sees the limits of this as well when realizing that it is she who has to break the news of the grandfather's death to the boy.

When comparing the two stories we can trace common features such as an elementary threatening situation that confronts a boy of ten, the urgent need for crucial support as well as the chance observers of their misery. But there are essential differences: On the side of the boy in question the very life of the Indian child is under threat because of the severely cold weather. What he needs most is immediate help to get through the night – which he is denied. The Sri Lankan boy on the one hand does not seem to be in danger of losing his life. On the other hand there are the passers-by who happen to tell the story: The Indian author has split this role into two persons: the observing narrator and his acting friend. The action taken aims at bringing about a change to improve the boy's general situation – but the way it is carried out diminishes the chances of its success. The plan having failed, the two men send the boy away – the friend's offer to help him to find a job the next day does not help him to survive the night. The narrator in the Sinhalese short story is drawn into the situation by the boy requesting her to do so – and she complies with his wish for immediate help and support – but there is no way of her supporting him in finding a real solution to his problem of having become an orphan. At this point the narrator turns to the reader in raising the question of the boy's chances of becoming an acceptable member of society.

3.3 Kamal Gupta: 'Kuttā'

Let us take a look at another story, a Hindi *laghu kathā* (short short story) by Kamal Gupta with the title 'Kuttā' , 'Dog', published in 1993 in a collection of various authors of this genre named *Mahānagar kī laghu kathāeṃ* by Sukesh Sahni. It is the story of a small boy who fights alongside his siblings a hopeless battle against a pack of stray dogs for the leftovers of a banquet taking place in a select hotel in the heart of a big city. A car has to stop at traffic lights, and in it he observes a stylish woman. She is patting and stroking the soft fur of a pet dog on her lap to which she is feeding cookies. Seeing the boy's eagerness she throws the remainder of the package bit by bit to him until they are all gone. While she expects the boy to turn away, the story ends with his asking her if she would make him her dog.

The irony of this scene consists in the misinterpretation of the boy's intentions when gazing at her even after the package of biscuits at the woman's side is empty: Though he is certainly hungry, it is the affection she pays to the dog on her lap that draws the child's attention towards her, making it seem like paradise to be treated like a dog by this being from a world beyond his own.

3.4 Mohan Rakesh: 'Mavālī'

Had the passers-by so far all looked favourably on the boy in question, here is an example of the head of a family who mistreats a young boy by merely assuming his readiness to steal something whenever the opportunity arises. The boy is said to be about thirteen or fourteen. He is the (anti-)hero in a short story titled 'Mavālī', 'Scoundrel', written by Mohan Rakesh, one of the founders of the Hindi literary movement of *Nayī kahānī*, 'New Story', established in the 1950-60s: One late afternoon the boy roams the beach of Caupāṭī in the city of Mumbai. Idling away his time he shows no interest in accepting a small job offered to him by a Pārsī, a man of Persian origin, who wants him to carry his sleeping child. Instead he steadfastly watches a girl of about sixteen, who is playing a competitive ball-game in a group of six or seven family members. Gazing at every move she makes, he observes the ball going astray, moves quickly and though night is falling he succeeds in catching it before it is lost in the waves of the ocean. Thus he wins the approval of the head of the family, a bulky man who asks him to collect the dishes of a picnic scattered on a blanket and to wash them up. The boy readily does the job as he is told, collects the plates and spoons, carries them down to the ocean and washes them up using the sand and waves rolling onto the shore. It has grown almost dark when he returns with the dishes. The mother counts out all the dishes and finds one spoon missing. Without a second thought she blames the boy for having stolen the missing piece of cutlery. Without hesitation the father grabs at the youngster's hand and forces it out of his pocket where he had put it for protection. The father accuses him of theft, throws the contents of the pocket onto the beach and the whole of the family, including the girl who had captured the boy's fascination, takes turns in calling him names. People around reinforce the family's views in pointing out that his kind is bad news for the area of Caupāṭī. Despite everything, the boy searches the space on the beach where the head of the family had thrown the contents of his pocket. He desperately looks for a *ṭikkā*, an amulet made of copper. He explains that this was given to him by his mother who is no longer alive, and he wants it back so desperately that he clings onto the arm of his aggressor, childishly appealing to him to return the *ṭikkā*. The adults deem the copper piece to be the spoils of a theft as well. Strangers intervene to keep the furious man apart from the boy, trying to calm him down to not to waste his time and energy on a thief. Finally night falls, the waves of the ocean claim the shore and the boy resumes his idling, though in an upset and desperate mood.

This short story does not tell the tale of a life-threatening situation, but of a moment of leisure that ends with the loss of two objects: a spoon and a copper amulet, the one a piece of cutlery belonging to a – supposedly middle class – family, the other a small metal thing of emotional value belonging to a boy roaming the beach, who is considered by outsiders to be a member of the ever-present force of cheap labour, available for those who are regarded as the leisured classes. The idea of the boy as a person in his own right, holding some small possessions of his own, never crosses the minds of the onlookers; instead, the estimation of a boy of his age and inclination to theft seem to be the standard expectation.

3.5 Bāno Sartāz: 'Pheṃkī huī aurat'

In 2008 'Pheṃkī huī aurat', 'The discarded woman', a Hindi short story written by Bāno Sartāz, was published in a volume entitled *Premcand ke bād nārī*, a collection edited by Candrabhān Rāhī. The (anti-)heroine is an old woman left behind at home in the city while her son and daughter-in-law take a month-long holiday trip in the mountains together with the grandchildren. Having been excluded from the whole business of planning the journey, the old women gets to know about it through her youngest grandchild who has a close relationship with his granny. She is meant to stay behind but is denied whatever might help her pass the time: To safeguard the family's good reputation she is not to roam the streets, to visit anybody or to receive guests, the refrigerator is locked, the TV channels are blocked and even the newspaper subscriptions are cancelled during this holiday month. Finally she gets hold of a bundle of old newspapers to which she feels an affinity, as, like herself, they were discarded when no longer needed.

Though the traditionally harsh relationship between mother and daughter-in-law is sustained, the parameters of this relationship have been turned upside-down: It is the daughter-in-law who controls the older woman. The grandmother's need to socialize is marginalized; she is excluded from the process of decision-making and denied the facilities of modern life.

3.6 Sōmaratna Bālasūriya: 'Bähädäkīma'

Sōmaratna Bālasūriya's Sinhalese short story 'Bähädäkīma', 'The audience', is contained in the author's short story collection *Karattaya*, 'The cart', first published in 1991. The first-person narrator is a young man trying to secure a government job. The story is set at front of the door of a government minister whom the youngster wants to meet. He knows that the politician has personally crossed his name off a waiting list, which strikes the protagonist as quite incomprehensible, as he is well aware of the fact that his father supported the now powerful man in times gone by. He is the first to arrive at the place, is interviewed by a servant about his concern, but is denied admission. Hoping for his chance he continues to wait. More and more people arrive: Some come by car and are welcomed inside, whereas those made out to be petitioners are denied entry. In this way a considerable crowd gathers on chairs and benches near the door. The young man weighs up the kind of words to choose, and dismisses the idea of making the father of his former fishing companion remember former times. He concludes bitterly that whatever a person in power may give will be done in such a spirit so as to make the recipient of the favour bend over backwards. Meanwhile a young woman parks her small car near the gate, walks up the path hesitating on what to do and finally settles amongst the waiting crowd. At noon the guests start to leave the house. The servant follows behind them and makes the crowd step back to make way to the departing government minister who discovers the young lady and has a little chat with her in English. Meanwhile, his servant explains to the people that there is no point in continuing to wait, as the minister would not be returning from several appointments that could last late into night. Finally he gets into his shiny car and disappears out of reach of the waiting people.

An atmosphere of despair pervades the story with all those people carrying their hope to the door of a powerful man idealized as a kind of magician – how should he patronize all those crowds gathering at his door? The patterns of responsibility have changed, with Sri Lanka aiming at global trade and international business, so the rules of benevolence are intertwined with those of globalization, the patterns of social interdependence have shifted and those who used to be at a disadvantage may find that change is not necessarily for their benefit.

4. Conclusion

Let us return back to look at what was to be observed in these six stories: Jainendra Kumar's 'Apnā apnā bhāgya', 'To Each His Own' revealed a moment of confrontation for persons passing by a child's misery. The two subjects of examination – though willing to help – failed this test in compassion that demanded them to transcend the boundaries of 'normal' behaviour. In this regard the narrator of Prabhā Nirōṣaṇī's 'Nohaňḍan Malanuvani', 'Don't cry, little brother', succeeds brilliantly. However shaken by the incident, she faces the task of disclosing to a homeless boy the miserable situation of his only caring relative having died. But her own situation seems to prevent her from bringing about a turn for the better. Instead she asks herself and thus the reader if the child may ever have the chances of becoming a self-sufficient member of society. Kamal Gupta's short short story 'Kuttā', 'Dog', confronts the reader with the separate worlds of the well-off and the abjectly poor, the glittering world of parties, cars and pet dogs witnessing and yet not understanding the ugly world of hunger, struggle and lost battles – the 'dog' adopting a quite different role in each of them, incomprehensible to the members of the respective 'other' world. When reading Mohan Rakesh's 'Mavālī', 'Scoundrel', we may have to face the confrontation with our dark side that tends to cling to unfair prejudices. Bāno Sartāz's 'Pheṃkī huī aurat', 'The discarded woman,' points out changing role models: In modern times traditional concepts of family values, respect and support shift into patterns of change – and these are not necessarily for the improvement of all. Last but not least Sōmaratna Bālasūriya's 'Bähädäkīma', 'The Audience', makes the reader think about social security as well as patterns of responsibilities regarding politicians.

The examples considered here are thus proof of their authors' concern for social issues in the sense of fulfilling the requirement on writers in the context of Sinhalese literary criticism and theory. All these stories highlight various aspects of the notion of responsibility, which is never as clear as we wish, generating the need to continue striving to become aware of our personal responsibilities and how to fulfil them.

References

Amarakeerthi, Liyanage (2011): Interview with 'Bangladeshi Buddhist Students Union [BBSU]', dated December 17, 2011. [http://bbsu.wordpress.com/2011/12/17/ven-upali-with-prof-dr-amarakeerthi-liyanage/ (August 2012)].

Amarakeerthi, Liyanage (2010): 'The "ideal Sinhalese".' In: *Himal. Southasian*. February 2010; Online-Version, first section. [cf. http://himalmag.com/component/content/article/62-the-ideal-sinhalese.html (August 2012)].

Bālasūriya, Sōmaratna [Balasooriya Somaratna]: 'Bähädäkīma' In: *Karattaya.* Koḷam̆ba: S. Goḍagē, [3]2000 [[1]1991], 73-82. / English translation: 'The Audience Seekers'. In: Ratnayake, Madhubhashini: *Contemporary Sinhala Fiction. Some writers and their writing*. Colombo: Godage Poth Mendura, 2000, 73-78.

Dörner, Dietrich: *Die Logik des Misslingens. Strategisches Denken in komplexen Situationen*, Reinbek: Rowolt Taschenbuch Verlag, [6]2007 ([1]1992).

Gupta, Kamal: 'Kuttā'. In: Sahni, Sukesh (ed.): *Mahānagar kī laghukathāeṃ.* Naī Dillī : Ayana Prakāśana, 1993, 30-32.

Kumar, Jainendra [Kumāra, Jainendra]: 'Apnā apnā bhāgya'. Bhāratīya Pakṣa, September 7, 2007: http://www.bhartiyapaksha.com/?p=4258 (2010/09/15). – *Apnā apnā bhāgya: tathā anya kahāniyāṁ*. Naī Dillī: Pūrvodaya Prakāśana, 1988. (*Jainendra kī kahāniyāṁ*; 2). – *Jainendra kī sarvaśreṣtha kahāniyāṁ*. Naī Dillī: Pūrvoday Prakāśan, 1987. – English translation: *Selected Short Stories of Jainendra Kumar*. Compiled by Pradeep Kumar; Introduction by Vishnu Khare; Translated by Ravi Nandan Sinha. New Delhi: National Book Trust, 2008. – German translation by Helmut Nespital: 'Jeder hat sein Schicksal'. In: *Der Tigerkönig, Erzählungen und Kurzgeschichten aus Indien*. Berlin: Verlag Volk und Welt, 1966, 215-224.

Meisig, Konrad: *Erzähltechniken der Nayī Kahānī. Die Neue Erzählung der Hindi-Literatur.* Wiesbaden: Harrassowitz, 1996. (Beiträge zur Kenntnis südasiatischer Sprachen und Literaturen; 2).

Nirōṣaṇī, Prabhā: 'Nohan̆ḍan Malanuvani' [Don't cry, little brother]. In: *Siḷumiṇa*, 25.10.1998.

Obeyesekere, Ranjini: *Sinhala writing and the new critics*. Colombo: Gunasena, 1974.

Premaratna, K. G.: *Keṭikatā saṃgraha vicāraya.* [A. Po. Sa. (usas peḷa) vibhāgaya san̆dahā.] Kälaṇiya: Śīlā Prinṭin Varks [Sheela Printing Works], 1996.

Rākeś, Mohan [Rakesh, Mohan]: 'Mavālī' In: *Mohan Rakeś kī saṃpūrṇa kahāniyāṃ.* Dillī: Rājpāl and Sons, 1998 [[1]1974?], 391-397 [also: http://www.hindisamay.com/contentDetail.

aspx?id=70&pageno=1 (Status: August 2012)]. German translation: 'Der Strolch'. In: Rakesh, Mohan: *Großstadtgeschichten*. Meisig, Konrad (ed., tr.). Wiesbaden: Otto Harrassowitz, 1990, pp. 37-47.

Ratnayake, Madhubhashini: *Contemporary Sinhala Fiction: Some writers and their writing*. Colombo: Godage Poth Mendura, 2000.

Sartāz, Bāno: 'Pheṃkī huī aurat'. In: Rāhī, Candrabhān (ed.): *Premcand ke bāda nārī*. German translation by Jürgen Neuß: 'Die weggeworfene Frau'. In: Grenner, Frederike et al. (eds.): *Chili, Chai, Chapati. Geschichten aus Indien*. Klagenfurt/Wien: Kitab Verlag, 2011, 262-267.

Sell, Roger D.: 'Dialogicality and ethics: Four cases of literary address.' In: *Language and Dialogue*, 1,1, (2011), pp. 79-104.

Sell, Roger D.: *Literature As Communication: The Foundations of Mediating Criticism*. Amsterdam; Philadelphia: John Benjamins Publishing, 2000 (Pragmatics & Beyond. New Series; 78).

Seneviratne, Malinda: 'Good Governance I: Liberality, Generosity and Charity.' Published in: *Malinda Words* (Blogg), dated 16 June 2012 cf. http://malindawords.blogspot.de/2012/06/good-governance-i-liberality-generosity.html (Status: August 2012).

Suraweera, A.V.: 'An introduction to modern Sinhala fiction'. In: *The Faithful Wife of a Politician*. Colombo: Lake House Investments, 1989. Repr. in: A.V. Suraweera (2003): *Essays on Sri Lankan Literature and Culture*. Colombo: Godage International Publishers, 2003.

Wengoborski, Sonja: *Die zeitgenössische singhalesische Kurzgeschichte*. Wiesbaden: Harrassowitz, 2010. (Beiträge zur Indologie; 43).

Wickramasinghe, Martin: *Sinhalese Literature*. E.R. Sarathchandra (tr.). Colombo: M.D. Gunasena, 1949.

Le Clézio
The Spirit and Morality of a Writer in the Modern World

Tran Hinh

1. Introduction

Jean-Marie Gustave Le Clézio, a French-Mauritian writer, one of three most prominent figures of French literature at the end of 20th century[1] (alongside Modiano and Georges Perec), and the person who received the Nobel Prize in Literature from the Swedish Academy in 2008, is virtually one of the most outstanding examples of writers with a strong will and morality expressed through his writing. In response to a rapid development of 'civilization' and 'technology', the abuse and 'exaggeration' of the so-called 'industrialization' and 'modernization' which pushes human to a new stalemate, how should a writer express his attitudes and perspectives? This paper is going to clarify this issue. In my view, this is also one of the reasons that led to the Nobel Award for Le Clézio from the Swedish Academy.

Le Clézio, in more than 60 years of writing (starting in his seventh year), with approximately 50 works, places a strong emphasis embedded in all his works on the individual's fate, especially that of women and children suffering from the 'destruction' of the 'so-called *civilization* and *technology*'. Le Clézio's entire career is a journey back to nature, to the lands "beyond civilization" to relive the primordial beauty of the desirous human depicted in his poetic and vibrant writing, avoiding the hegemony of "burdensome civilization".

The Swedish Academy, in announcing the award on October 9th, 2008, called Le Clézio "an author of new departures, poetic adventure and sensual ecstasy, explorer of humanity beyond and below the reigning civilization".[2] The bibliography of the greatest French writers by Robert argues that: "Le Clézio's life is one of journeys and encounters."[3]

1 Vercier & Lecarme: *La littérature en France depuis 1968*, Bordas, 1982.
2 The Nobel Award 2008, adapted from Do Tuyet Khanh, diendan.org, March 1, 2009.
3 *Le Robert des grands écrivains de langue francaise,* Paris 2000.

By a brief analysis of Le Clézio's life, aesthetic perspectives and prominent works, I would like to shed a light on the topic 'Techno-Ethics' in this symposium.

2. The role and mission of writers in the modern world

As with other writers having received the Nobel Award, the award to Le Clézio by the Swedish Academy in October 2008 was largely controversial. To people who knew this partially 'reclusive' writer, especially after knowing that Le Clézio ranked first in a poll naming "who is the greatest French writer still alive" in 1994 according to the 'super readers' (who were intellectuals and literature scholars in universities), his award was reasonable. Indeed, Le Clézio has had a huge number of contributions to contemporary Western literature as a whole and French literature in particular. Firstly, the number of works he has composed during his 60 years of writing is large (about 50 works on various themes, including novels and short stories); secondly, the prominent topics in his writings are primarily based on well-known contemporary issues (human issues, especially those of women and children, people who live in uncivilized territories; environment and nature, the destruction brought by modern civilization to our green planet's safety…); thirdly, he has always been both a poetic and pure writer and a progressive one; and finally, to a writer since his seventh year, having spent the entire 60 years of his career in 'private', avoiding all the 'luxurious' debates of contemporary literature, having received many honourable domestic awards[4] (in a country where being respected by other writers is not an easy task), being awarded with a Nobel prize is not something too unattainable.

On the other hand, the Nobel Prize in Literature 2008 for Le Clézio sparked a lot of debates. Several readers, even the most celebrated ones, raised 'concerns' about this prestigious prize being awarded to him. We would like to argue that an important reason behind those concerns lies in his attitudes and writing style. It can be stated that, among the writers receiving the Nobel Prize, Le Clézio is not a 'popular' one (who writes about 'stylish' issues). Despite his long career and his 60 works, Le Clézio has always been modest when talking about his 'writing career'. In his view, the role of a writer should not be exaggerated, put 'on the top', or be 'in an ivory tower', as he put it: "No matter what, a writer has his duties to carry on, and they are neither more nor less important than others."[5] Clearly, in the contemporary literature world, in compar-

4 The Théophraste Renaudot Award (1963), the Grand Prize Paul Morand (1980), the greatest French writers still alive according to Lire Magazine.

5 Thuy Anh: *Le Clézio, World citizens*, tienphongonline, October 18, 2009.

ison with his colleges, Le Clézio is a 'secretive', modest, quiet, and calm person.

Le Clézio has not mentioned the role of literature and the writer very regularly. Of the French contemporary writers, unlike Houelebecq or Berna Henry Lévy who are 'noisy', Le Clézio is the opposite, developing his career in solitude and privacy. Readers who want to know his opinions on these two topics can only see them in 'one or two' of his interviews with the press, both prior to and after his award. On the other hand, Le Clézio is a 'daring' writer, spending his entire career on *long journeys,* plunging into lives, especially those in undeveloped areas, where miserable people still retain their 'purity'.

Le Clézio specifically admires the two senior existentialist writers Albert Camus and Jean Paul Sartre. He has always regarded the meaning of literature in relation to real life, as Sartre put it: "To a near-death child, a work such as *Nausea* is of no significance", or as Camus said: "I myself cannot live without literature. But I have never put aesthetic concerns above other things. On the contrary, because art never separates itself from anyone and it allows me to live an equal life as that of others, it is necessary."[6] While staying away from the modern and noisy life, Le Clézio is not at all an isolated, fragile and individualistic person who indulges himself in the 'rhyme' of words and lines. Quite the contrary, he listens vigorously to the sounds and perceives the vibrations of life while he avoids falling into any fanfare, any 'school or doctrine'. He states that: "We are living in a chaotic era where we are repeatedly attacked by all kinds of images and ideologies. The mission of literature today is to record all details of this chaos."[7] Unlike many other industrial Western writers who emphasise the division and contrast between cultures: between the West and the East, the superior and inferior, the civilized and uncivilized, Le Clézio sticks firmly to his point: "I do not believe in the confrontations between culture. I hate Huntington and his theory – the clashes of civilization [...]. I do not regard things such as 'us' and 'the other', with the Western world on the one side, and the other side is a barbarous and opportunistic world [...]. Cultures learn from one another, exchange ideas with each other, even Western civilizations have borrowed a lot from Africa and Asia. The continuation of exchanges is inevitable."[8] While arguing that the 'role' of writers is not superior, Le Clézio nevertheless admits the 'sacred' mission of writers. In his point of view, once a writer gets involved in a 'writing career', he must not allow himself to stand aside from human life. Such is a life where thou-

6 Tran Hinh: *Tieu thuyet Albert Camus trong boi canh tieu thuyet Phuong Tay the ky XX*, NXB DHQG, Ha Noi, 2005.

7 Le Clézio: *L'inconnu sur la terre,* adapted from Tuan Khanh.

8 According to Do Tuan Khanh's interview with L'Express, October 6, 2008.

sands of people are 'struggling' for survival on earth. With his responsibility in writing, a writer bears the role of a witness to demonstrate the threats of the 'modern world' to human life: "The inherent commitment of a writer is to prevent himself from using his writing to celebrate the powerful, even to the smallest extent […]. If he does, then what is the use of writing? For a long time, writers have forbidden themselves to dream about saving the world, to bring about a utopia in his novels. A writer simply wants to witness."[9]

To use his writing as a 'weapon' to keep our earth clean, to retain humans' purity and criticize all the 'technologies' and 'machines' that may lead to destruction in an already peaceful human life, these are the permanent objectives of Le Clézio's entire career, and also the reasons why we find it suitable to bring forward his case in this symposium.

3. Central topics, characters and attitudes of Le Clézio

In his 60 years of writing and approximately 50 works, most of which are short stories and novels, Le Clézio is undoubtedly a loyal "servant" of his era, as said by the great French writer of the 19th century, Honoré de Balzac. However, the number of works itself is not sufficient to 'evaluate' a writer, especially when it comes to the credibility to honour his works. The number of letters only makes one 'a man who writes' (écrivant), not 'a writer' (écravain), according to the taxonomy made by contemporary French literature. Le Clézio has written a lot, but he has also been conscientious so as to avoid repetition, mediocrity or carelessness in his writing. His spirit and ethics make up his strong awareness of the modern world. The saying 'literature is human studies' can be applied to the case of Le Clézio, as it can be said by many predecessors in contemporary literature. To him, literature does not merely serve one's own 'ego', as a Vietnamese romanticist writer in the 1930s once said: "I am but a man who loves/ who admires the colours of life/ with a beautiful brush, I paint/ with a great instrument, I play" (The Lu, *Cay dan muon dieu).*

Though starting his career at seven, it was not until 1963 when his work *Le Procès* came out and won him a Renaudot award that Le Clézio's popularity emerged. From 1963 to 2008, when he officially received the Nobel Prize, he had always been concerned with the questions: how to write, what to write and to whom to write? These questions had been permanent in Clezio's mind. According to Thuy Anh in his introduction of the translated work *People of the Sky* by Clezio, "one of the main topics of this writer is the human's anxiety in modern life. As a result, he is most sensitive, delicate and poetic when writing about the adolescents. His writing is associated with the period of life when

9 Adapted from Do Tuan Khanh.

feelings about oneself and others have become more sophisticated; about human's relations with nature, and with life's phenomenon which paradoxically allow our senses to receive words from the winds, seas and sunlight to reveal what cannot be exposed to the eyes of adults."[10]

In most of the articles about Le Clézio written to celebrate his Nobel Prize, there is a common remark that each piece of his writing is a *journey*. He himself admitted that to write is no different from to travel. He has been to many places, observed and made friends with people, but the places he finds most attractive and exotic are the lands of primitiveness, to where civilization and modern technology have not been able to lay waste. Unlike an 'assertive' Rousseau, the French writer of the 18th century, Le Clézio prefers to remain in 'private' rather than expose himself to urban noises and comfort. In his early days, he even came to Asia, where civilization had yet to 'remove the purity' of humans. Yet he raised his voice to object to the lifestyle in Bangkok, where female adolescents were 'exploited' for the sake of greedy and perverted villains. Due to his objection, he was banished from this land, which fortunately proved to be a good sign. Since then, he has been able to spend more time in America, particularly Mexico with the indigenous people in dense forests which have not yet been destroyed, and has had a chance to know the primordial customs. Le Clézio learnt a lot from them. He said: "It was a life-changing experience, which made changes in my lifestyle, in how I eat, how I sleep and love and dream, and to my living with others."[11] This was indeed a fundamental period of Le Clézio's writing. It allowed him to become more assertive, more confident, as he said: "I want to write about the beauty in the eyes, the clarity in voices. I want to write to reach high and make it as clean as blue sky [...]. I want to write to protect the innocents and children, to be a witness of the world and perceive its beauty as a whole [...]. I want to write to make life free from the ugliness, the cruelty and malice, and my lines would free people from the chains of money, to purify the walls and papers, to purge this earth from humility to bring it back to when words had not been born."[12]

From his early career to when he received the Nobel Prize, Le Clézio has always retained his ethics and integrity. He was not tempted by any force or appeal, or by 'trendy' issues which had been the pursuit of many 'stylish' contemporary writers. In the 1960s, most of his primary works (*Le procès-verbal*, 1963, *La fièvre*, 1965, *Le déluge*, 1966, *L'extase matérielle*, 1967, *Terra amata*, 1967) aimed at revealing humans' lives coping with the invasion of modern civilization and technology. Most of them were written when there was a high

10 Thuy Anh.

11 Le Clézio, *La fête chantée,* p. 9, adapted from Tuan Khanh.

12 Le Clézio, *L'inconnu sur la terre,* p. 387, adapted from Tuan Khanh.

regard for 'consumerism' in the West. Apparently, science and technological advances created and applied by humans have not always proved to be fortunate. On the contrary, due to his unlimited greed, man has made his life even worse. The green of the Earth is gradually replaced by heavy smoke from factories, the streets are being 'concretized', losing their gentleness; and nature is losing its primordial splendour. Le Clézio continuously found 'conflicts' between the 'civilized' world and the 'classical' one. These conflicts once or twice made his writing 'fragile', and led him to anxiety and nervousness. This was expressed in many technical and 'fuzzy' works by others. However, Le Clézio was able to take advantage of his rich experience of life to remain calm and firm, despite his nervousness. His works in the 1970s became more peaceful and harmonious. His topics remained the same, but his concerns for humans, especially the ones who were vulnerable to the 'civilization' and 'technology' around them, became more vigorous and vivid. This was also the time when a series of his works raised concerns about the crisis of children, of fragile women and the minorities (*Mondo et autres histoires*, 1978, *Désert*, 1980, *La ronde et autres faits divers*, 1982, *Celui qui n'avait jamais vu la mer*, 1984, *Le chercheur d'or*, 1985, *Printemps et autres saisons*, 1989, etc.) in light of the dramatic urbanization. Since this period, Le Clézio's writing has appeared to be more simplistic and closer to the 'small' people in society. The character Mondo in his *Mondo et autres histoires* served as a common example of children during that time, with a thirst for freedom and rebelliousness against the chains put on him by society and adults. This homeless orphan luckily got into a "house with gold light" of a small Vietnamese woman called Thi Chin. He was impressed by the nature and beauty there. Nevertheless, this "house with gold light" and its owner's affection only kept him there for a short time. He once again set out to find a new horizon, despite the unexpected risks he might have to face.

The two female students in another short story, *La ronde et autres faits divers,* who could not bear the boredom of lectures, the meaningless theories, decided to skip school to meet a group of boys, to find their fun in "speedy drives", "the round dances", only to receive death from "the recklessness of technology" invented by humans (they were hit by a broken truck). It was a serious warning from the writer about the imbalance of human life between nature and technology.

In another short story, *Ariane,* Le Clézio mentioned an even more urgent and contemporary issue: the "being" of humans, especially youngsters in the context of "burdensome civilization". The story began in a small residential area where "thousands of solid and giant buildings stand side by side on concrete streets"; where even "a bird, a fly and a locust" could not exist. There was no presence of man here, as man was trapped in concretized buildings which were no less like "stuffed coffins". In this context, the main character, young Christine, with a high desire for freedom and harmony with nature, had to suffer ultimate difficulties, as she was raped by a group of spoiled children on the streets at night. Via his lively depiction, Le Clézio helped readers feel the tremendous threat which impinged upon man in the age of 'civilization'. Christine, whenever coming home, could not help but feel awkward with her mother "always wearing a stinky apron reeking of oil", while her father "continuously gazes his eyes at the television, even when there is no program". She felt as if her lovely home had become an "iron cage". She wandered aimlessly around the streets, where in the morning there was no sunlight; in the evening all the lights were at full glare, shedding light on every detail on the roads. She simply had no escape. *Ariane* sparked a scary feeling in readers: for they knew that the advances of technology did not always make man happy if technology was not 'sustainable', as has been said by many environmentalists.

Désert,[13] a 500-page-long novel (translated into Vietnamese by Huynh Phan Anh), written in 1980, also emphasized this theme. The story started in the Sahara and developed two characters; one was a young boy with strange looks named Nour, and the other a supernatural character, a girl named Lalla. The two continued with different storylines but were connected via a tale about a *Green Man,* who appeared in the stories told by both their predecessors. Lalla, who originally came from Africa, found her way to France, to the seaport of Marseille, and became rich, but soon she was courageous enough to leave the lively city and came back to her desert where thousands of plants were growing. The love for one's homeland and native soil has always been inherent in Le Clézio's main characters. The novel, *The gold seekers*, written in 1985, exposed the same sentiment. The main character Alexis L'Estang, living on the island of Mauritius, was caught up by a mysterious story told by his father about the hidden pools of gold in Rodrique, and spent 30 years of his life seeking them. It took him nearly a quarter of a century to realise that there would be no gold in this life, other than love, the desire to live and the primal existence of nature.

In his series of work from the 1990s till he received the Nobel Prize, Le Clézio was persistent in his choices of topics, main characters and outlook on the modern world; in fact his will and ethics became even more insistent and stronger. Unlike many others who argued that the more modern life became, the more it was necessary for man to take advantage of technology to further exploit resources on Earth, which led to a faster and more hedonistic life, in many of his works (*Étoile errante*, 1992, *La quarantine*, 1995, *Poisson d'or*,

13 Le Clézio, *Désert,* Nha Nam and Van hoc Publisher, 2009.

1996, *Coeur brulé et autres romances*, 2000, *L'Africain*, 2004, *Ritournelle de la faim*, 2008), there were still characters living 'slower' lives, caring about the past, especially yearning to return to their homelands and find their origins. The bond between his characters and their native lands frequently showed up in Le Clézio's works in this era. Le Clézio, in defending his idea about a 'slow-paced life', the merit of 'primordial human', the 'rationale' of old civilizations, wrote that: "I am moved by the poor. I am scared seeing a group of miserable people appearing small at a corner or having to struggle with a trolley, their clothes are ragged, their hands are dirty and broken, their faces show both hunger and worry. I recall all the tragedies back when I was young, I was afraid of hunger, of cold and physical encumbrance."[14] In his collection of short stories, *Coeur brule et autres romances,* Le Clézio wrote a lot about female characters, from young to old ladies, from lonesome wanderers to the happier type, and he expressed his sympathy and respect for each piece of life. In the story, *Chercher L'Aventure* (The three adventure girls), about a girl named Alice whose siblings have left their countries to find new hope in cities, Alice still remained in the island of Mauritius till the end of her life. In this work, Le Clézio clearly stated his view on one's "own choice of happiness". Regarding Alice, he commented: "She herself keeps her own body strong and solid, no matter how much time has passed, she retains for herself the light of life. This is the source of enlightenment that helps her recognise the uncanny magnificence among the futility of life, and allows her to be tolerant with the desperate impoverishment of human life. Among the three adventurous characters, Alice is undoubtedly my most memorable."[15]

L'Africain and *Ritournelle de la faim,* which were written recently (in 2004 and 2008), are both examples of self-narration by Le Clézio. *L'Africain* followed a way back to the origin of a father, and *Ritournelle de la faim* was a narration of an image of a mother. In these two works, a gentle, poetic and serene writing style was used to depict the images of Le Clézio's closest and most beloved people.

4. The will and ethics of a writer in the modern world

As a matter of fact, for nearly ten years from 1999 to when he received the official Nobel Prize, the writer of adventures was continually nominated by the Swedish Academy, only to have his hopes dashed later. Yet he never uttered any complaint despite losing his chance for this honourable award numerous

14 *L'extase matesrielle*, p. 77, adapted from Do Tuan Khanh.

15 Le Clézio, *Couer brulé et autres romances*, 2000 (translated to Vietnamese by Bang Nguyen, Nha Nam, 2010).

times. He is naturally a modest and quiet man. Even when receiving the official award, he responded with a small and humble tone: "It was a bold decision by the judges. I don't know if I am worthy of this award?" Yet there was pride in that response. It is noted that this writer, who received the Nobel Prize, is a prime example of a writer whose spirit and ethics can stand before the modern world. In my opinion, the will of a writer is manifested in his belief in writing to protect humanity, under any circumstances (as in the case of Vietnamese writers such as Nguyen Dinh Chieu and Ho Chi Minh); and the morality of a writer is embedded in the strength of his writing and words, despite any temptation from the material world, the tyrannies, the 'materialistic' lifestyle, the destruction of nature, and, above all, the 'extremism' of civilization and technology. Le Clézio is such a writer. After all, his achievements and qualities were no doubt worthy of being honoured by the Swedish Academy.

Viśvakarmā
The Hindu God of Technology

Konrad Meisig

Viśvakarmā, the illustrious one, was born, Lord of the arts, maker of a thousand handicrafts, carpenter of the gods, fashioner of every jewel, first of craftsmen, who built the celestial chariots of the gods, from whose art men derive their livelihood, and whom, a great and imperishable god, they continually worship, him, Viśvakarmā.[1]

Iconography

Viśvakarmā, god 'All-Maker', used to be the traditional artisan and architect of the gods. Today, in contemporary Hinduism, he has become what appears to be the most modern god of the Hindus, viz. the god of technology. Remarkably, the University of Puṇe (the cultural capital of the Indian state of Mahārāṣṭra), houses a 'Vishvakarma Institute of Technology'.

(Illustration 1) Our illustration shows Viśvakarmā as the god of technology. He sits in the middle of a construction site in the heart of one of India's megacities. The place of the usual halo of Hindu gods is taken by a gigantic gear wheel. He is surrounded by mirrors – their frames are gear wheels again – in which we recognise different men at work. These men are, as a matter of fact, all little Viśvakarmās: a carpenter, a welder, a locksmith or toolmaker. Many pious Hindu craftsmen trace their lineage back to Viśvakarmā's mythical sons and, consequently, to Viśvakarmā himself.

Another mirror reflects a bank dam. In the background we see a marshalling yard, a container terminal with a towering crane and a couple of skyscrapers under construction.

1 *viśvakarmā mahābhāgo jajñe śilpaprajāpatiḥ/*
kartā śilpasahasrāṇāṃ tridaśānām ca vardhakiḥ//
bhūṣaṇānāṃ ca sarveṣāṃ kartā śilpavatāṃ varaḥ/
yo divyāni vimānāni devatānāṃ cakāra ha//
manuṣyāś copajīvanti yasya śilpaṃ mahātmanaḥ/
pūjayanti ca yaṃ nityaṃ viśvakarmāṇam avyayam//
Mahābhārata 1.60,27-29.

Viśvakarmā himself, a well-built, muscular, elderly man, wears a tiara (Sanskrit *karaṇḍa-mukuṭa*), the usual headgear of minor Hindu gods and goddesses. He sits in a certain variant of the 'hero's posture' (*vīrāsana*), in which one leg lies angled on the seat, whereas the other is hanging down, touching a small stool. Viśvakarmā is always shown with a full white beard and moustache. He wears the holy thread (*yajñopavīta*) over his left shoulder, supplemented by a wreath of flowers (*mālā*) and rich ornaments.

Since Vedic times, i.e. since 3,000 years ago, Viśvakarmā, god 'All-Maker', has been known as a creator god. That is why he shares some of his iconographical features with Brahmā, who is a creator god as well. Viśvakarmā has four arms. His lower hands hold attributes that otherwise belong to the god Brahmā, viz. a manuscript (*pustaka*) and a water-pot (*kalaśa*). (Illustration 2) In his upper hands, the god Brahmā would hold a noose (*pāśa*) and a sacrificial ladle (*sruc*); Viśvakarmā, instead, is equipped with a measuring tape, which resembles Brahmā's noose, and a carpenter's measuring stick, which reminds us of Brahmā's ladle.

(Illustrations 3 and 4) Sometimes Viśvakarmā is shown with a white goose, another feature which he has inherited from Brahmā, the goose being Brahmā's mount.

Last year, the Viśvakarmā Jayantī, or Viśvakarmā's Birthday, was celebrated by most of his devotees on Monday, September 17, 2012. In other parts of India the Viśvakarmā Day is observed on the day after Divālī, the festival of light, which fell last year on the November 13. I have myself witnessed a Viśvakarmā Jayantī in New Delhi, on February 18, 2008. The Hindi daily *Amar Ujālā* published an article on the god Viśvakarmā on this day, along with the following illustration.

(Illustration 5) In this picture, three of Viśvakarmā's four hands are busy chiselling a disk with hammer and chisel. The upper right hand holds a paintbrush (which, again, resembles Brahmā's sacrificial ladle). The illustration thus focuses on Viśvakarmā's traditional role: He is the artisan of the gods and, therefore, the favourite god, the so-called *iṣṭa-deva* (or *iṣṭa-devatā*), of the artisans and also of the artists. This explains the paintbrush. The disk, in my opinion, is an allusion to one of the many and heterogeneous myths which entwine around this god of craft.

According to this myth,[2] Viśvakarmā once wedded his daughter Saṃjñā to the Sun. The girl, however, was most unhappy with her spouse. She could not stand his heat. Therefore, Viśvakarmā chiselled a piece out of the Sun's disk so that his heat would diminish. Out of this piece of the Sun, he later shaped

2 Viṣṇupurāṇa Aṃśa 3, chapter 2; V. Mani, *Purāṇic Encyclopaedia*, p. 870, col. 1.

the disk (*cakra*) of the god Viṣṇu. The disk is Viṣṇu's weapon and one of his iconographic attributes.

(Illustration 6) A frieze on the wall of the Hatkeshvar temple in Gujrat depicts Viśvakarmā in a standing position along with his vehicle or mount (*vāhana*), the aforementioned white goose (*haṃsa*). Both his lower hands hold attributes of the god Brahmā as well: a rosary (*akṣamālā*) and a water-pot (*kalaśa*). His upper right hand, however, carries a hammer, and his upper left hand the carpenter's measuring stick.

It is the belief of Indian carpenters that Viśvakarmā has materialised in their measuring rod.[3] This is the reason why Indian craftsmen worship their tools in the name of Viśvakarmā himself. (Illustrations 7 and 8)[4]

The celestial architect

According to other well-known myths, Viśvakarmā holds the position of the architect of the gods, another occupation symbolised by his measuring stick. As a celestial architect, Viśvakarmā is said, in different places of the Epic Sanskrit Literature, such as the Mahābhārata, Rāmāyaṇa and various Purāṇas, to have built the cities, palaces, abodes, and aerial chariots (*vimāna*) of many different gods. He built, for example, the palace of the god of death, Yama. Living in the water, he constructed the palace of the ocean god Varuṇa. The Uttara Rāmāyaṇa relates how Viśvakarmā built the island of Laṅkā. The same god is also supposed to be the builder of the ancient Indian cities Dvārikā, Hastināpura and Indraprastha (present day Delhi).

Viśvakarmā is famous for being an armourer of mythological weapons, such as the bow called Vijaya ('Victory') which he gave to Indra, god of war and lord of gods.

Vedic roots

The god Viśvakarmā can be traced back as early as in the tenth book of the Ṛgveda (dated about 1,000 B.C.). The hymns 10.81-82 are addressed to this god, in which he is described as "He who hath eyes on all sides round about him, / a mouth on all sides, arms and feet on all sides."[5] Other Vedic texts, the Brāhmaṇas, identify Viśvakarmā with the creator god Prajāpati,[6] which is why the Hindu tradition connects Ṛgveda 10.121, which praises the god Prajāpati,

3 J. Gonda, *Der jüngere Hinduismus*, p. 255.

4 A hypothetical Prakrit form of the Sanskrit name Viśvakarmā could be *Vessa-kamma, and this Prakrit form can be re-sanskritized not only as Viśva-karman, but also as *Vaiśya-karman. Thus, there is possible linguistic evidence for the origin of this god among artisan castes.

to Viśvakarmā as well. It seems that Viśvakarmā, the 'All-maker', is originally an epithet of the Vedic god Tvaṣṭā (Tvaṣṭar or Tvaṣṭṛ, the 'Builder' or 'Form-Giver'). However, the inter-connectedness of the Vedic gods Viśvakarmā, Tvaṣṭā and Prajāpati will not be discussed here.[7] It is the object of this paper to introduce the present-day belief in Viśvakarmā, the god of technology.

Creativity: the keynote of Hindu Techno-Ethics

From the very beginnings, two ideas seem to be connected with the god named Viśvakarmā. Firstly, he is a craftsman and artist; secondly, he is the creator of the universe. The common factor of both ideas is the concept of creativity. Viśvakarmā is the embodiment of creativity.[8] Artisans and artists worship their favourite god Viśvakarmā in order to intensify their creativity. This is, in my opinion, the keynote of Hindu Techno-Ethics: As long as technology is directed by creativity, it is in accordance with divine ethics.

The Indians named their atomic bomb after their god Fire, viz. Agni. They did not call it Viśvakarmā. This example shows that technology, as long as it is destructive, can never be in accordance with the concept of creativity. Viśvakarmā, the god of technology, is simply unable to be destructive. He is creativity, and thus 'All-Making'.

Bibliographical references

Ammer, K.: Tvaṣṭar, ein altindischer Schöpfergott, in: *Die Sprache* 1, Festschrift für W. Havers, Wien 1949.

Apte, Vaman Shivaram: Articles Viśvakarman, Tvaṣṭṛ, in: V. Sh. Apte: *The Practical Sanskrit-English Dictionary*, Rev. & enl. edition, reprinted Kyoto 1986.

Bloomfield, M.: Contributions to the Interpretation of the Veda. III, The Marriage of Saraṇyū, Tvaṣṭar's daughter, *Journal of the American Oriental Society* 15 (1893), pp. 172-188.

Gonda, Jan: *Die Religionen Indiens*. 2 Vols. I: *Veda und älterer Hinduismus*. II: *Der jüngere Hinduismus* (*Die Religionen der Menschheit*, ed. Christel Matthias Schröder, Vols. 11, 12. Kohlhammer: Stuttgart, Vol. I: ²1978 (revised and enlarged; ¹1960); Vol. II: 1963.

Jacobi, Hermann: Mahābhārata. Inhaltsangabe, Index und Concordanz der Calcuttaer und Bombayer Ausgaben. Bonn 1903.

Leumann, M.: Der indoiranische Bildnergott Twastar, *Asiatische Studien*, 1954, pp. 79-84.

Mani, Vettam: *Purāṇic Encyclopaedia*. Delhi 1975.

5 *viśvátaścakṣur utá viśvátomukho/ viśvátobāhur utá viśvátaspāt//.*

6 Śatapathabrāhmaṇa 8,2,1, of the 9th century B.C.

7 The three of them seem to belong to the autochtonous pre-Vedic population, whereas the god Brahmā is rather connected with the Vedic immigrants.

8 Cf. M.K. Raina: *The Divine Creativity*, 1999.

Bunce, Frederik W.: *An Encyclopaedia of Hindu Deities, Demi-Gods, Godlings, Demons and Heroes*. With Special Focus on Iconographic Attributes. Vol. I, D.K. Printworld (P) Ltd., New Delhi 2000.

Mistrī, Kiśora: Sṛṣṭi ke vāstukāra bhagavān Viśvakarmā [The architect of creation, god Viśvakarmā], in: *Amar Ujālā*, 18.2.08. [With an iconographical scetch].

Moeller, Volker: Article Viśvakarman, in: V. Moeller: *Die Mythologie der vedischen Religion und des Hinduismus* (Wörterbuch der Mythologie, ed. H. W. Haussig, I. Abt.: Die alten Kulturvölker, 8. Lieferung, Stuttgart [1974-1982]), p. 194.

Moeller, Volker: Article Tvaṣṭar, in: V. Moeller: *Die Mythologie der vedischen Religion und des Hinduismus* (Wörterbuch der Mythologie, ed. H. W. Haussig, I. Abt.: Die alten Kulturvölker, 8. Lieferung, Stuttgart [1974-1982]), p. 178ff.

Raina, M. K. (1999). The Divine Creativity: The Mythical Paradigm and Lord Visvakarma. In Stein, M. I.: *Creativity's Global Correspondents – 1999*. Florida: Winslow Press. pp. 75-82. http://www.amcreativityassoc.org/ACA%20Press/Global%20Correspondents/Global_1999.pdf (accessed July 6, 2012).

Roberts, Alfred Edward & Ratnawira, Ratnajinendra Rabel: *Visvakarma and his descendants*. The Ceylon Visvakarma Union: Colombo 1909.

Vishvakarma: Architect of the Gods, http://www.mamandram.org/magazine/2008/10/vishvakarma-architect-of-the-gods/ (accessed July 6, 2012).

Illustrations: References

Illustration 1: http://christopherpinney.com/siteImages/image/Gods/Vishvakarma/003.jpg.

Illustration 2: *Museum für Indische Kunst Berlin*: Kunst der Welt in den Berliner Museen, Museum für Indische Kunst, Staatliche Museen Preußischer Kulturbesitz, Stuttgart und Zürich 1980, p. 66f.

Illustration 3: http://www.dollsofindia.com/images/products/brass-statues/vishwakarma-EV90_l.jpg.

Illustration 4: http://www.4to40.com/images/photo_gallery/Vishvakarma.jpg.

Illustration 5: *Amar Ujālā* (Hindi daily), 18.2.2008.

Illustration 6: http://1.2.3.10/bmi/www.mamandram.org/magazine/images/oct2008/Vishvakarma.jpg.

Illustration 7: http://images.indiascanner.com/image/2012/09/Vishwakarma-Jayanti-4.jpg/bmi-_orig_img/Vishwakarma-Jayanti-4.jpg.

Illustration 8: Frontispiece in: Roberts, Alfred Edward & Ratnawira, Ratnajinendra Rabel: *Visvakarma and his descendants*. The Ceylon Visvakarma Union: Colombo 1909.

Illustrations
Color Plates

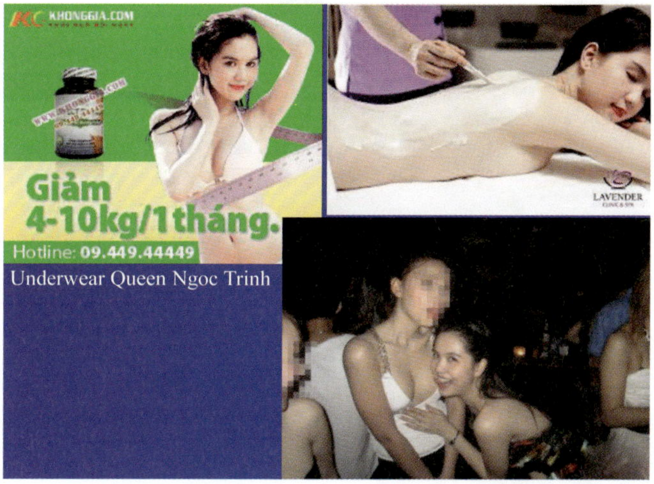

Do Thu Ha: *Ethics of Entertainment Media*
Illustration 1

Do Thu Ha: *Ethics of Entertainment Media*
Illustration 2

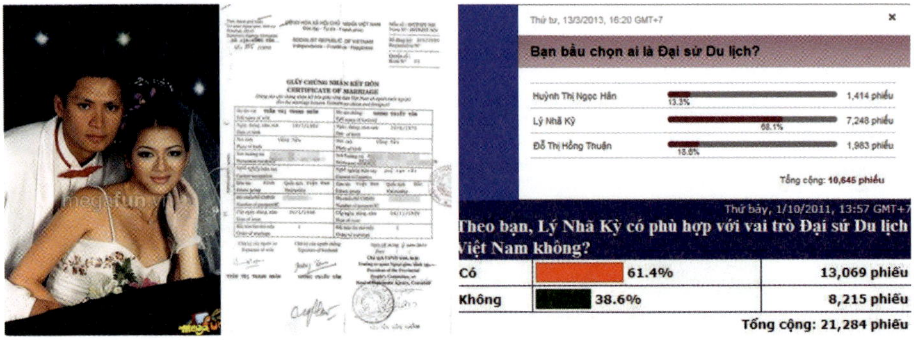

Do Thu Ha: *Ethics of Entertainment Media*
Illustration 3

Do Thu Ha: *Ethics of Entertainment Media*
Illustration 4

Do Thu Ha: *Ethics of Entertainment Media*
Illustration 5

Do Thu Ha: *Ethics of Entertainment Media*
Illustration 6

Stiglegger: *Cyborg Ethics*
Illustration 1: TETSUO I

Stiglegger: *Cyborg Ethics*
Illustration 1: TETSUO II

Stiglegger: *Cyborg Ethics*
Illustration 3: TOKYO FIST

Stiglegger: *Cyborg Ethics*
Illustration 4: BULLET BALLET

Stiglegger: *Cyborg Ethics*
Illustration 5: A SNAKE OF JUNE

Stiglegger: *Cyborg Ethics*
Illustration 6: TETSUO III

Küster: *The Work of Art*
Illustration 1

Küster: *The Work of Art*
Illustration 2

Küster: *The Work of Art*
Illustration 3

Küster: *The Work of Art*
Illustration 4

Küster: *The Work of Art*
Illustration 5

Küster: *The Work of Art*
Illustration 6

Küster: *The Work of Art*
Illustration 7

Küster: *The Work of Art*
Illustration 8

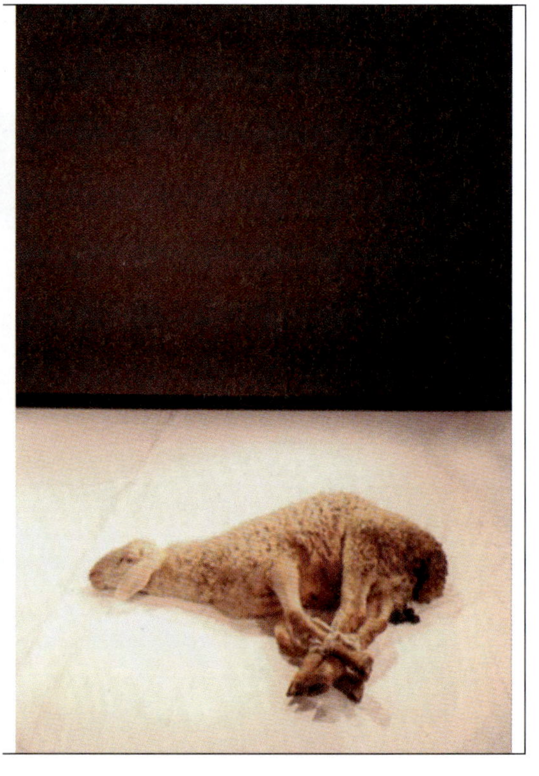

Küster: *The Work of Art*
Illustration 9

Küster: *The Work of Art*
Illustration 10

Küster: *The Work of Art*
Illustration 11

Küster: *The Work of Art*
Illustration 12

Küster: *The Work of Art*
Illustration 13

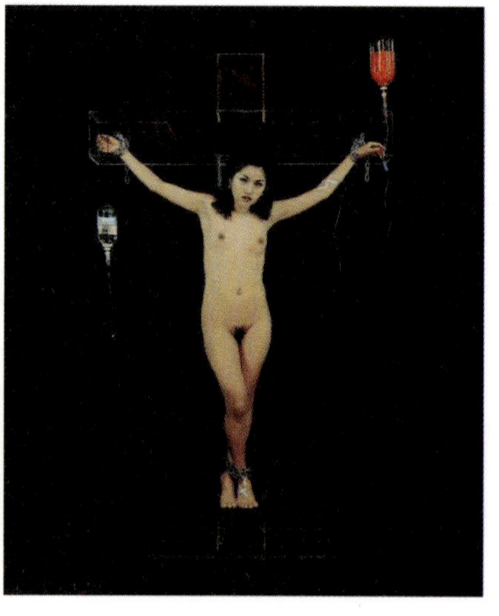

Küster: *The Work of Art*
Illustration 14

K. Meisig: *Viśvakarmā*
Illustration 1

K. Meisig: *Viśvakarmā*
Illustration 2

K. Meisig: *Viśvakarmā*
Illustration 3

K. Meisig: *Viśvakarmā*
Illustration 4

K. Meisig: *Viśvakarmā*
Illustration 5

K. Meisig: *Viśvakarmā*
Illustration 6

K. Meisig: *Viśvakarmā*
Illustration 7

Photograph of one of two Hanumanta Flags now in the possession of the Author, said to be about 300 years old, and to have been presented to some Visvakarma (Achari) people of Veyangoda for services rendered to the King.

K. Meisig: *Viśvakarmā*
Illustration 8